迷　人　的　数　学　2

The Book of Creative Brain Games

迷人的数学2

激发你的创意大脑

[英] 伊凡·莫斯科维奇 / 著　　聂涵今 梁桂霞/ 译
(Ivan Moscovich)

The Book of Creative Brain Games

CNS PUBLISHING & MEDIA 中南出版传媒 湖南科学技术出版社 博集天卷 CS-BOOKY

目 录
Contents

PART 1 创造力

PART 2 直觉和洞察力

PART 3 决策力

答 案

PART 1 创造力

迷　人　的　数　学　2

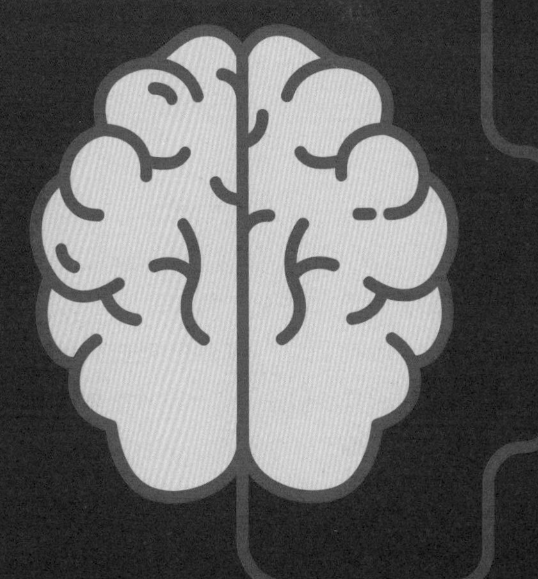

欢 迎！

人类是社会性动物，我们生来渴望融入群体。因此，我们面临着从众的压力。而某些形式的从众可能具有极大的破坏性和危险性，这一点我在“二战”初期深有体会。

但创造力是对原创性的颂扬。创造力由原创思维驱动。原创思维能够抵制无聊和破坏性的从众行为，而且是最重要和最令人兴奋的方式之一。

有创造力的人想出了新的做事方法，找到了新的表达方式。他们从新的和不寻常的角度想象情境。他们发现熟悉物体的全新用途。

创造力和原创性是我生命中的重要元素。通过我的谜题、棋盘和游戏思维，我试图突破创造力的界限，探索激活原创思维的方法。欢迎来到《迷人的数学2》。希望你会认同我的看法：我创造了一个老少咸宜的原创力激发架构。

首先，我要感谢我已故的朋友马丁·加德纳所做的一切。20世纪50年代，我读了他发表在《科学美国人》“数学游戏”专栏的第一篇文章后与他相识，半个多世纪以来，他的工作、人格和友谊成为我的灵感来源。他为普及休闲数学和数学这一学科整体做出了巨大贡献，这些贡献孕育了一个充满创造力的环境，个中乐趣亦随之产生。倘若没有他，国际益智游戏派对和数学博览会的举办次数将远少于现在，我们当然也不会有加德纳聚会这样独一无二的活动。

多年来，这些志同道合者们建立起的习俗让我结识了“马丁人”。这是一个由数学家、科学家、谜题收藏家、魔术师和发明家组成的多元化、富有创造力的群体，对智力游戏创造性的着迷和对休闲数学的热爱使他们紧密联系在一起。他们也给我带来了无尽的快乐、丰富的知识和珍贵的友谊。我的感谢应给予他们所有人，尽管此处我只能提及一部分人的名字，希望他们够能理解：

保罗·埃尔德，我声名卓著的亲戚，他激起了我第一个灵感的火花；大卫·辛格马斯特，他与我共同构想了一个非常特别的谜题博物馆；伊恩·斯图尔特在早期提供了帮助；约翰·霍顿·康威、所罗门·戈洛姆、弗兰克·哈雷、雷蒙德·斯穆里扬、爱德华·德·博诺、理查德·格雷戈里、维克多·塞雷布里亚科夫、尼克·巴克斯特；格雷格·弗雷德里克森，为他绝妙的剖析；阿尔·塞克尔、雅克·豪布里奇、李·萨洛、杰里·斯洛康、诺布·吉加拉、詹姆斯·达尔盖蒂、梅尔·斯托弗；马克·塞特杜卡蒂、鲍勃·尼尔、蒂姆·罗威特、斯科特·莫里斯、威尔·肖特兹、比尔·里奇、理查德·赫斯，以及许多提供过帮助的其他朋友。

我尤为感谢益智游戏先驱萨姆·劳埃德、亨利·杜德尼等人的工作，他们的早期著作为我提供了很多灵感。

我将最热烈的感谢也赠予马蒂亚斯·兰诺、卡蒂恩·范·奥斯特以及他们在兰诺出版社的优秀同事，他们对《迷人的数学》系列图书抱有坚定的信念和极大的热情，这促使我实现了长久以来的野心，将思维游戏和创意这一未来最重要的技能联系在一起。

最后，我要感谢与我经常合作的朋友哈尔·罗宾逊，他与他的富有创意的同事查尔斯·菲利普斯和梅兰妮·弗朗西斯一起，为此书提供了关于创造力透彻而有见地的文本。

——伊凡·莫斯科维奇

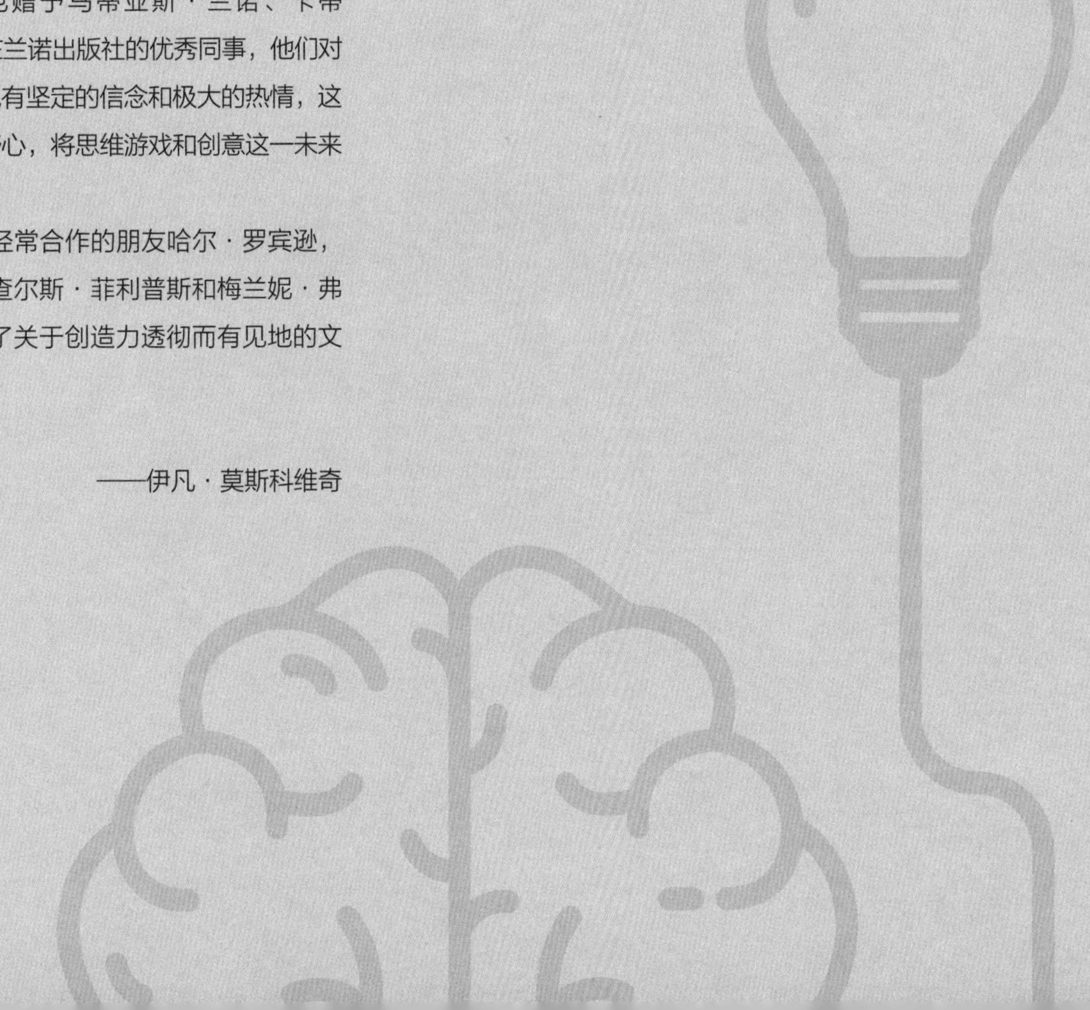

CHAPTER

1

即 兴

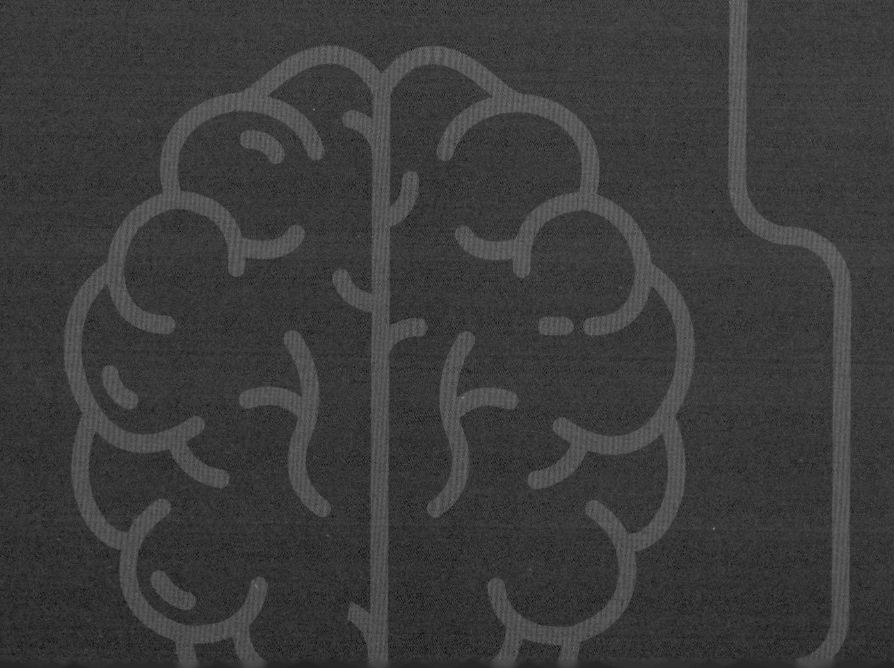

动动手，
体会游戏的益处！

培养出有创造力的孩子的父母往往会让孩子接触各种各样的事物，并允许他们独立。这一点很重要，因为鼓励孩子学会独立自主，反过来会促使他们提出创造性的想法。当没有过多的规则时，年轻人学会探索自己所处的环境，开发出充满想象力的游戏，这也会提高创造力。他们遵循自己的直觉，学会即兴发挥。

多年来，研究人员一直报告说，即兴的自由游戏，即幼儿本能地从中取乐的那种非结构化游戏，能提高创造力、解决问题的能力和语言能力。1973年，《发展心理学》中的一篇研究报告指出，与一组观看别人使用道具的儿童和另一组进行绘画活动的儿童相比，那些亲自使用道具进行非结构化游戏的儿童能更多地开发出道具的创造性使用方法。1989年的一项研究表明，男孩被允许参与游戏打斗的时间越多，他们在社会问题解决测试中的表现就越好。华盛顿大学2007年的一项研究发现，玩玩具积木时间最长的孩子在语言测试中表现最好。

对于培养创造力，这些研究的含义十分有意思。在生活中，你能够腾出时间来玩耍吗？任何一种非结构化的运动都是很好的尝试，比如滑雪橇、扔球、和孩子或后辈玩耍，或者试着做手工，比如自己做面包、装潢室内或做木工。通过问“如果”和“为什么不呢？”来训练无规则思维。换一种视角，试着走出你的舒适区，同时着眼于变化，采用不同的思考方式。愿意相信自己的反应。但如果答案显而易见，需三思而后行。练习即兴发挥——从此刻起，随着你的创造激情而动。

提利克的双色金字塔

数学老师提利克向他的学生介绍了一个金字塔挑战。

共有10个小球，其中红球4个，黄球6个。你能把4个红球放入下图的等边三角形中，使得任意3个黄球不能构成等边三角形吗？右上的例子显然是错误的：黄球构成了一个等边三角形。

最少颜色数

请为下图的两个图案上色，使得具有公共边的任何两个区域颜色都不相同。最少需要多少种颜色？仅以一个点相互接触的两个区域颜色可以相同。

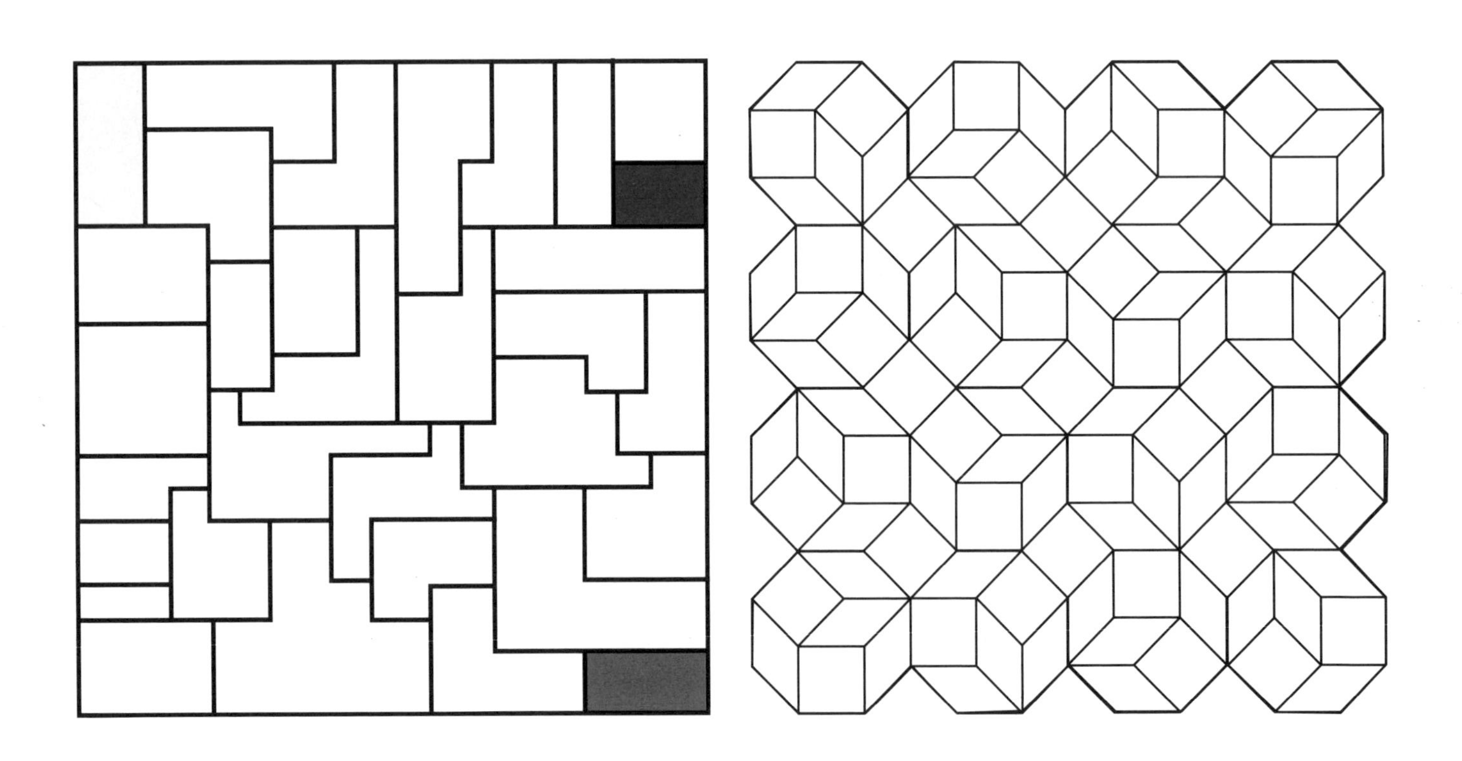

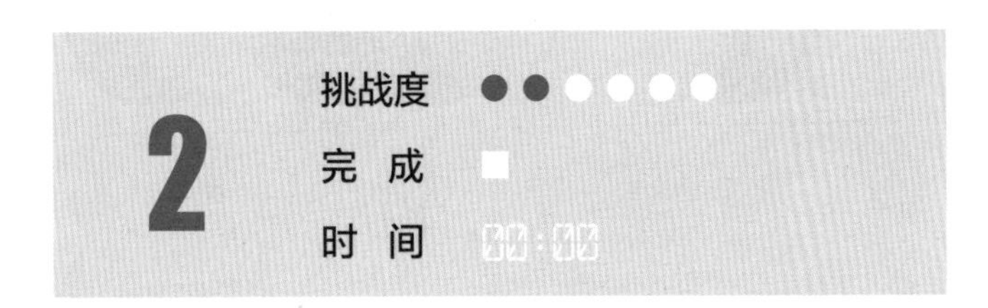

品特先生的钥匙

酒店门房哈里·品特领着8位客人入住预定的房间，房间编号为1～8。不幸的是，哈利把钥匙弄混了，而钥匙上并没有编号。若他采用试错法为不耐烦的客人开门，他最多需尝试多少次（即求最坏的情况）？

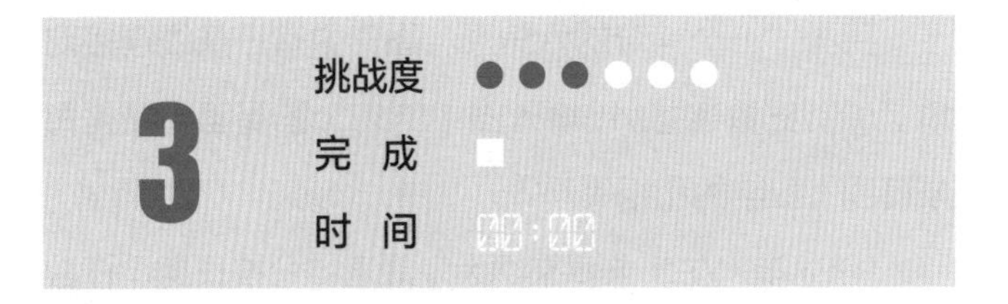

六角形常数

我画了一个神奇的六角形，图形中有三条线连接对角。你能把数字1到19填入图中的19个圆圈里，使得每条直线上数字的和相等吗？

1983年，在北卡罗来纳大学夏洛特分校长期担任数学教授的哈罗德·B. 雷特首先提出了这个问题。伟大的美国数学家、学者和作家马丁·加德纳（1914—2010）发现了两个简洁的解法，其中一个在答案部分给出。

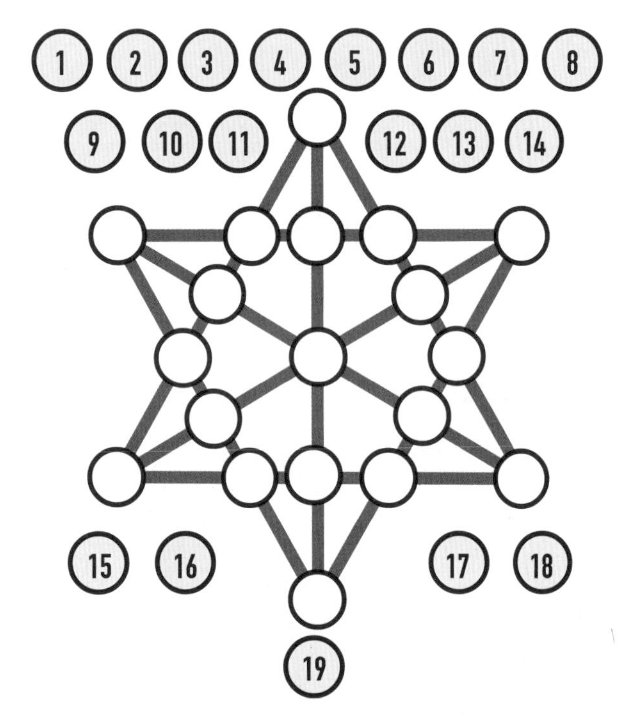

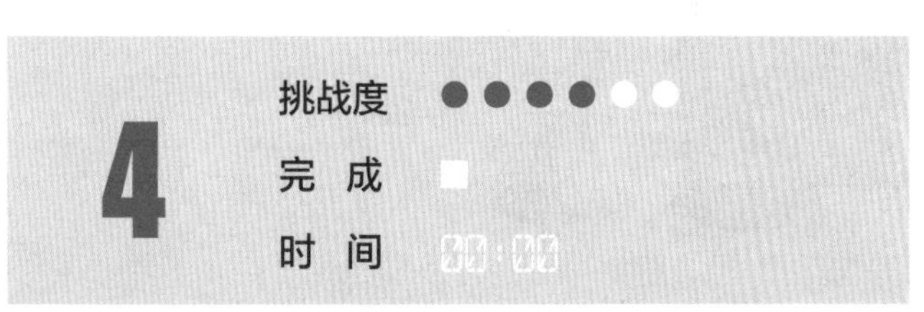

卢的逻辑矩阵

卢遵循某种逻辑放置八种不同的符号，形成一个7 × 7的正方形。你能发现她的逻辑并填入最后缺失的符号吗？

5
挑战度
完 成
时 间

芙蕾雅的配对项链

芙蕾雅在她斯德哥尔摩的珠宝店里为她的顾客设计了一个挑战：你能用三种不同颜色的珠子串一条项链，让项链在任何一个方向上至少包含所有可能的颜色组合（已在下方画出）中的一种吗？

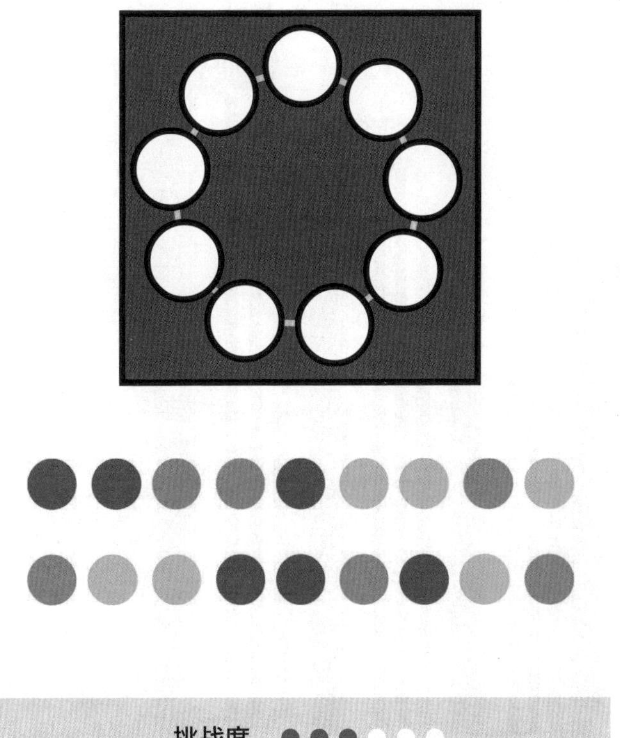

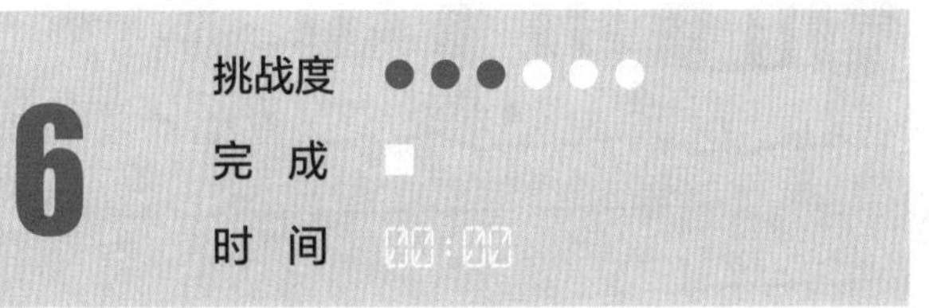

落单的六边形

你能将其中的24个六边形配对，并找出落单的那一个吗？

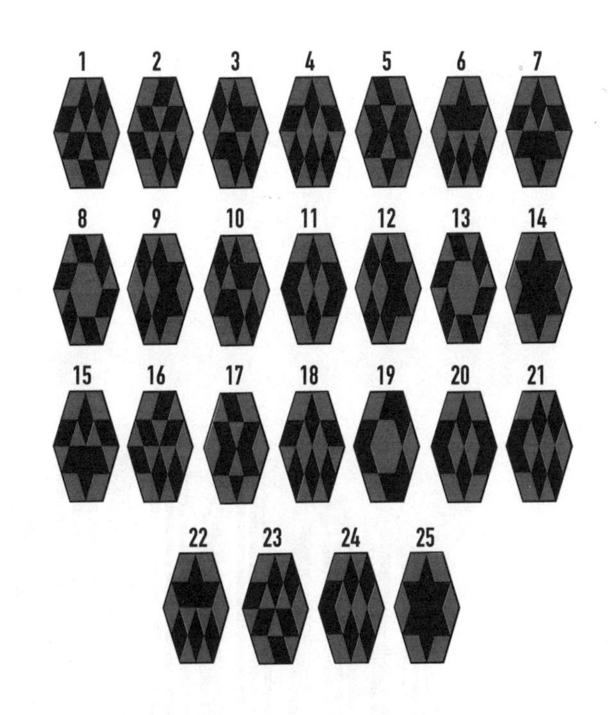

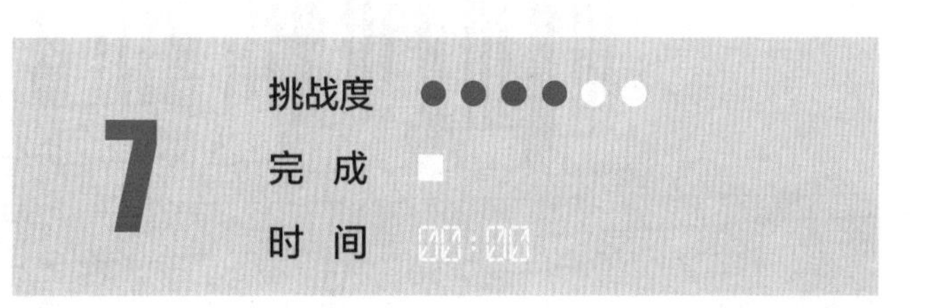

一排摩天大楼

建筑师格瑞特设计的排成一排的9座摩天大楼被他的委托人德弗里斯斥为无趣之作。出于美观的考量，德弗里斯提出了这样的要求：大楼必须排成一排，且每座大楼的高度必须不同，但高度从左到右（不一定相邻）递增或递减的大楼不得超过3座。

你能找到至少两种符合要求的布局吗？

附加题：如果在排列中增加第10座摩天大楼，你也能满足上述要求吗？

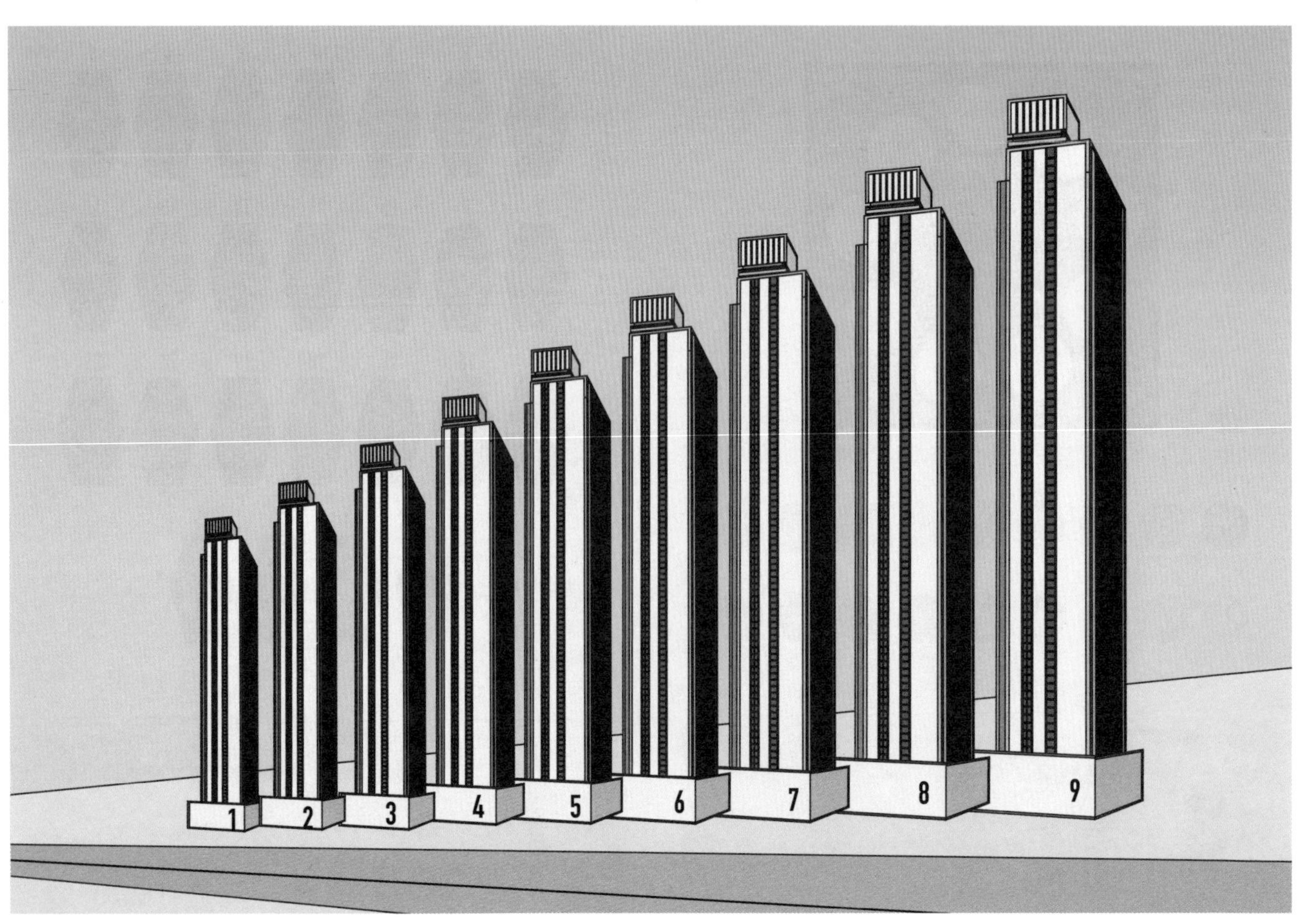

滑块拼图之谜

我在1968年设计了这个滑块拼图。通过滑动小方块，你能还原拼图并找出隐藏的单词吗？

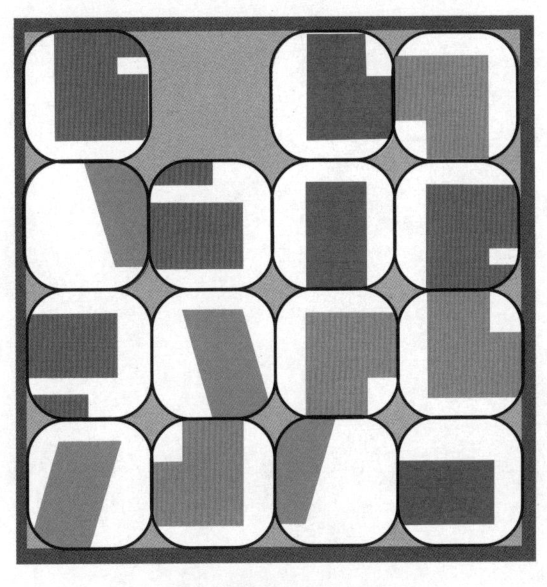

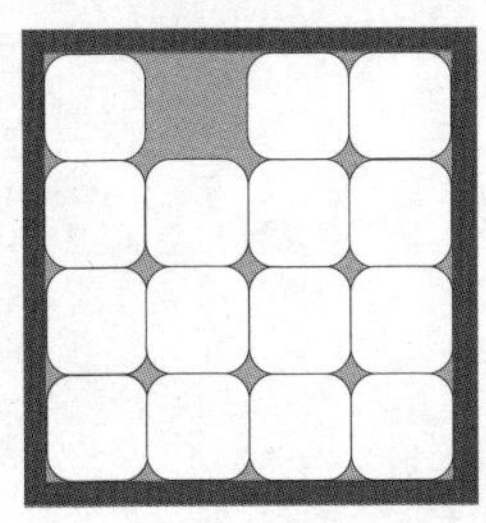

9

挑战度 ●●●●○○

完 成 □

时 间 00:00

从三角形到星星

这个等边三角形由24个相同的直角三角形构成。你能仅通过观察，想象出把这个大三角形变成完美六角星的方法吗？

10

挑战度 ●●●○○○

完 成 □

时 间 00:00

CHAPTER

2

不从众

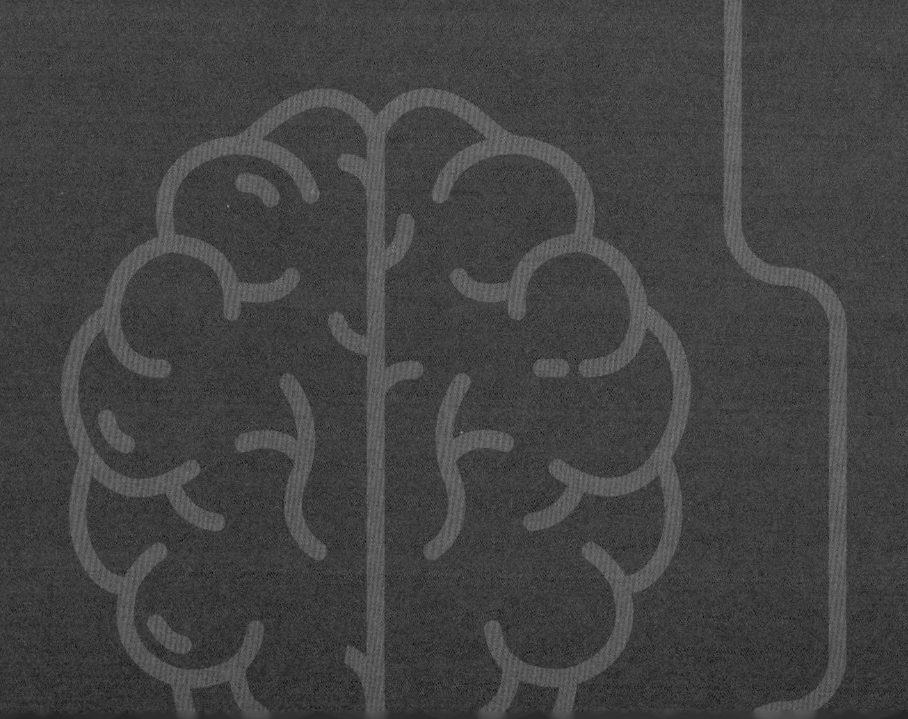

走自己的路

“挑战陈规”

2003年的诺贝尔生理学或医学奖得主保罗·劳特布尔有一段著名的发言：“科学家之间流传着这样一种说法，至少有三位诺贝尔奖得主否定你的想法后，你才能知晓自己提出了一个绝妙的主意。”若想变得有创造力，我们常常需要成为不守常规的人——开辟自己的道路，捍卫自己做事的方式。请注意，质疑在创造性思维中起着关键作用——正如科学家兼作家苏珊·格林菲尔德男爵夫人在2011年的演讲“创造力的神经科学”中所说的那样。她说，不管你是艺术家、科学家还是工程师，质疑公认的事实或常规的方法会对你的创造力大有裨益——她称这些行为是“挑战陈规”。她举了一个艺术家的例子。当这个艺术家为别人绘制肖像时，他用非常规的色彩构造出条纹状的图像——这是他在挑战“肖像中的人该是什么样”的陈规后孕育出的成果。

冲破思维定式和陈规教条对创造力益处多多。沃顿商学院教授亚当·格兰特在他2016年的著作《离经叛道：不按常理出牌的人如何改变世界》（*Originals: How Nonconformists Move the World*）中写道，大多数人都有创新和非常规思考的能力，但工作场所通常会打压他们的这一面，迫使他们成为从众者。如果你想将创造力带入工作场所，那么请尽你所能建立一种鼓励人们挑战做事常规的不从众的文化。为了激发不从众思维和创造力，格兰特建议人们尝试一种他称之为“陌生感（vuja de）”的体验。著名的“似曾相识（deja vu）”体验指的是你感到你正在经历的事情曾以完全相同的方式发生过，而“陌生感”则是指你尝试以全新的方式审视熟悉的过程或想法。我的谜题和游戏思维是你的好伙伴——我的专长就是转换熟悉的想法或问题，让你体验全新的视角。

箭头回路

将下图右边的9个箭头放在游戏板上，箭头可以指向北方、南方、东方或西方，根据每一箭头的数值，从箭头到箭头形成连续的闭合圈。例如，数值为1的箭头会延伸到紧邻的方块；数值为2的箭头又会继续延伸两个方块；等等。箭头所指的方向即为图形延伸的方向。最后的箭头必须返回到初始的数值为1的箭头，形成闭环。

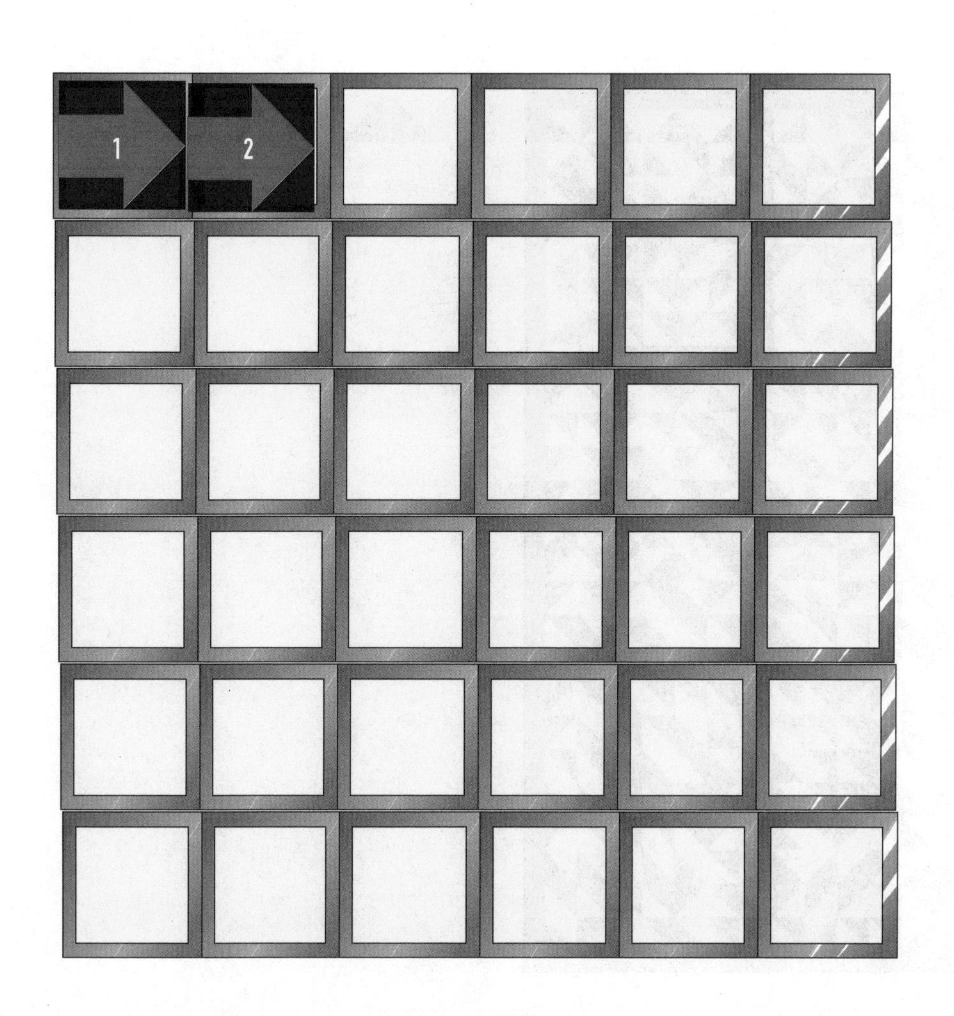

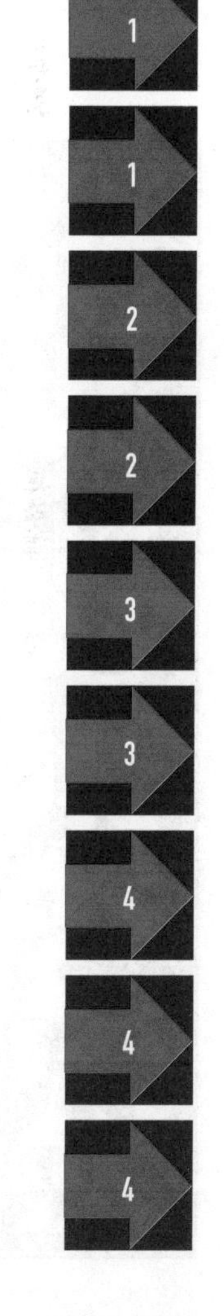

条码噩梦

下面的图案由同一种小方块构建——如右边小图所示，小方块被一条对角线分割为黑白两个部分，并可以旋转到四个不同的方向。这一次，小方块被随机分布于25×25的方形矩阵中。

但是，图案中有点不对劲。你能找出来吗？

12

挑战度 ●●●●○○

完 成 □

时 间 □□:□□

十二面体切片

如果用一个平面切割一个十二面体，可能得到哪些形状的横截面？

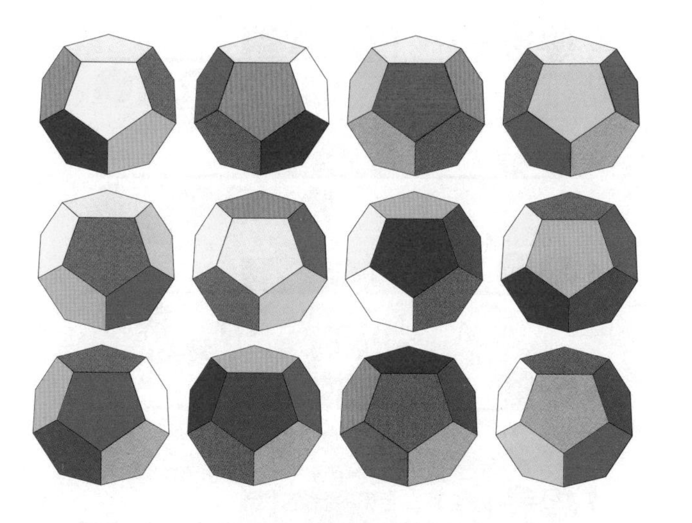

13
挑战度 ●●●○○○
完 成 □
时 间 00:00

沃尔特的砝码

数学极客沃尔特在一家法式蛋糕店工作，蛋糕店使用旧式砝码——下图中，砝码的重量单位为公斤。沃尔特对同事温妮弗雷德（另一位数学爱好者）很有好感，并为她设计了这个挑战：将下图中的砝码分成三堆，使每堆的总重量尽可能接近。

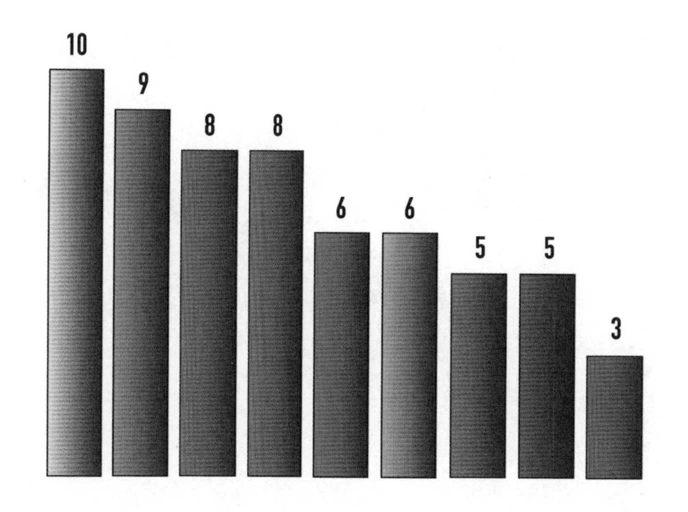

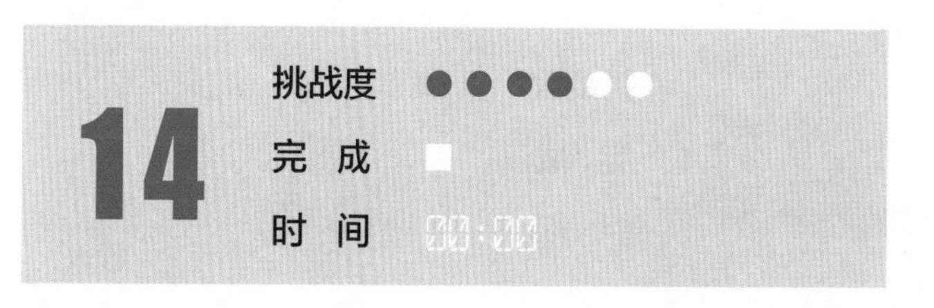

六球平衡

我们有一架天平和六个重量如下的钢球：

绿球：1个单位重量

红球：2个单位重量

蓝球：4个单位重量

每种颜色的球各两个。小球可以放在天平的任意位置，但请注意，它们的单位重量将会根据它们所处的位置进行乘法运算；例如，绿球是1个单位重量，如果把它放在1上，则重量计为1个单位，如果放在5上，则重量计为5个单位。我们的目的是使天平平衡，最简单的方法是将小球放在对称的位置上。但是此题禁止这样做。

在下图所示的9种情形中，已放在天平右侧的球不可移动。你能将剩下的小球放在空余位置，并使天平在每种情况下都达到平衡吗？

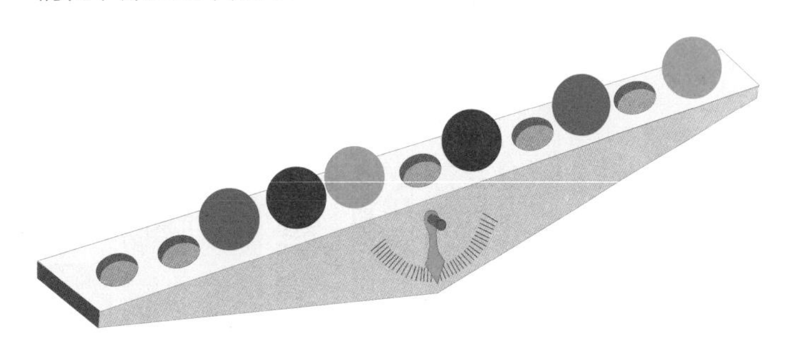

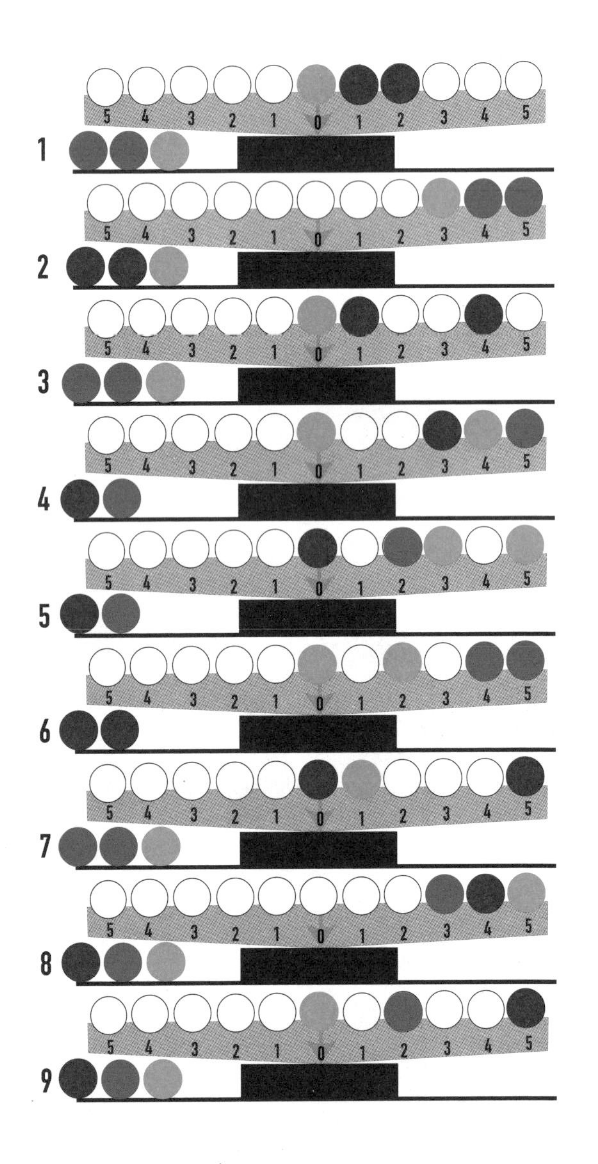

神秘玫瑰

若要画出一朵神秘玫瑰，可将一系列点沿着圆周均匀地间隔分布，并用直线将每个点与其他所有点相连。用少量的点会画出一朵相对简单的玫瑰。但当你要连接的圆周点增多时，图案的复杂性会大大增加。

19点玫瑰：19个点沿圆周等距分布，每个点由直线连接到其他点。你能算出共有多少条直线吗？这个图案是否可以无须抬笔重新起头，一笔就能画成？

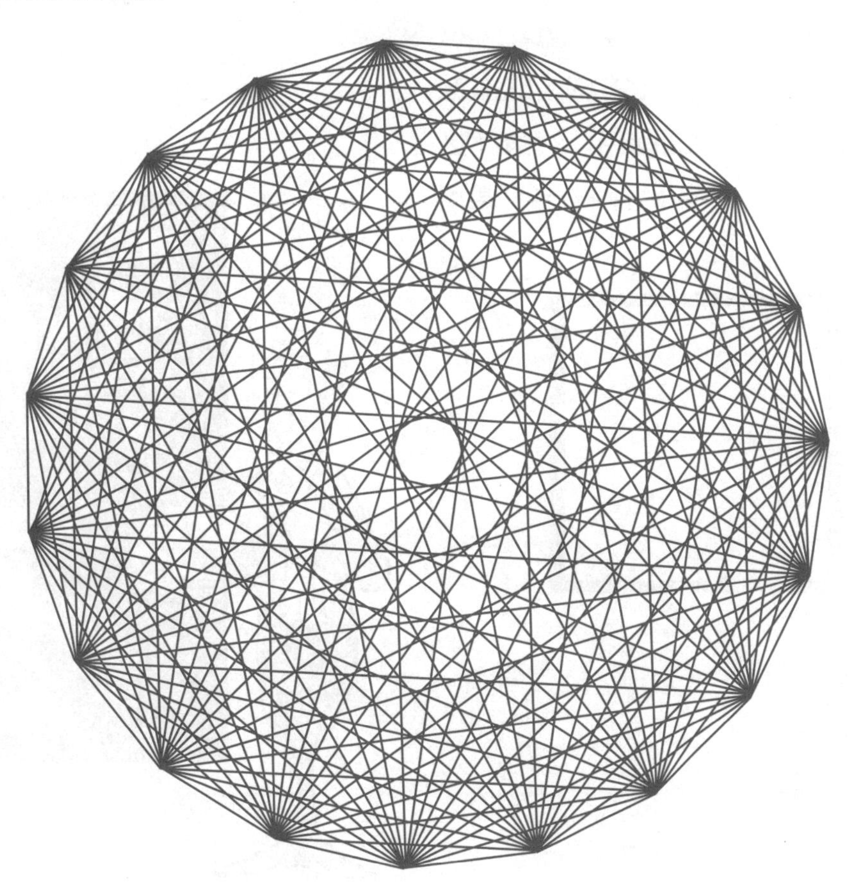

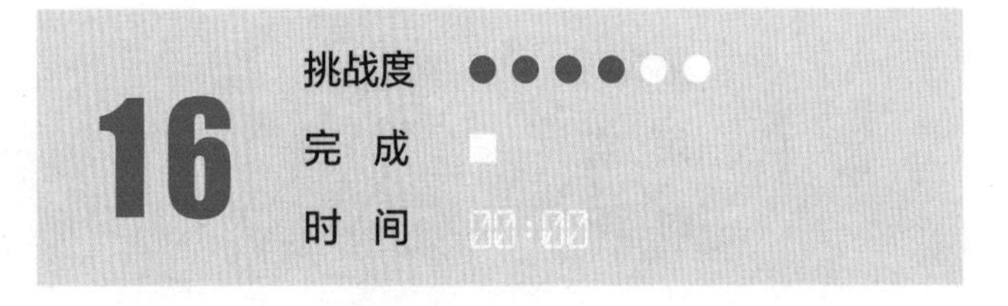

佩里加尔正方形

19世纪，英国业余数学家亨利·佩里加尔提出了毕达哥拉斯定理的一种证明。该证明源自分解两个正方形以形成一个较大正方形的过程。亨利在1891年出版的《几何分解与转换》（*Geometric Dissections and Transpositions*）一书中发表了这篇证明，这篇证明也被刻在他位于伦敦东部黑弗灵区温宁顿圣玛丽和圣彼得教堂的墓碑上。在佩里加尔正方形拼图中，你能剪下这八个被截断的三角形，并将它们重新组合成一个完美正方形吗？

17
挑战度 ●●●●○○
完 成 □
时 间

切兹·伊万餐厅

谁说烧脑的数学题和美食不能混搭？在切兹·伊万餐厅享用三道式西餐，你可以排出多少种不同的点餐组合？

18
挑战度 ●●●○○○
完 成 □
时 间

对称的正方形

按下面的小图将一张正方形的纸对折两次。如下图黑色小框所示，在折纸上剪出不同形状的小孔。展开后的折纸是什么样的呢？请从四个给定选项中选出正确的图案。

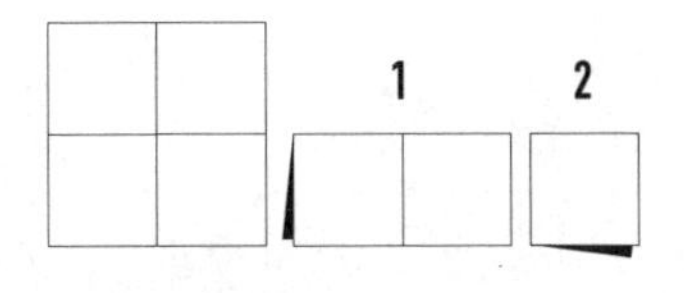

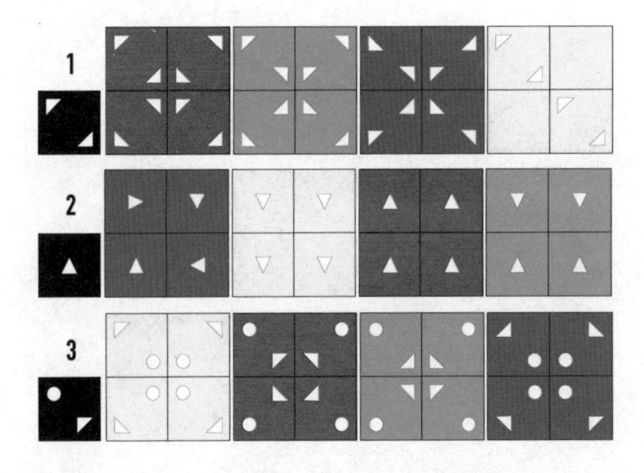

19
挑战度 ●●●○○○
完 成 □
时 间 00:00

对称的矩形

按下面的小图折叠一张矩形的纸。在折纸上剪出不同形状的小孔。展开后的折纸会是什么样的呢？请从三个给定选项中选出正确的图案。

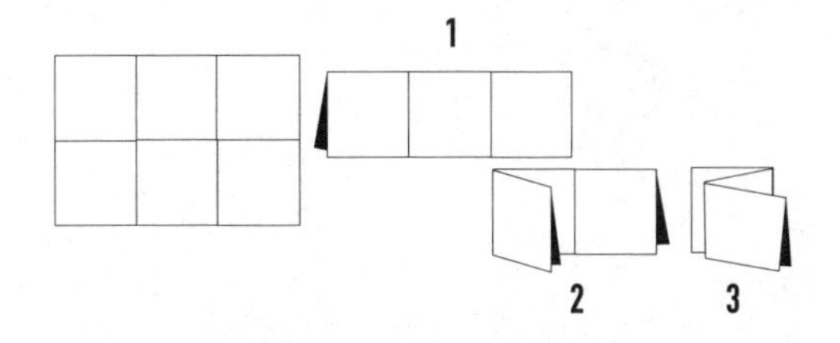

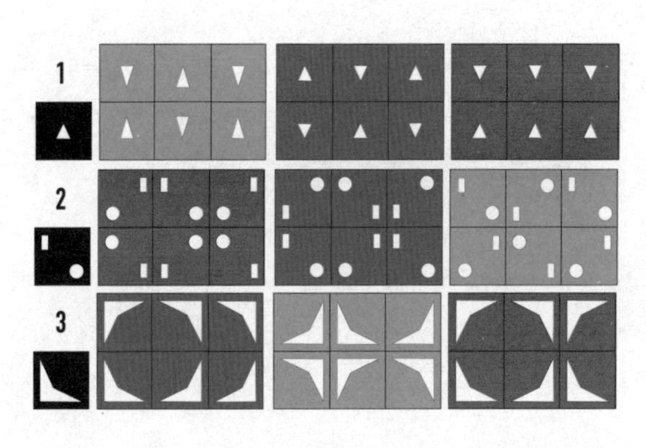

20
挑战度 ●●●○○○
完 成 □
时 间 00:00

CHAPTER

3

新 颖

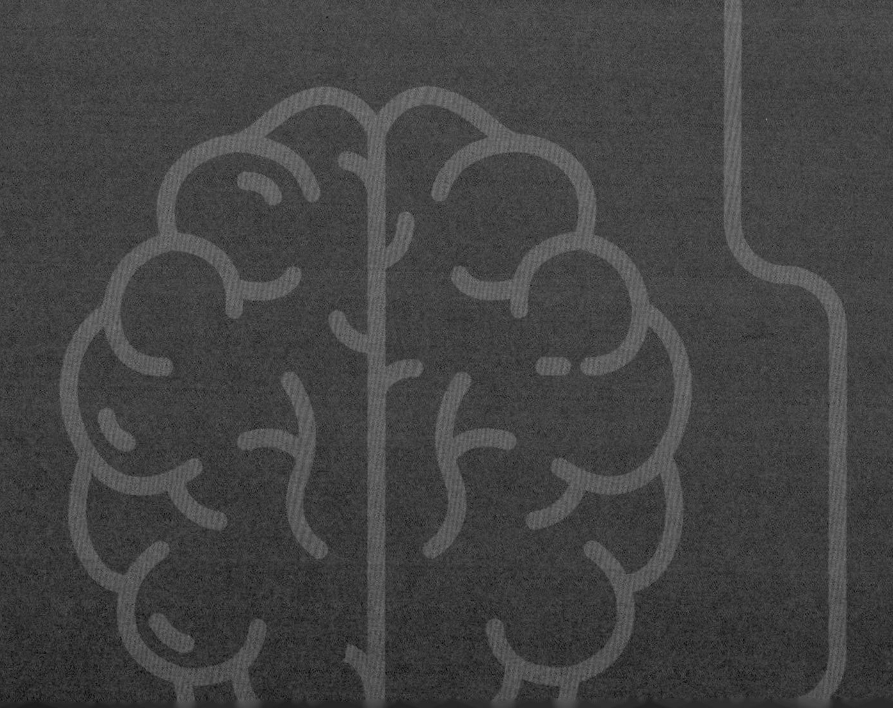

用创意方法重塑流程

“车库法则”是惠普首席执行官卡莉·菲奥莉娜在1999年分享的一套关于创造力的法则，其要点之一是“激进的主意不是坏主意”。1935年，惠普创始人比尔·休利特和戴维·帕卡德从斯坦福大学毕业，随后他们在帕卡德位于加利福尼亚州帕洛阿尔托市的车库中发展起他们的业务，“车库法则”因此得名。其要点之二是“发明不同的工作方式”。

鬼才导演原野守弘也提出过类似的见解。他在2018年出版的《创意超能力》（*Creative Superpowers*）一书中说：“要想创造新事物，过程必须是新的。”原野守弘透露，他的团队Mori只有他和他的两位助手；每接手一个项目，他都会组建新的团队。更新你的流程。如果你想在工作中提高创造力，请试着与你平时没共事过的人合作，或者以你平时不会采用的方式来工作。请注意，新颖不同于“革新”或“即兴创作”——你不必重建流程或毫无计划。但当你改变对可能性的理解时，肯定更容易激发创造力。原野守弘谈及他们曾想拍摄一个一镜到底的流行音乐短片，然而他发现没有足够的时间移动摄像机。但原野守弘没有放弃原计划，转而让乐队调整歌曲以创造时间。乐队同意了。这是一种新方法——出乎意料、打破常规却行之有效。这个视频就是为OK Go乐队2014年的歌曲《我不会让你失望》（*I Won't Let You Down*）拍摄的MV。

因此，请寻找新的方式来处理事情，以新的眼光看待问题，用新的形式来表达自己。对新的和不寻常的观点保持开放的态度，譬如开发熟悉物体的新用途、听取来自陌生渠道的新见解、尝试以前没试过的工作方式。我的许多谜题和益智游戏都会逐渐将你推向新的观察、探究和思考方式。其中感知题会挑战你的视觉逻辑，脑筋急转弯则将激发你的创造力。

一块蛋糕

还有比填色块更简单的游戏吗？请在图案空白区域中填入数字—颜色，使相邻的两个区域的数字—颜色不相同。

划分的区域越多，游戏越容易……还是正好相反？

不管怎样，我相信你会发现这个谜题简直是小菜一碟。游戏的目标是在蛋糕每一环的各个部分填入数字，使相邻环段的数字不同，即使是在角点上也不相同。我建议你先给圆环的每一段都写上数字（用可以擦掉的软铅笔），然后为数字配上相应的颜色，从而画出满意的彩色图案。

数字的个数应和蛋糕的环数一样。对于2段2环的蛋糕和3段3环的蛋糕，如果分别用2色和3色填涂，是无法达成目标的。

根据上述规则，你能用数字将下面的圆圈填满吗？从圆心呈辐射状延展的直线将圆分成18个部分，每个部分又和6个同心圆环相交，划分出更小的区域。

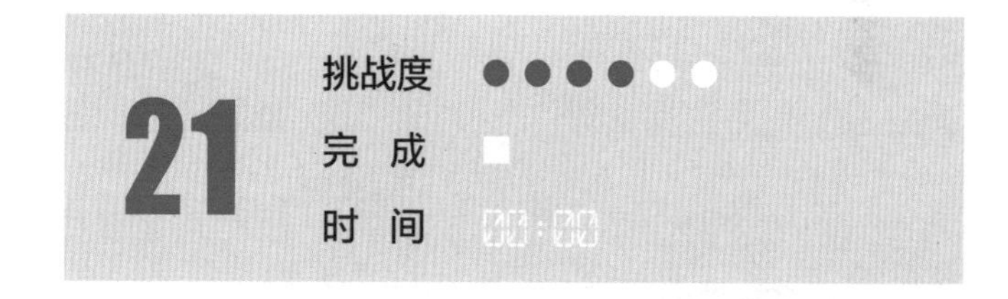

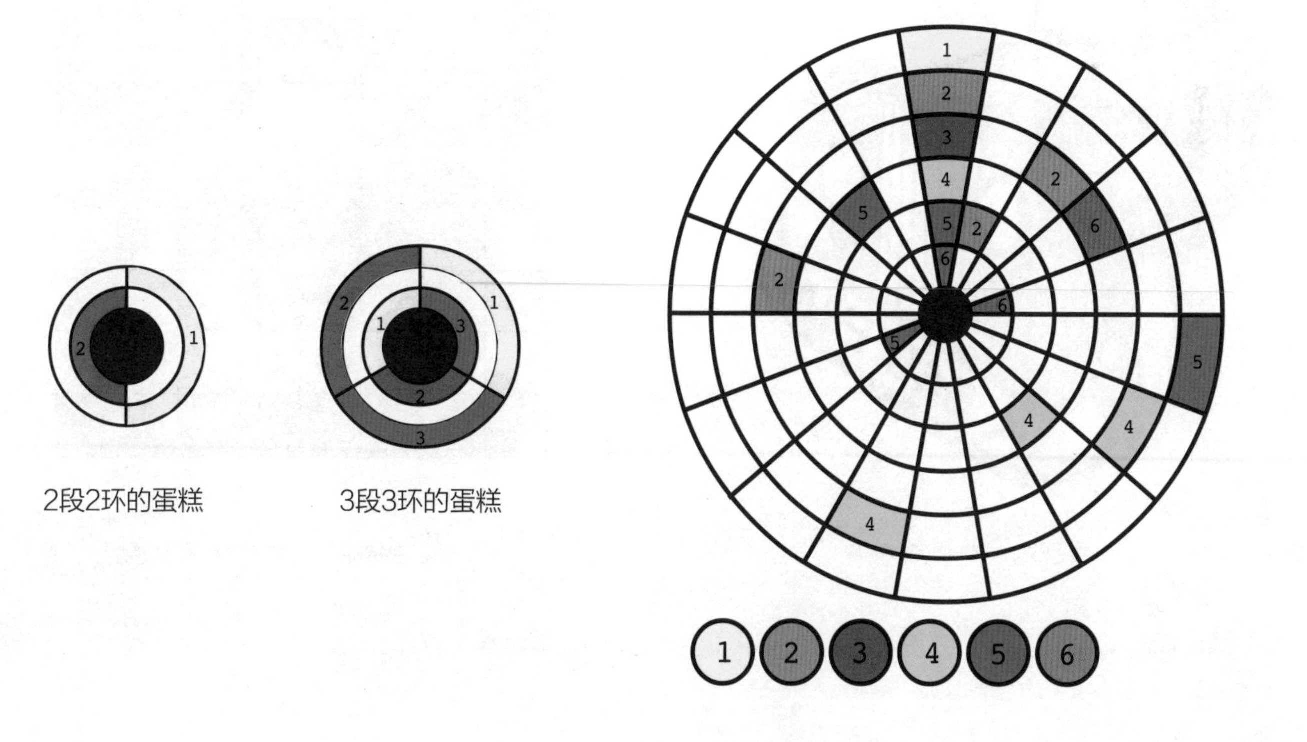

莫斯科维奇汽车

在一些国家，汽车牌照采用以下形式：开头1个字母、中间3个数字、结尾3个字母。“莫斯科维奇汽车”公司售卖的汽车就采用上述格式的牌照。加拉奇·麦克斯想：如果车牌中间的数字不可以使用000，那么可以发行多少块不同的车牌？

22
挑战度 ●●●●●○
完 成 ■
时 间 00:00

百变小丑

百变小丑因擅长变换和躲藏而得名。她和她的家人藏在这个由64块方形瓷砖组成的拼图中。你能重新排列64块方砖、找出4名家庭成员——百变小丑、她的父亲、母亲和妹妹吗？每个人物都是对称的，由16块砖组成。

23
挑战度 ●●●●●●
完 成 ■
时 间 00:00

黑夜过桥

哎呀！这座桥将在17分钟后倒塌，4名徒步旅行者必须在漆黑的夜色中过桥。

· 他们只有一个手电筒，每次过桥都需要使用手电筒；

· 一次最多可以有2个人拿着手电筒过桥，每次过桥后必须还回手电筒；

· 每名徒步旅行者行走速度不同：

> 1号徒步者过桥需要1分钟；

> 2号徒步者需要2分钟；

> 3号徒步者需要5分钟；

> 4号徒步者需要10分钟。

每一对都按较慢的那一位的速度过桥。例如，如果1号徒步者和3号徒步者结对过桥，他们所需时间为5分钟。

别耍花招！手电筒不许扔回去，也不可以背人过桥。有两种可以脱困的方法，你能找出来吗？

24

挑战度 ●●●●●●

完 成 □

时 间 00:00

鳞翅目学者拉娜

拉娜能用5条直线把圆桌上的15只蝴蝶划分在15个独立的区域中,并且保证每个区域有且仅有一只蝴蝶吗?如果她能做到，她还能把刚到的蝴蝶安排到第16个空白区域吗?

25

挑战度 ●●●●○○

完 成 ■

时 间

形状和图案

下列五块方砖中，哪一块方砖没有被用于构建图案?注意：没有方砖重叠。

26

挑战度 ●●●○○○

完 成 ■

时 间

对称轴

给下列图形画出对称轴并用平面镜检查。哪一个或哪些图形是不对称的？

你能分辨出哪一个图形有无穷多的对称轴吗？

对称图形可以很容易地通过折纸、剪纸或平面镜获得。

27

挑战度 ●●●●○○

完 成 ■

时 间 00:00

字母对称

字母的对称性：哪些大写字母是对称的，哪些不是？

试着不借助镜子回答问题，并画出对称轴。

28

挑战度 ●●●●●○

完 成 ■

时 间 00:00

两种颜色的游戏

两个孩子，弗洛里斯和威妮，各用一种颜色轮流给棋盘上的小方格涂色。最后谁被迫涂完一个2×2的实心方块，谁就是输家。弗洛里斯和威妮能找到稳赢的方法吗?

29

挑战度 ●●●●○○

完 成 ■

时 间 00:00

幸运大转盘

这是赌场的周六之夜。幸运大转盘正在旋转，并将最终停在360个数字中的某一个上。

有45个人正在下注，他们需轮流转一次转盘。

如果转盘两次停留在同一数字上，则赌场赢；如果没有，那么所有下注的人都赢了（包括你）。

听起来不错? 360个数字，只有45次转动的机会，你毫不犹豫地下了注。

你确信赢面很大。是这样吗?

30

挑战度 ●●●●○○

完 成 ■

时 间 00:00

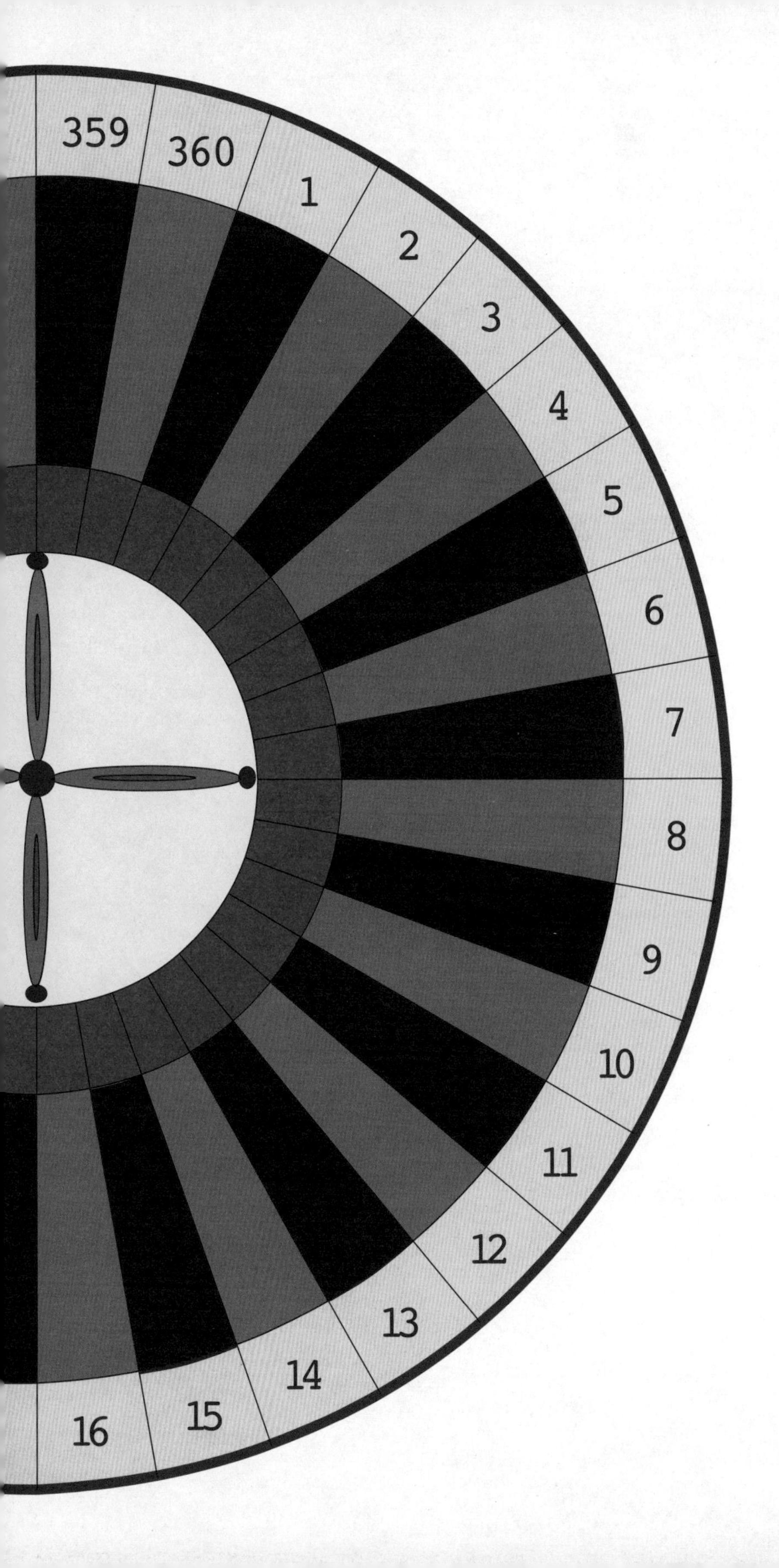
359
360
1
2
3
4
5
6
7
8
9
10
11
12
13
14
15
16

CHAPTER

4

专 注

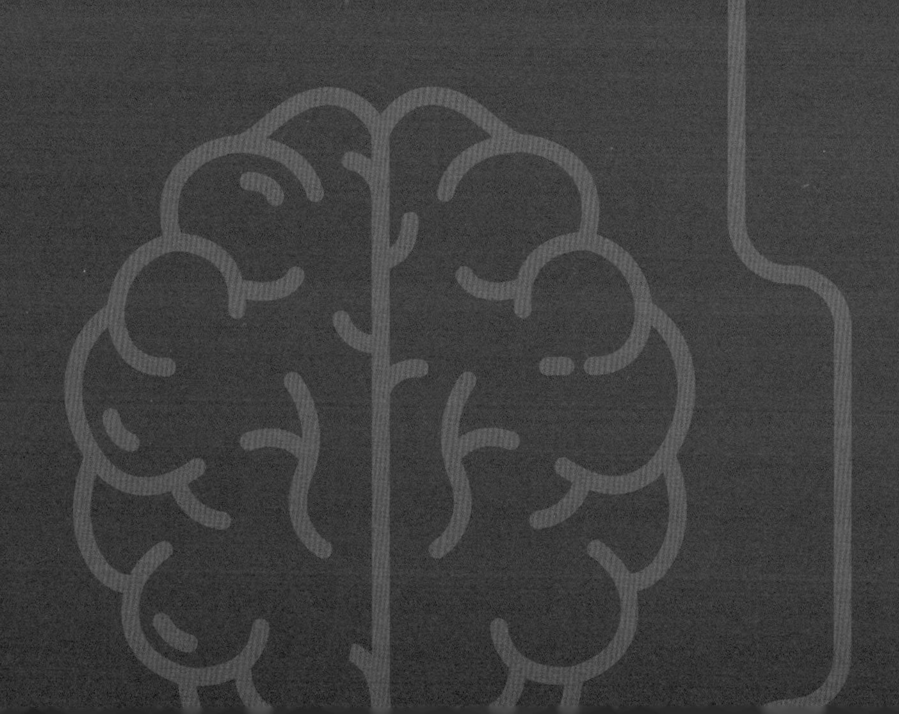

拥抱新体验

找到“最佳击球点”

做我们最喜欢的事情，最吸引人之处在于它能让我们全神贯注。我们追逐那种“最佳击球点”的体验——当进入状态时，我们全神贯注，心无旁骛，时间飞逝。我们可能在很多情形下体验到这种全神贯注，比如冥想、演奏音乐、做瑜伽或打太极拳、做室内装饰或做木工、读小说、运动、看电影……以及与思维游戏和休闲数学题搏斗时。在一段短暂的时间中，我们达到了忘我的状态，平日里那些经常没有产出的无休止的思维循环仿佛已经终止。

心理学家发现，能拥抱新体验的人更有可能在创造力方面具有优势——并且，有证据表明冥想会给创造力带来同样的提升。2017年，由澳大利亚墨尔本大学的安娜·安蒂诺里主持的研究表明，这些“开放”的人拥有不同的看世界的方式。在双目竞争测试中，研究者向被试的一只眼睛展示绿色图像，同时向另一只眼睛展示红色图像。大脑通常只能辨析红色或绿色，因此大多数人说他们先看到了绿色，接着是红色，再然后是绿色等等——或者顺序相反。但是，在人格测试中对经验持开放态度这一项得分很高的人和做过冥想的人同时看到了红色和绿色。安蒂诺里认为，这些经验证据证明了冥想者和心态开放、富有创造性的人“真正地在以不同的方式感知这个世界”。她补充说，他们的大脑“能够灵活地应对不那么传统的解决方案”。

学会控制注意力，你的专注度便会提高。这其中也有意志力的参与。培养意志力的方法有很多，例如，你可以尝试去做一些你天然回避的事情，比如洗碗，或与不熟的人交谈。从长远来看，任何涉及培养意志力的活动通常都能让你更好地控制注意力——这样可以帮助你提高专注度，进入状态，将创造力提升到一个新水平。

蚂蚁迷宫

蚂蚁需要沿着白色通道穿过缓慢旋转的红色圆圈，从上舱来到下舱。

红圈该做怎样的运动才能让蚂蚁穿过迷宫进入下舱？

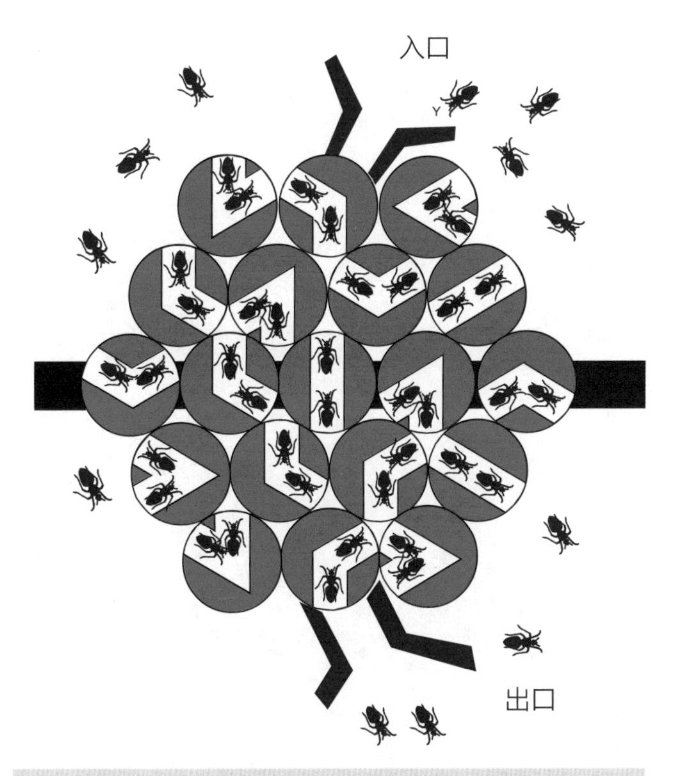

31
挑战度 ●●●○○○
完 成 □
时 间

在数字大街上

欢迎来到数字都市，这是所有数学天才们生活的城市。下面是该市主干道——数字大街。每一侧的建筑物从1开始按顺序编号，直到街道的尽头，然后编号继续沿着街道的另一侧折返，结束于1号对面的那一栋。

每栋建筑都与另外一栋相对。如果121号楼对面是294号楼，那么整条街上有多少栋楼？

32
挑战度 ●●●○○○
完 成 □
时 间

彩色靶子

这个彩色靶子上的圆圈是同心的，即它们都有相同的圆心。两个同心圆之间的区域称为环。你能用中心圆的半径来估算这十个同心圆的面积吗？环与环之间有什么关系？当圆变大时，圆周的曲率减小。什么是无限大的圆？

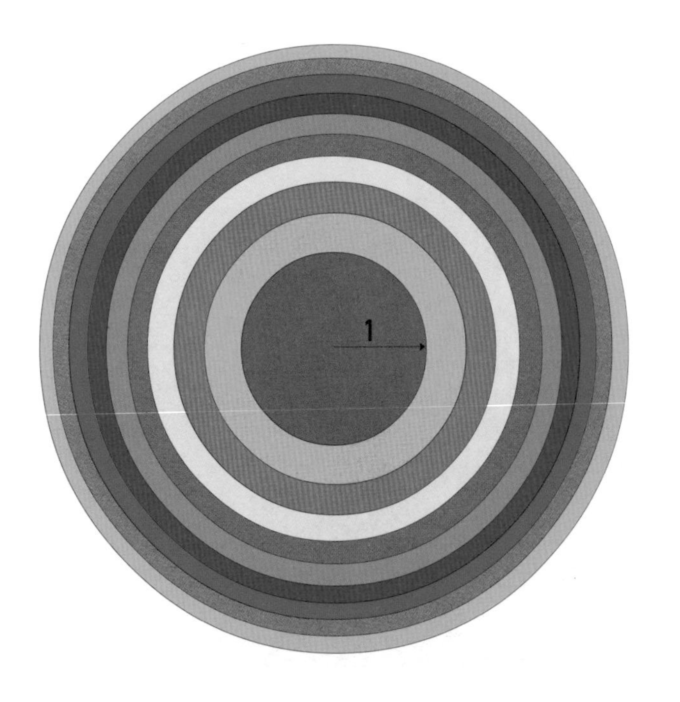

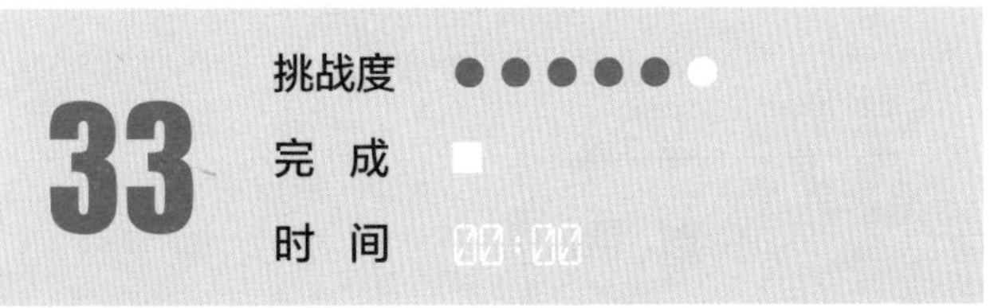

多米诺之梦

连通性是数学中的一个重要概念。图形可以被连接或切断。n个点的连通图是指，图中任意一点到其他点都能连通。

从n=1到n=4，无标记的不同连通图的数量如下所示。从n=1到n=4，其数量分别为：1，1，2，6，……

你能画出n=5时的所有不同的无标记连通图吗？共有21个。

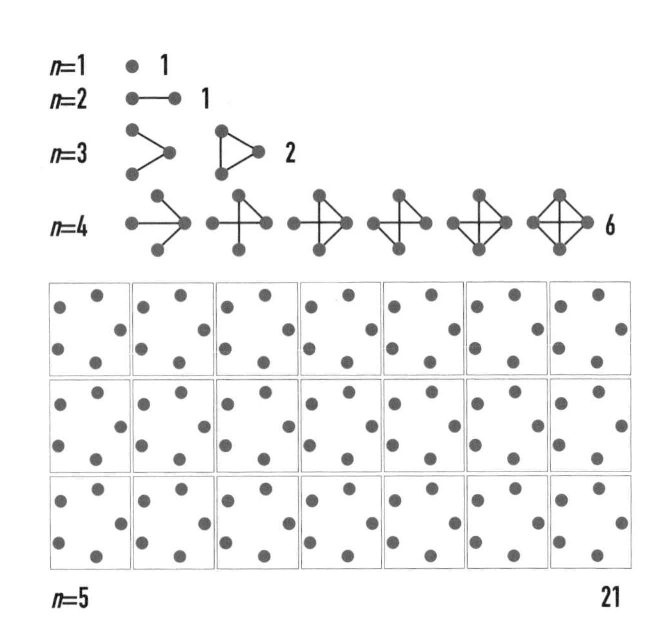

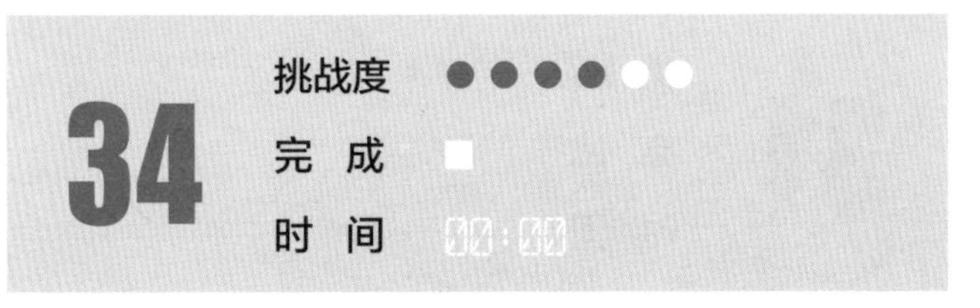

曼荼罗

古希腊哲学家毕达哥拉斯（约前580至前570之间-约前500）将几何学描述为看得见的音乐。

当我们以符合数学普遍规律的方式将角度和形状结合起来时，就能达到视觉上的和谐。

数千年来，通过对圆的均匀分割形成的名为曼荼罗的几何图案，勾勒了形状、运动、空间和时间的关系。

曼荼罗象征着一种扩展的思维方式，它超越了语言和理性思维。曼荼罗这个词源自梵语，意思是“神圣的圆”。在所有印度教曼荼罗中，最著名和最受尊敬的是“施瑞（Shri）”——意为创世的“具（Yantra）”，它象征着古老的宇宙本身。

“具”蕴含着深刻的数学之美，9个不同的三角形重叠，形成43个小三角形。

“施瑞”的谜题1：9个重叠的三角形分隔出43个大小不同的小三角形。根据方向和大小，给这9个三角形编号和上色。若要使红色三角形以最快的速度减少，必须按什么顺序逐个移走三角形？为了实现这个目标，必须移除所有9个三角形吗？

“施瑞”的谜题2：如果红色和白色区域可以组合在一起，那么总共有多少个大小不同的三角形？

→	1	2	3	4	5	6	7	8	9
43									

35
挑战度 ●●●●●●
完 成 □
时 间

蜜蜂的爱

这是一道经典难题。

“总数的一半的平方根只蜜蜂已飞到茉莉花丛中，然后整个蜂群的九分之八也飞了过去；只有两只蜜蜂留在原地。

你能知道整个蜂群有多少只蜜蜂吗？”

无限的圆圈

如图所示，在一个大圆圈内，无限地生成小圆圈。

你能得出半径为1个单位的黄色大圆圈与其内部7组彩色圆圈之间的面积关系吗?

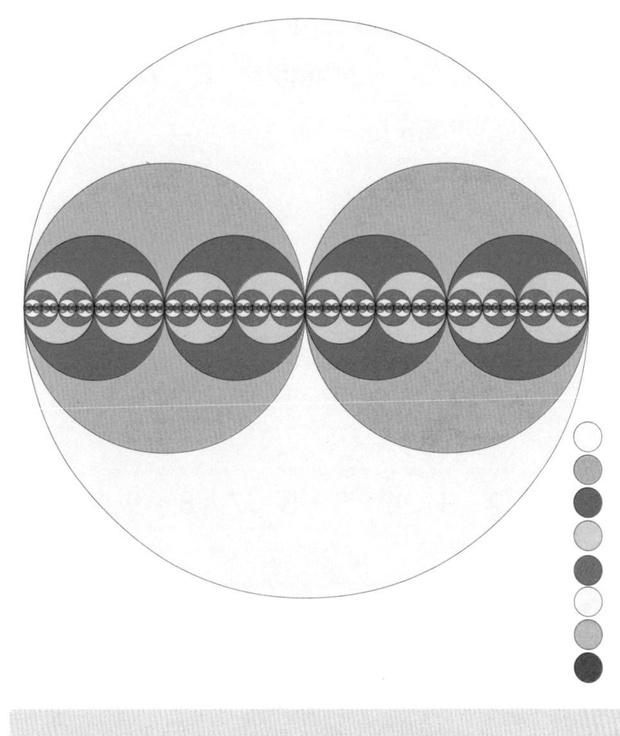

37

挑战度

完 成

时 间

图形和颜色的小径

你能找到从左上角方格到右下角方格的两条路线吗?

图形路径: 按照三角形、正方形、五边形、六边形的顺序。

颜色路径: 按照黄、红、绿、蓝的顺序。

你可以选择上下左右任意方向移动到相邻的方格。

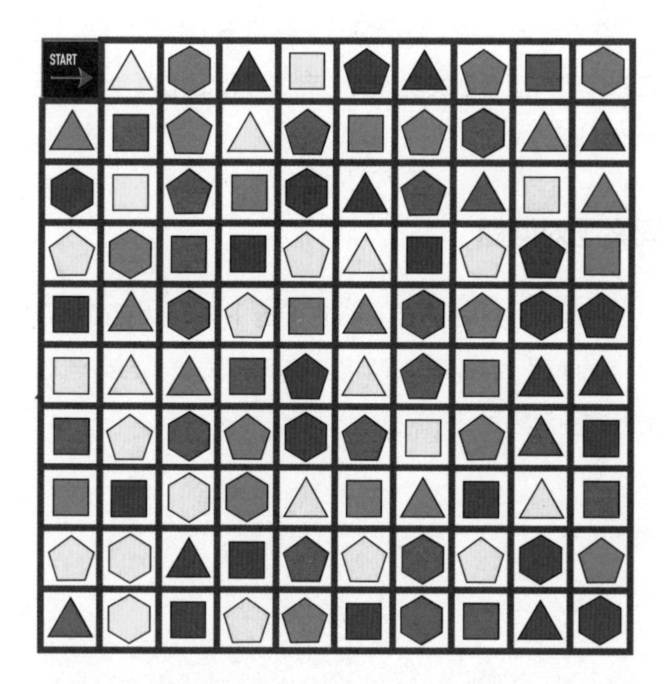

38 挑战度 ●●●○○○
完 成
时 间 00:00

展厅电路

建筑师安德罗斯正在查看伊万·莫斯科维奇展厅平面图上的电源插座分布。大厅由相同的单元区块组成，设计要求电源插座与平面图上任何交叉口的距离不超过3个单元区块。

如图所示，已提交的一个计划预计使用25个电源插座来满足这一要求。你能找到更经济的解决方案吗?请在使用电源插座数量最少的情况下画出插座的布局，同样满足插座与每个交叉口的距离不超过3个单元区块的条件。

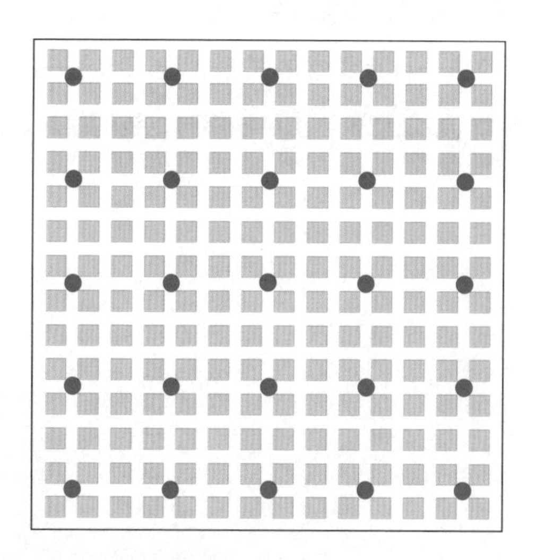

39 挑战度 ●●●○○○
完 成
时 间 00:00

模式配对

伟大的英国数学家戈弗雷·H.哈代（1877—1947）有一句名言：“数学家的模式，就像画家的图案或诗人的格律一样，必须是美丽的……丑陋的数学在世上没有永久的一席之地。”这句话引自《一个数学家的辩白》（*A Mathematician's Apology*）（1941）。

数学是对纯粹模式的研究，宇宙中的一切都是模式。

因为模式无处不在，而且非常精巧，所以它们唤起了我们的好奇心。人们在生命早期就对模式产生了兴趣。模式可以以多种形式表达——数字、几何、运动、行为……

抽象的模式是思考、沟通、计算、社会乃至生活本身的基石。人类认知模式的天赋就在于理解，在一组元素之间存在一种系统性的关系，显示出潜在的秩序结构。当我们发现和表达这种秩序时，我们就是在使用数学语言。

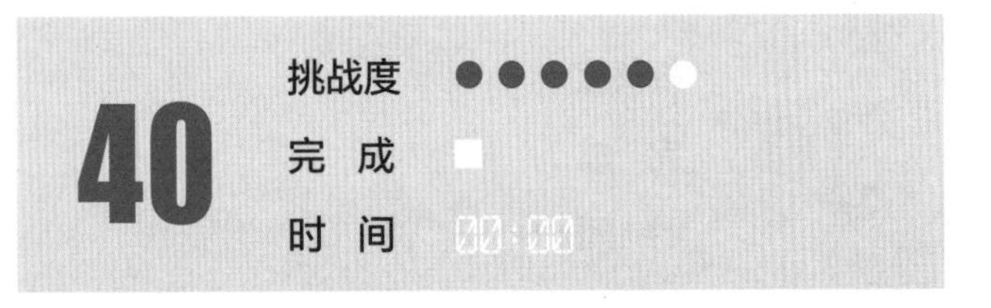

记忆游戏

记忆游戏需要偶数张不同图案的卡牌。每张卡牌都有一张图案相同的“孪生”卡牌。这个游戏的目的是收集图案能匹配的卡牌。把卡牌面朝下放在桌子上。一位玩家翻转她选择的两张卡牌。如果这两张卡牌能匹配上，她就可以留下这两张，然后再翻两张卡牌。如果卡牌不匹配，她就把这两张牌放回去并由下一个玩家接着玩。谁收集的卡牌最多，谁就赢了。

在这个游戏中，你必须要记住桌子上有哪些牌。记忆游戏非常适合激发观察力、专注力和记忆力，适合所有年龄段的人玩。

图案配对问题

复印图中的小方砖，将它们剪下来，然后随机混合，正面朝上。现在，请将已剪下的30块小方砖与43页上的图案配对。

1
2
3
4
5
6
7
8
9
10
11
12
13
14
15
16
17
18
19
20
21
22
23
24
25
26
27
28
29
30

CHAPTER

5

发 现

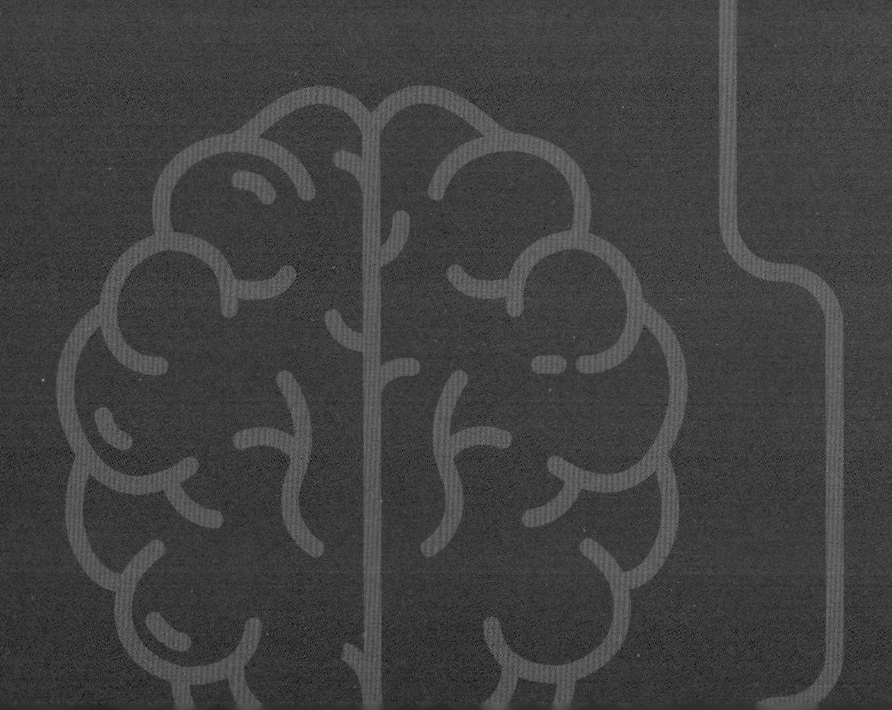

自己解决问题

澳大利亚音乐家卢卡斯·阿贝拉指出，当人们被教着去做某事时，他们往往会复制别人向他展示过的方法——可预测且常常缺乏创造力。但是，当他们自己动手，自己去发现如何做某事时，他们更有可能创作出原创的作品。有些时候为了找到做某事的新方法，你需要忘记常规的做法。英国经济学家约翰·梅纳德·凯恩斯写道："困难不在于接受新思想，而在于摆脱旧思想。"

好奇心是创造力的关键驱动力。看看幼儿和孩子们是如何学习的——他们不断尝试并从犯错中获得知识。他们通过发现来学习。在接受正规教育的岁月里，我们往往丧失了这种对世界的强烈好奇心以及发展个人能力的动力——尽管实验科学家往往要保持这种好奇心才能获得成功。

作家艾萨克·阿西莫夫曾经说过："在科学探索中听到的最激动人心的话，不是'尤里卡'，而是'这挺奇怪的'。"尤里卡这个词意为"我找到了！"——这个词在历史上曾被古希腊科学家阿基米德一叫成名，那时阿基米德做出了一个概念性的突破。但阿西莫夫指出，在进行科学创造前，更关键的不在于科学家的顿悟，而更在于其质疑的态度，比如遇到自然事件，他会疑惑"这挺奇怪的，为什么会发生这种情况？"。当我们努力保持好奇并挑战自我来发现和解决问题时，我们就给了自己发挥创造力的最佳机会。

伊万游乐场的平衡台

作家亨特·S. 汤普森（1937—2005）写道：“运气是幸存与灾难之间的一条极细的线，没有多少人可以在上面保持平衡。”

在科学展览馆和游乐场，你常会发现绕中心轴旋转的平衡台，大人们和孩子们试着在平台上站对位置以达到平衡。

想象一下，在伊万游乐场，重量相同的人站在平衡台上，在图上用红色圆圈表示。你能在正确的地方添上缺失的重量来达到平衡吗？

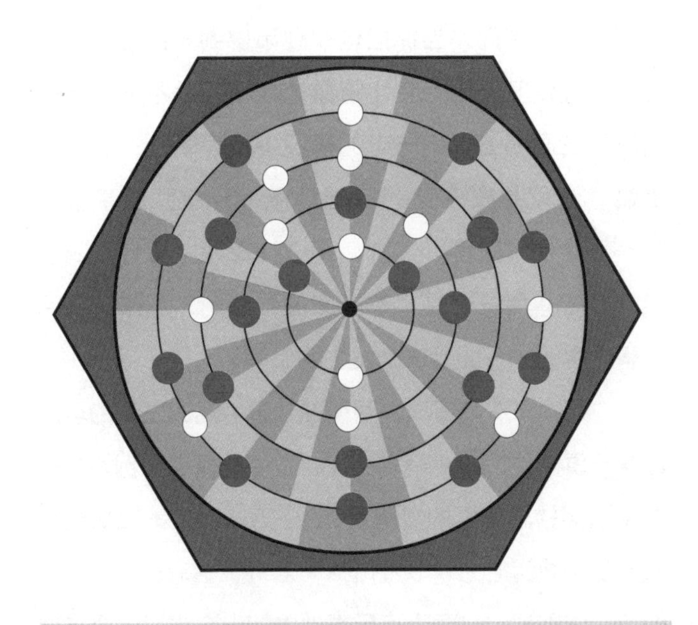

圆的重叠

观察一个由半径为3的四分之一圆和半径为2的半圆重叠所组成的对称图案，你能猜出黄色区域的面积总和和蓝色区域的面积总和之间的关系吗？

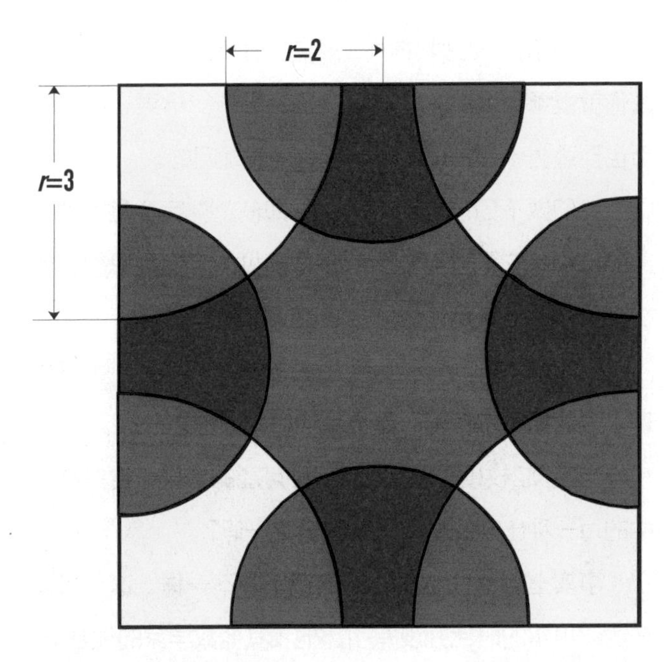

42

挑战度 ●●●●●●

完 成 □

时 间

五次翻转

1718年，法国数学家亚伯拉罕·棣莫弗（1667—1754）的著作《机遇论》（*The Doctrine of Chances*）为概率论奠定了基础。他通过骰子、硬币和游戏等问题阐释了概率。

有趣的是，棣莫弗并不真正相信偶然。他提出一个假说：没有任何事情是“偶然”发生的——每一个看似随机的事件实际上都可以追溯到一个物理原因。

他的立场可以解释如下。如果你测量了影响硬币翻转的所有物理因素——你的手的角度、硬币与地面的距离、将硬币掷入空中的力、风流、硬币的成分等等，那么你就能够以100%的准确度预测翻转的结果，因为硬币也要遵循牛顿物理定律，这是毫无疑问的。

我们做不到这一切，因此，即使事件完全是物理现象的产物，它们也可能看起来像随机的。这种思想流派在今天被称为决定论。

硬币投掷和概率：硬币投掷揭示了许多概率原理。“达朗贝尔悖论”是最早的概率悖论之一：

当投掷2枚硬币时，共有3种可能的结果。这些结果中的每一种出现的概率均为三分之一吗？

事实上，这些结果出现的概率并不一样。这一事实在达朗贝尔的时代并没有引起他和其他数学家的注意。

实际上，投掷2枚硬币（或一枚硬币投掷2次）有4种可能的结果。在今天，即使是普通人也非常清楚这一点！

（1）正，正；（2）反，反；

（3）正，反；（4）反，正。

一个幸运儿带着这种知识穿越到过去，很可能毫不费力就成为非常成功的赌徒。

将硬币两面编号或上色有助于看清实际上有四种可能的结果。因此，出现一正一反的概率（2/4=1/2）是其他两种组合（均为1/4）的两倍。

当一枚硬币被扔到空中，没有人能确定它会以哪一面降落。然而，当你把这枚硬币掷到一百万次时我们就能确定了，因为变化将越来越小，差不多一半的情况下正面朝上，另一半的情况下反面朝上。从本质上讲，这就是概率论的基础。概率论有两个基本法则：一个是“兼容”法则，用于计算两个事件同时发生的概率；另一个是“非此即彼”法则，用来计算两个事件中的一个或另一个发生的概率。

“兼容”法则指出，两个独立事件同时发生的可能性等于事件1发生的概率乘事件2发生的概率。例如，一个硬币翻转出正面的概率是1/2。第一次和第二次翻转时全都正面朝上的概率为1/2×1/2，即只有1/4。“非此即彼”法则规定，两个互斥事件中的一个或另一个出现的概率等于每个事件单独出现的概率之和。例如，硬币投掷出正面或反面朝上的概率等于正面朝上的概率加上反面朝上的概率：1/2＋1/2=1。

问题：如果你连续投5次硬币，可能出现多少种不同的结果?

43

挑战度 ●●●●○○

完 成 ■

时 间 00:00

彩色斗牛士拼图

这道题的灵感来自斗牛士拼图，是伟大的荷兰数学家、谜题设计者弗雷德·舒（1875—1966）的杰作。

你能把28色的多米诺骨牌（如右侧所示）放进7×8的游戏面板里，使得除了8个灰色方块外，有12个色块能构成下图最右2×2正方形的色彩配置中的一种吗?

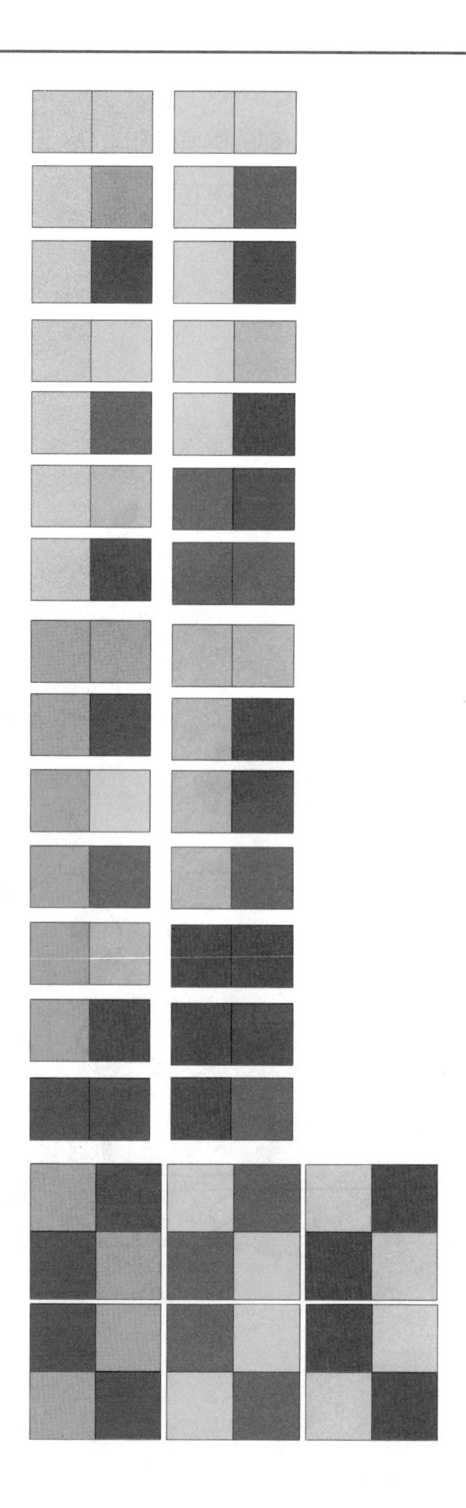

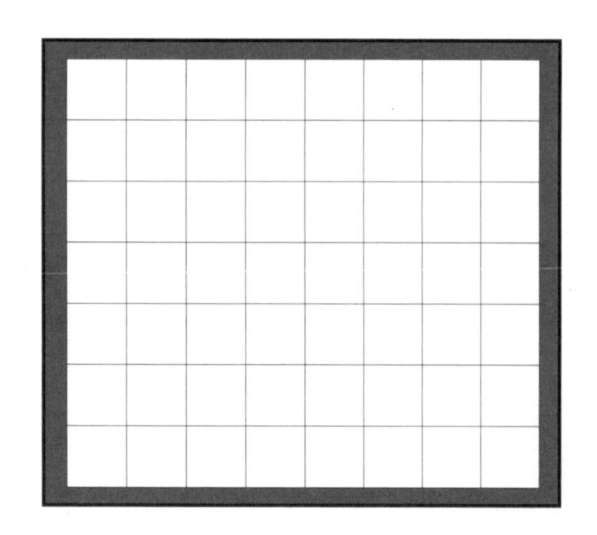

立方体与平铺图

下图中的11个平面展开图可以折叠成完美立方体。

你能看出折出的每个立方体中位置相对的三组颜色吗？

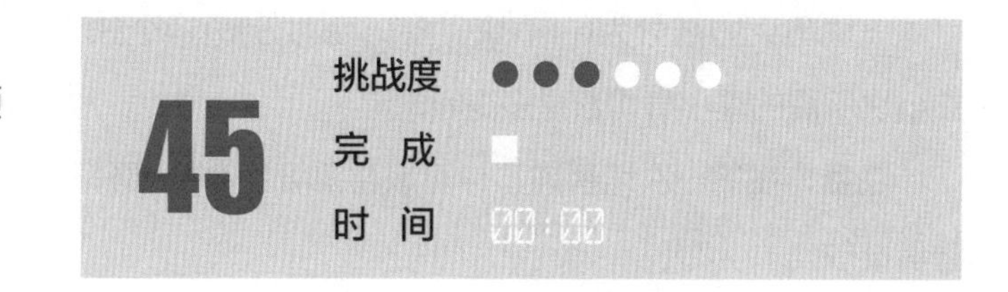

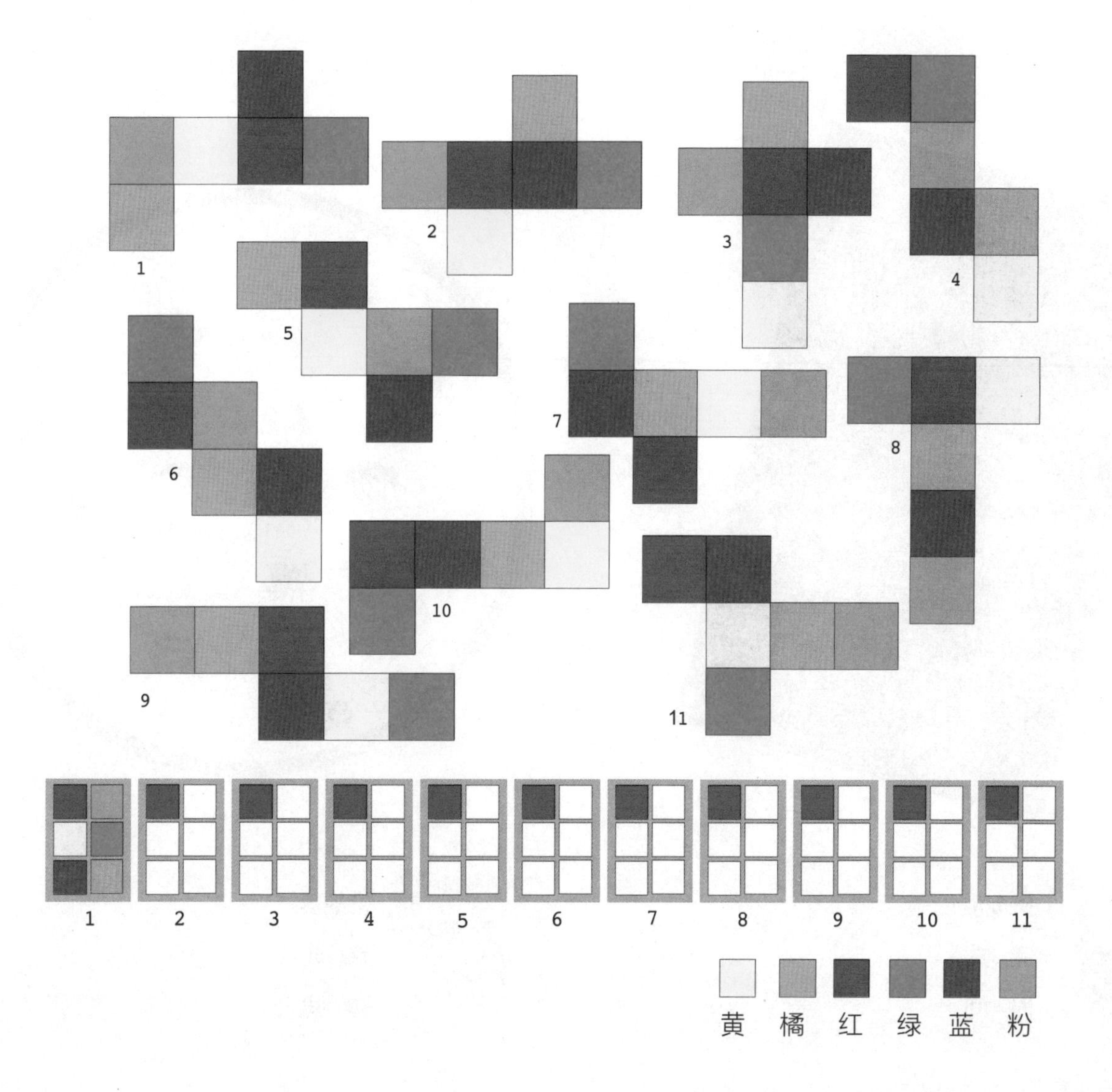

一块巧克力

一块巧克力被分为64小块。将巧克力分成64个独立小块所需的最小直切数是多少？

注意：在下一次切割前，你可以将需要切割的部分叠着堆放。

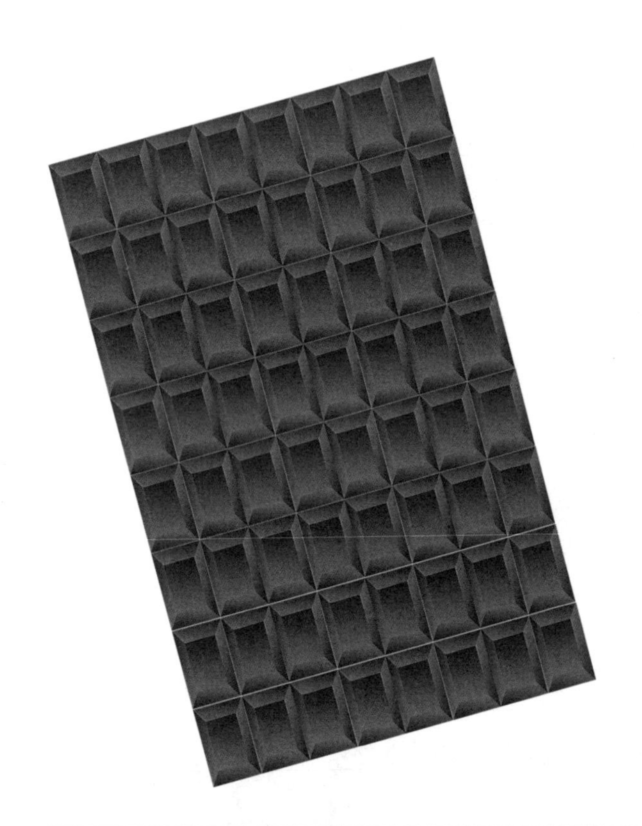

46	挑战度 ●●●○○○
	完 成 □
	时 间 00:00

海伦娜的后背

海伦娜在数学系办公楼的屋顶上晒日光浴，有15只虫子落在她背后的一个圆形区域内。她的数学家同事伊娃正要帮海伦娜涂防晒霜，但此情此景让她分心了：用5条直线穿过圆圈，你能把15只虫子分隔在15个区域，并且使每个区域只有一只虫子吗？

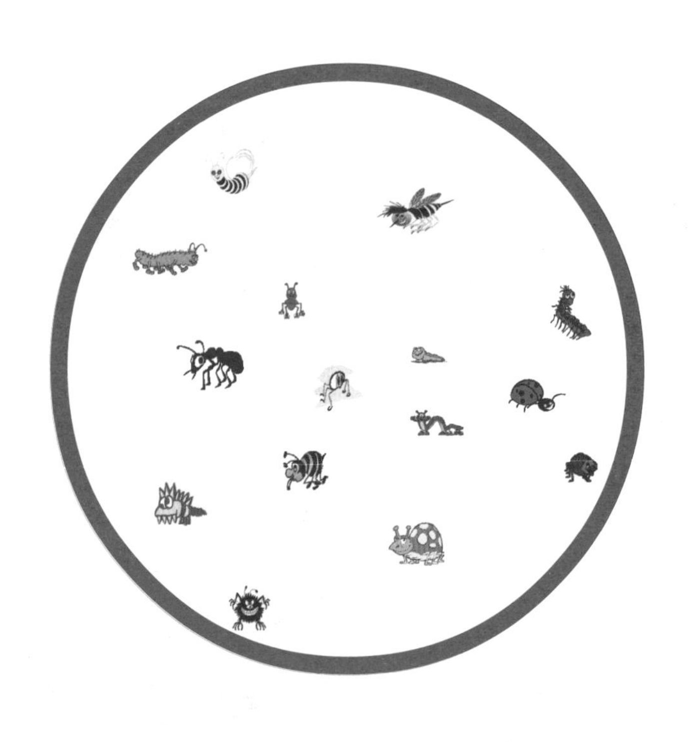

47	挑战度 ●●●●○○
	完 成 □
	时 间 00:00

亨利·杜德尼的邮票问题

英国数学家和逻辑谜题专家亨利·杜德尼（1857—1930）设计了这个经典的邮票问题。这是最早的多格拼板问题之一，涉及五种四格拼板。

每版邮票可按3行乘4枚的规格购买。目标是撕下侧边连接在一起的4枚邮票。若要获得下面显示的几种图形，你分别有多少种撕下4枚邮票的方法？

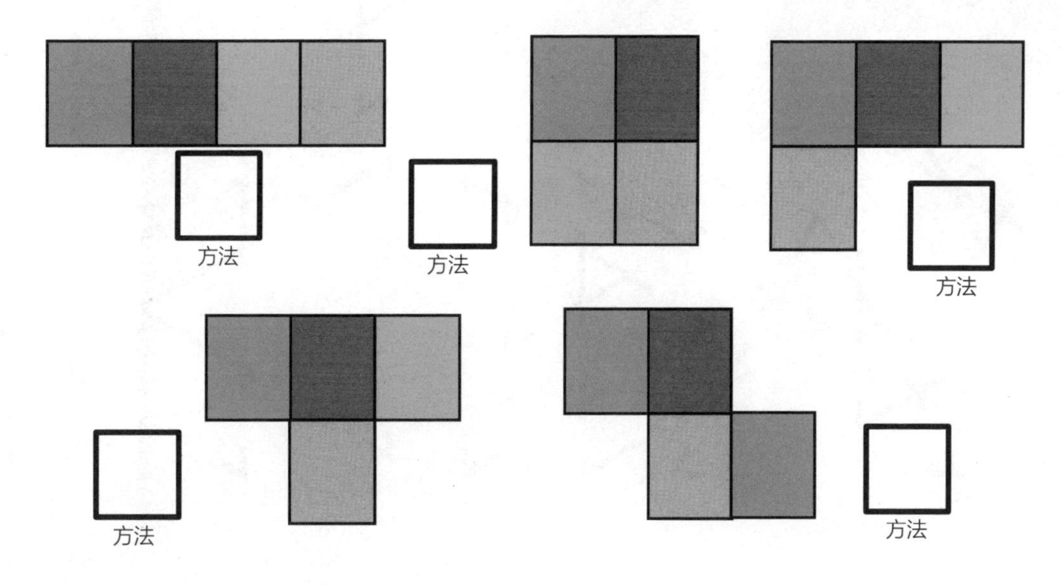

48

挑战度 ●●●○○○

完 成

时 间 00:00

数三角形

一个形状未知的东西盖在了一组三角形上。你能数出图中有多少个三角形吗?

49

挑战度 ●●●○○○

完 成 □

时 间 00:00

四个盒子的重量

以英国数学家弗兰克·P. 拉姆齐（1903—1930）命名的拉姆齐法则是组合学的一个分支，它研究的是随着群组的扩大，群组中会出现什么规律。美国数学家和图论专家弗兰克·哈拉里（1921—2005）提出的理论及其变体启发了这一谜题。

从第一个盒子中的1开始，若要让任何一个盒子中的同一行的3个砝码都不会出现一个的重量是另两个之和的情况，请问可以放置多少个连续砝码？我已经为你放置了前3个。你能放完52个砝码吗？

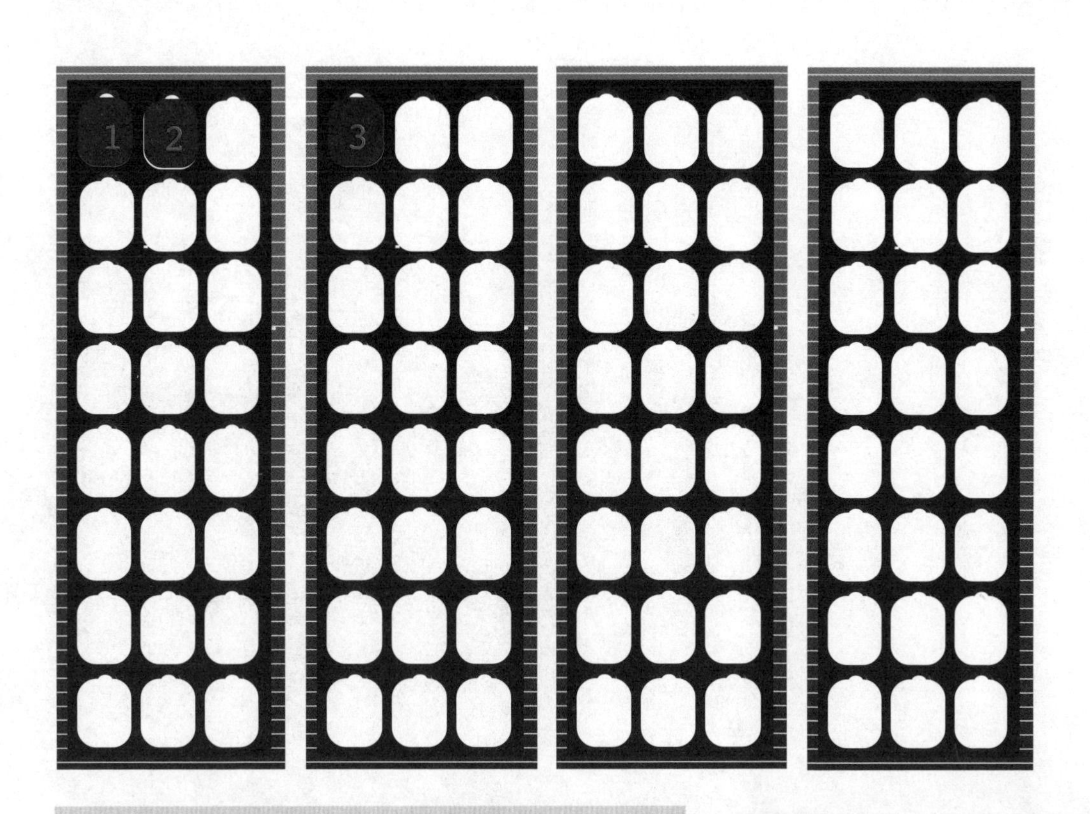

50

挑战度 ●●●○○○

完 成 □

时 间 00:00

1 2 3 4 5 6 7 8 9 10 11 12 13 14 15 16 17
18 19 20 21 22 23 24 25 26 27 28 29 30 31 32 33 34
35 36 37 38 39 40 41 42 43 44 45 46 47 48 49 50 51 52

CHAPTER

6

游 戏

学习的乐趣
以及激发你的创造力

美国工程师、发明家和YouTube博主马克 · 罗贝尔认为，如果人们能用打游戏时的态度面对生活中的挑战，他们会学得更好。罗贝尔在美国国家航空航天局（NASA）工作了9年，大部分时间都在研发“好奇号”火星探测器。2018年，他在YouTube上做了一次发人深省的TEDx演讲，讲述了他所谓的“超级马里奥效应”。他回忆起童年和少年时，他和他的朋友曾玩过的任天堂游戏——超级马里奥兄弟。他们专注于从邪恶的库巴手中拯救公主这一目标；要做到这一点，他们必须通过游戏的每一个关卡。无论失败多少次，他们都会重新开始，并根据每一次的失败调整策略。罗贝尔说，当他们谈起这个游戏时，没有人会对失败耿耿于怀，他们只是想知道自己到底能走多远。罗贝尔认为，这种方法，即从挫折中吸取教训却不囿于失败，将会改善我们在成人生活中许多领域的表现。他将这种态度称为“生活游戏化”。这同样适用于发展我们的创造力。

这种态度的关键是在学习和精进中获得乐趣，把挫折看作一种学习经验。当你发现自己做不到某件事时，不要老想着“我不擅长视觉数学”或“我要放弃算术”，等等。想办法从你做不到的事情中有所收获吧！

这与我自己的人生态度相似，这也让我的谜题和益智游戏成为培养创造力的宝贵工具；我在学习新事物、体验新概念中感受到乐趣，并开发了这些题目。其中一些是我在特拉维夫建立世界上第一个实践科学博物馆时的成果，该博物馆于1955年开放；另一些则衍生自我从20世纪60年代末为美泰、孩之宝和其他公司制作的成功的商业益智游戏。正如你在这本书中所见，它们都是让你在游戏中学习，并不时体验到一些相当复杂的科学思想。

正面，我赢了！

米拉和洛特正在玩一个简单的游戏。他们依次扔一枚硬币，第一个扔出正面的人获胜。哪个玩家的获胜机会更大？两个玩家赢得游戏的机会相等吗？

51

挑战度 ●●●●●●

完 成 ■

时 间 00:00

诺亚与对角线

诺亚正在摆弄四个相同的大立方体。他如何只用一把尺子测量出立方体对角线的长度？

52

挑战度 ●●○○○○

完 成 ■

时 间 00:00

莫斯科维奇美术馆

我买了一个美术馆展示我最喜欢的艺术——数字艺术。一些参观莫斯科维奇美术馆的艺术鉴赏家偏爱偶数的艺术，而另一些偏爱奇数的艺术。鉴赏家们只需看一眼，便可以分辨出哪些画是偶数的艺术，哪些画是奇数的艺术。你能多快看出来?

53
挑战度 ●●●●○○
完　成 □
时　间 00:00

“消失的”六边形

复印并剪下题中的10个拼图块，将其重新拼成如右下角所示的蜂窝状六边形。

这道题出自我的“绞尽脑汁”拼图系列，该系列由美泰玩具于1969年精心制作，全球销量达90万套。如今，它们已成为收藏家的藏品。

54
挑战度 ●●●●●○
完　成 □
时　间 00:00

6人排排站

从6名男孩（蓝色）和6名女孩（红色）中选6人排成一行，每名女孩旁边至少有1名女孩，没有女孩独自一人，一共有多少种排列方式？任何排列方式都可以，包括整行全是女孩。

基于上述规则，你能找出21种不同的排列方式吗？

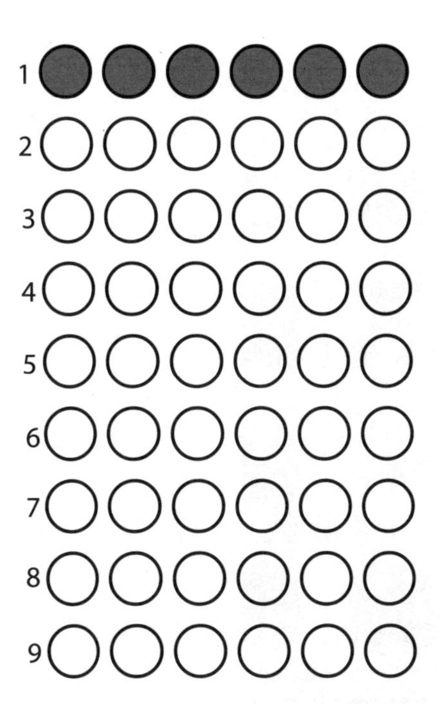

10
11
12
13
14
15
16
17
18
19
20
21

55

挑战度 ●●●●○○

完 成 ■

时 间 00:00

堵车之城的交通

在堵车之城，交通管理部门增加了路标的数量并发明了一些新标志，因此在大多数交叉路口至少有一个方向无法驶入。从城市的一边到另一边的道路弯弯绕绕，令人吃惊。

你能找到穿过城市的路线吗？从左边开始，到右边结束——遵守每条街道交叉口的路标，连接红色入口与红色出口、蓝色入口与蓝色出口，以及绿色入口和绿色出口。

注意：如果有多个选项，你可以自行选择方向。

56

挑战度 ●●●●○○

完 成 ■

时 间 00:00

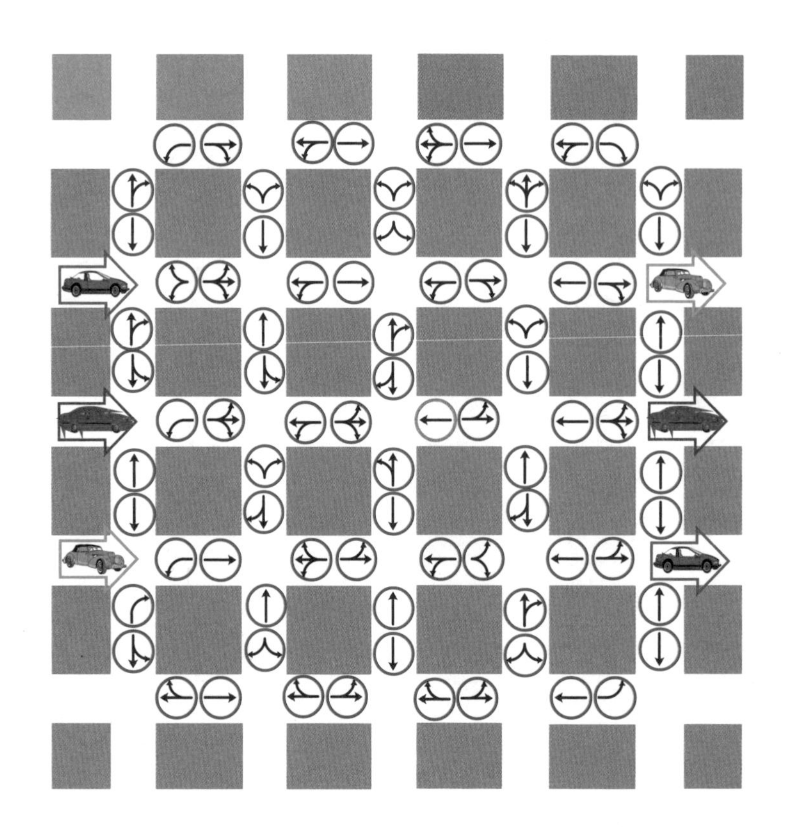

6点树状图

数学树是点和线组成的图形或网路，每对节点（点）之间只有1条路径。它是完整的连通图，没有回路。图形中的循环或回路表现为一条闭合路径。

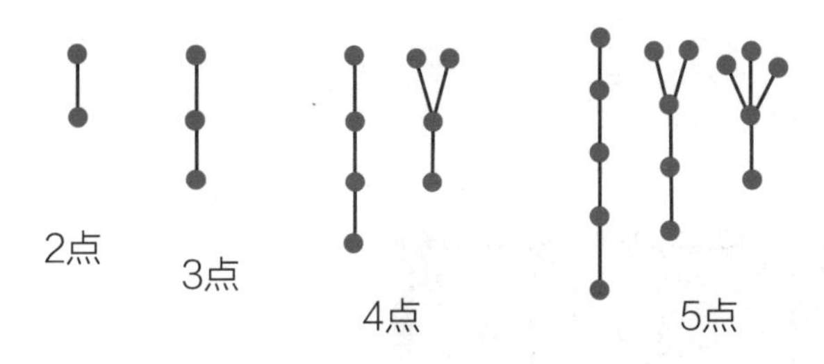

1条直线的树状图可以连接2个和3个点;

2条直线可以连接4个点；3条直线可以连接5个点，如图所示。

6个点的树状图有多少种？图中已给出了5种，你能找到第6种吗?

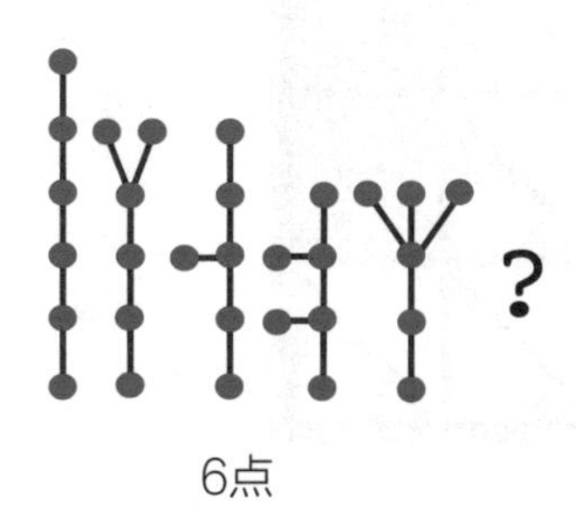

你能把各种6点树状图放入下面这张6 × 6的正方形钉板中，使得树状图能完全覆盖钉板，且各个节点和线条不会重叠吗？你可以对图形进行拓扑变化来覆盖钉子。有一个树状图已放入钉板。

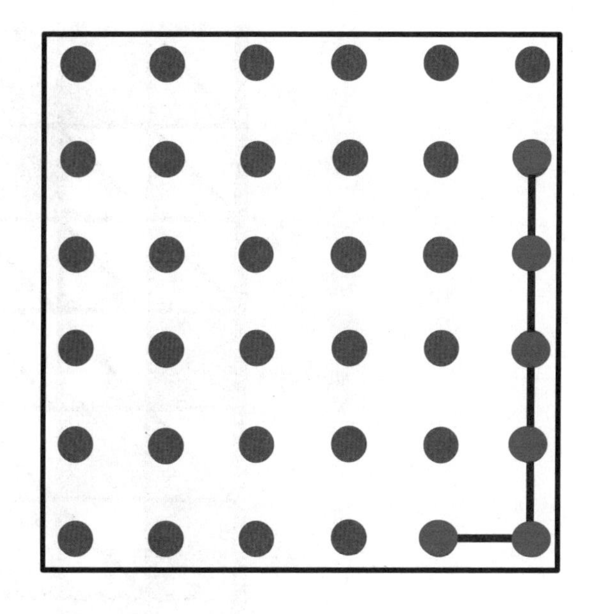

8数配对

遵循下述规则，你能否将数字1到8填入下方这个7×7的正方形中？

1. 红色区域不填，黄色—绿色区域需填入两个不同的数字。

2. 每个数字在每一行和每一列中只能出现一次。

3. 每个特定的无序数对只能出现一次（例如：1-2与2-1是相同的，等等）。

注意：第一行和第一列已填入数字。你能补全黄色—绿色区域中剩余的数字吗？

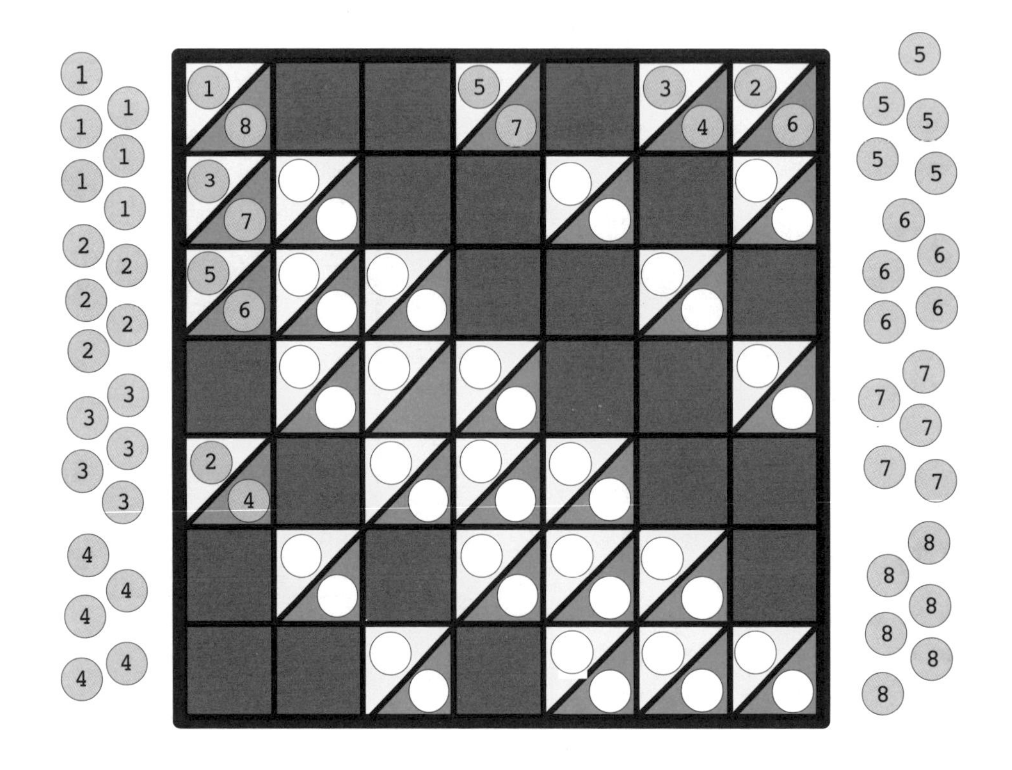

58

挑战度 ●●●●●○

完 成 □

时 间 00:00

正方形游戏

一郎、杰斯敏、阿鲁娜和德布拉在一片5×5的正方形方格上玩橡皮筋。他们可以用多少种不同的方式形成完美正方形？

谜题1. 他们能形成多少种不同尺寸的正方形？

谜题2. 一共可以形成多少个正方形？最大的正方形已经给出，你能画出余下的吗？

谜题3. 在任意4个孩子的站位都不构成正方形的情况下，最多有多少个孩子可以站在网格上？

59

挑战度 ●●●○○○

完 成 □

时 间 00:00

棘手的光盘

谜题1和谜题2： 通过交换两组彩色光盘的位置将原有的布局颠倒。首先是2组3张光盘，其次是2组4张光盘。交换光盘时需遵循以下5条规则：

1. 一次只能移动1张光盘。
2. 可以移动到相邻的空位。
3. 可以跳过一张不同颜色的光盘放在其后的空位。
4. 不可以跳过颜色相同的光盘。
5. 不可以倒退。

在上述两种情形中，最少移动多少次？

你可以先用两套硬币练习一下，然后迅速破解此题。

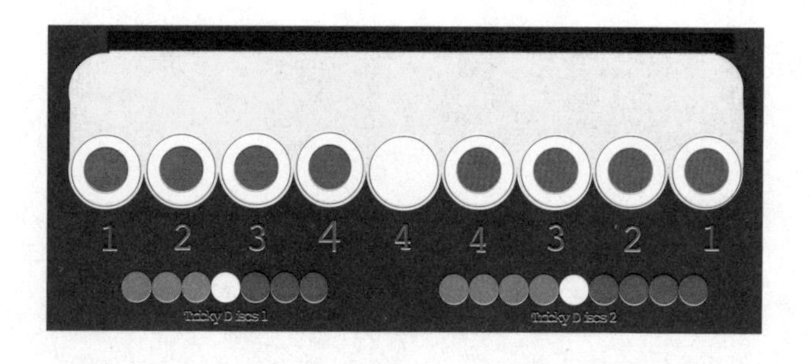

60

挑战度 ●●●●●○

完 成 □

时 间 00:00

CHAPTER

7

非线性思维

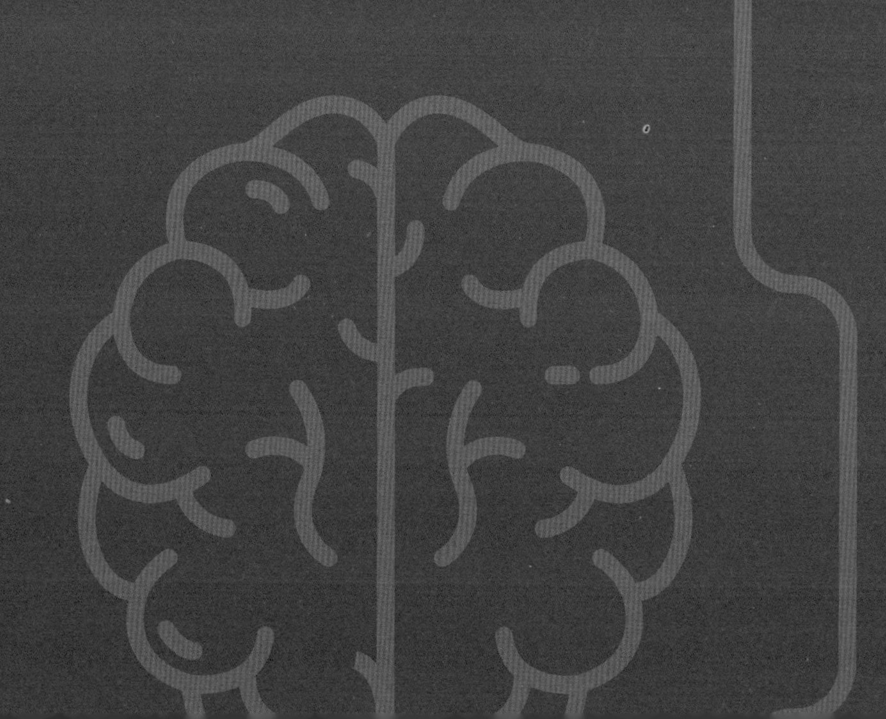

思考，从在轨到脱轨

休·加里在其2018年出版的《创意超能力》一书中认为，为了培养创造力，我们需要练习将自己的思维从在轨转换到脱轨。他说，若要变得有创造力，必须给大脑自由遐想的空间，将思维方式从专注转向发散。这就是为什么人们没有在一个问题上较劲时，反而会灵光一现。

要想培养创造力，应避免过度专注于目标：最好设立一个泛泛的目标，而不是过于具体的。虽然有些问题只有一个正确答案，但对于其他问题，也许存在几种可行的解决方案。想想解答数学题和建造房屋之间的区别吧。创造力专家称前者为收敛性问题，称后者为发散性问题。在一个发散性的问题中，往往有几个“足够好”的解决方案，而不会只有一个绝对正确的答案。在发散性思维中，你更有可能提出自己有创造性的方案。

请留意，你还可以把一个发散性问题分解成一系列可以逐一解决的收敛性问题。“我该怎样建房子？”这是一个发散性问题，但它可以拆解成一系列只有很少甚至只有一个正确答案的问题，例如“我该如何打地基？”或者“我该怎样砌砖墙？”。

保留一些空间吧！让自己自由且漫无目的地思考吧，追随灵感和直觉。

本章中的谜题和益智游戏鼓励那些有趣的想法，并通过开放的、有时甚至违反直觉的问题和解决方案来激发你的创造力。拓展思维，树立信心！

彩色路径

你可以沿水平和垂直的网格线找到连接每组同色圆圈的通路吗？例如从黄色到黄色、从红色到红色等等。每个十字路口只能通过一次，而且路径不得交叉。

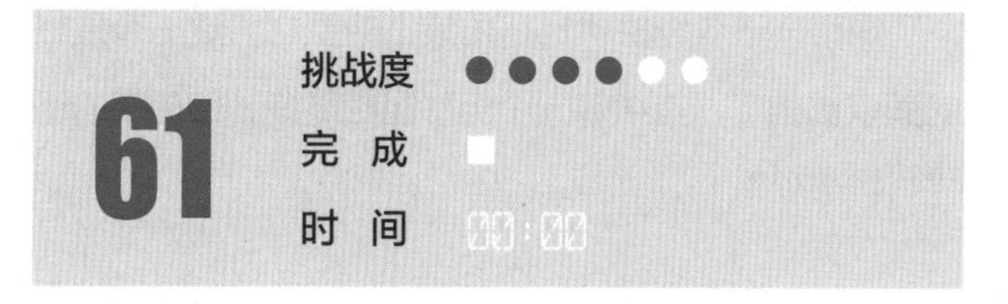

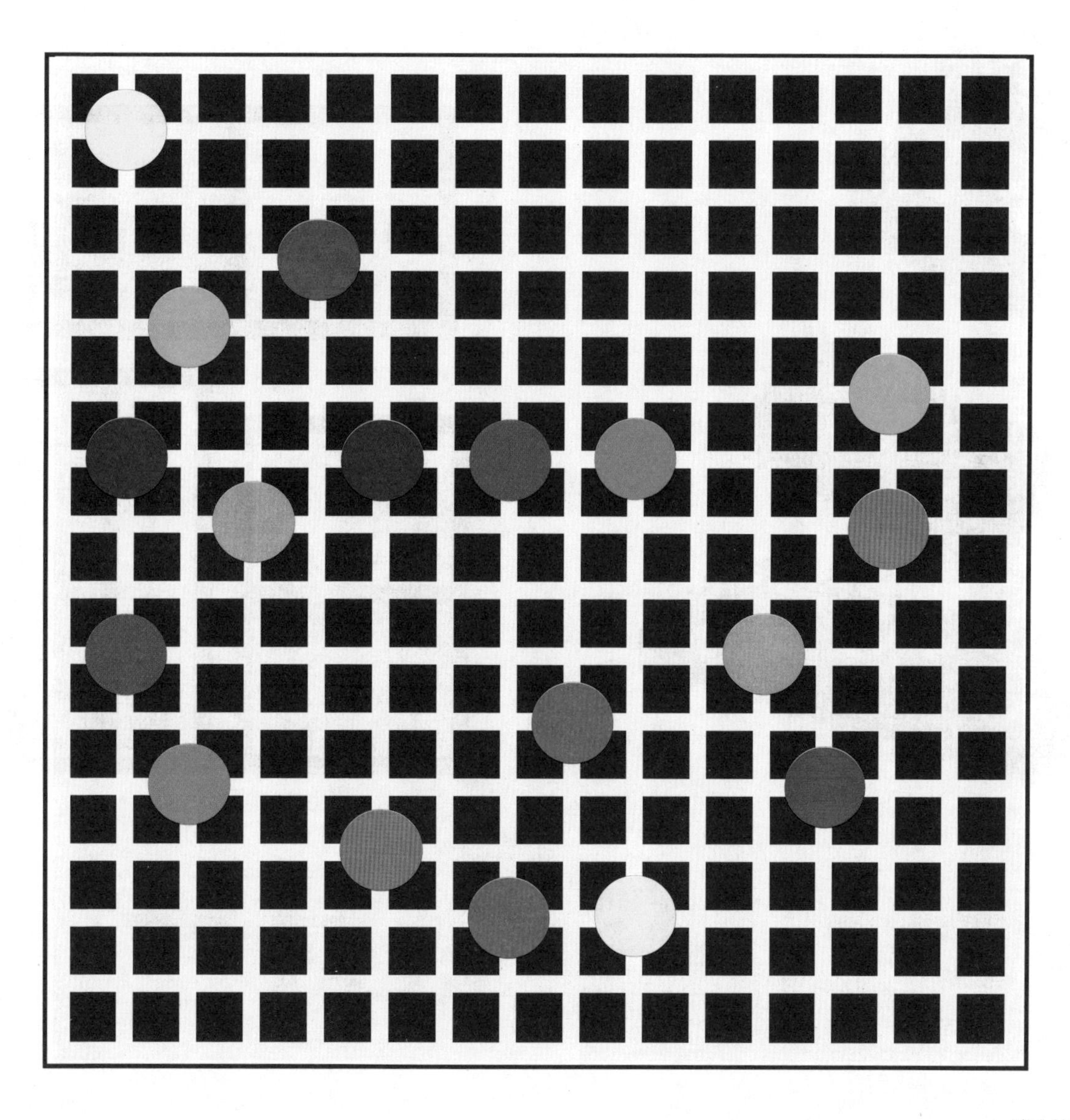

在农场

观察一下农场主伊凡在山坡上的围栏。这三个围栏的面积都相等。其中哪一个矩形围栏最好，即使用的围栏材料最少？

62

挑战度

完 成

时 间

动物园里

动物园里，哪只动物住的笼子最好，即使用的围栏材料最少？大象、长颈鹿，还是熊？

附加题：一般情况下，在一个平面上圈占出面积相同的不止两个，而是无数个区域时，什么样的方式最高效？

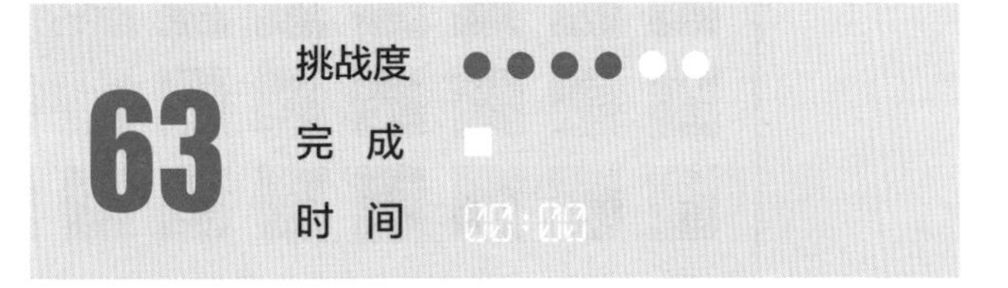

万花筒嵌套

仅通过观察，你能否用图中的5个正方形嵌套出一个图案，使得正方形的每一侧都形成6条颜色不同的纯色射线？

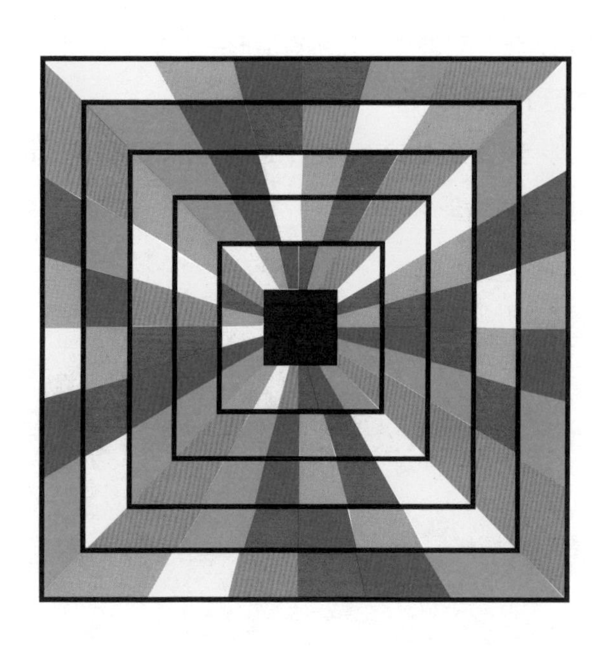

64 挑战度 ●●●●○○
完成 □
时间 00:00

旋转体

一个三维拼图零件，被旋转并以随机顺序呈现出以下七种视图。你能按正确的旋转顺序重新排列这些视图吗？

65 挑战度 ●●●○○○
完成 □
时间 00:00

旋转的桌子

马丁·加德纳于1979年发表的转盘问题，可能源自俄罗斯。

一张方桌以中心的立柱为轴心自由旋转。每个桌角各有一个可容纳一个空杯子的狭小口袋。玻璃杯一旦被放入口袋就看不到了。当4个玻璃杯被放入4个口袋时，桌子开始旋转，如果所有玻璃杯的朝向相同，无论杯口是都向上还是都向下，铃声便会响起。游戏开始时，将玻璃杯放入4个口袋，朝向随机，然后旋转桌子。当旋转停止，铃声仍未响起，玩家可同时选择2个口袋，取出玻璃杯并自行决定如何重新放置。该过程可以重复无数次。每次旋转，铃可能响，也可能不响。

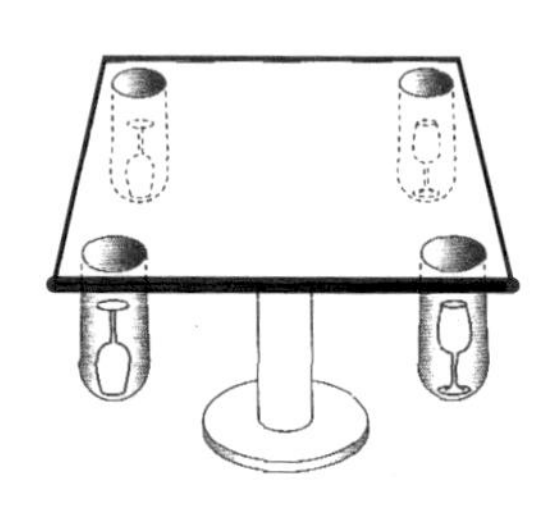

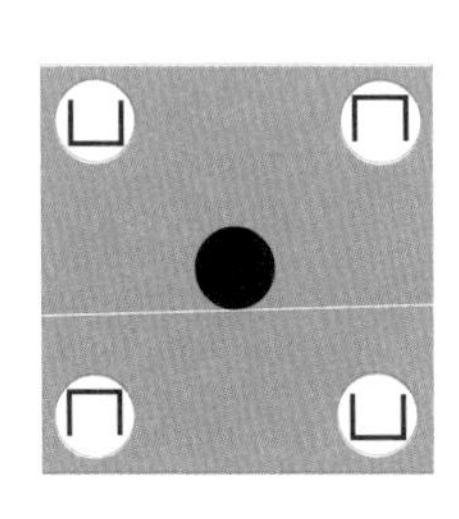

请找到可以确保铃声响起时旋转的次数最少的过程。

先试试更简单的2个口袋和3个口袋的版本，以更好地了解游戏的原理，并找到解决的方法。

有2个口袋的桌子：既然第一次旋转后铃声没有响起，那么你要做的便是翻转其中一个玻璃杯，然后2个玻璃杯的朝向便会相同，铃声响起。

有3个口袋的桌子：桌子呈等边三角形，口袋位于桌角。需要多少次旋转才能确保铃声响起？

如图所示，这取决于你将选择哪两个口袋，在首次旋转前有6种可能性。在所有情形中，被选择的都是底部的两个口袋。

你可以找到让铃声响起的过程吗？确保铃声一定响起最少要旋转多少次？

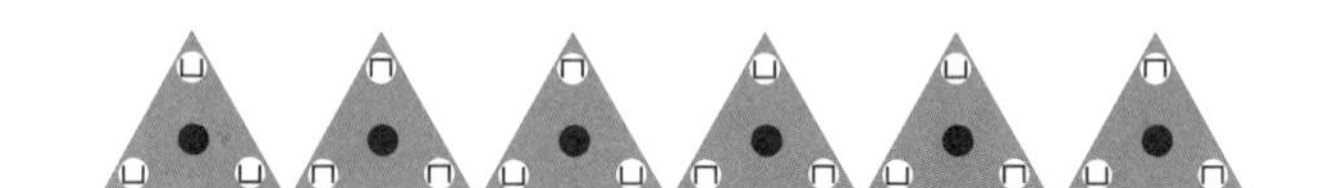

偷偷滑动的硬币谜题

请准备11枚硬币，用它们完成3个挑战。

下面是3个游戏板——分别用7枚、8枚和11枚硬币玩。请根据以下简单的规则，将7、8、11枚硬币连续放在圆圈上。

每枚硬币必须先放在游戏板的一个空心圆上，接着，沿空心圆的一条连线滑动到相邻的空心圆上，硬币将停留在此处，直到游戏结束。

你在游戏中可能会遇到困难，但有一个简单的策略能帮你完成游戏，无论你从哪个圆开始。你能找到这个策略吗？

67

挑战度 ●●●●●○

完 成 □

时 间

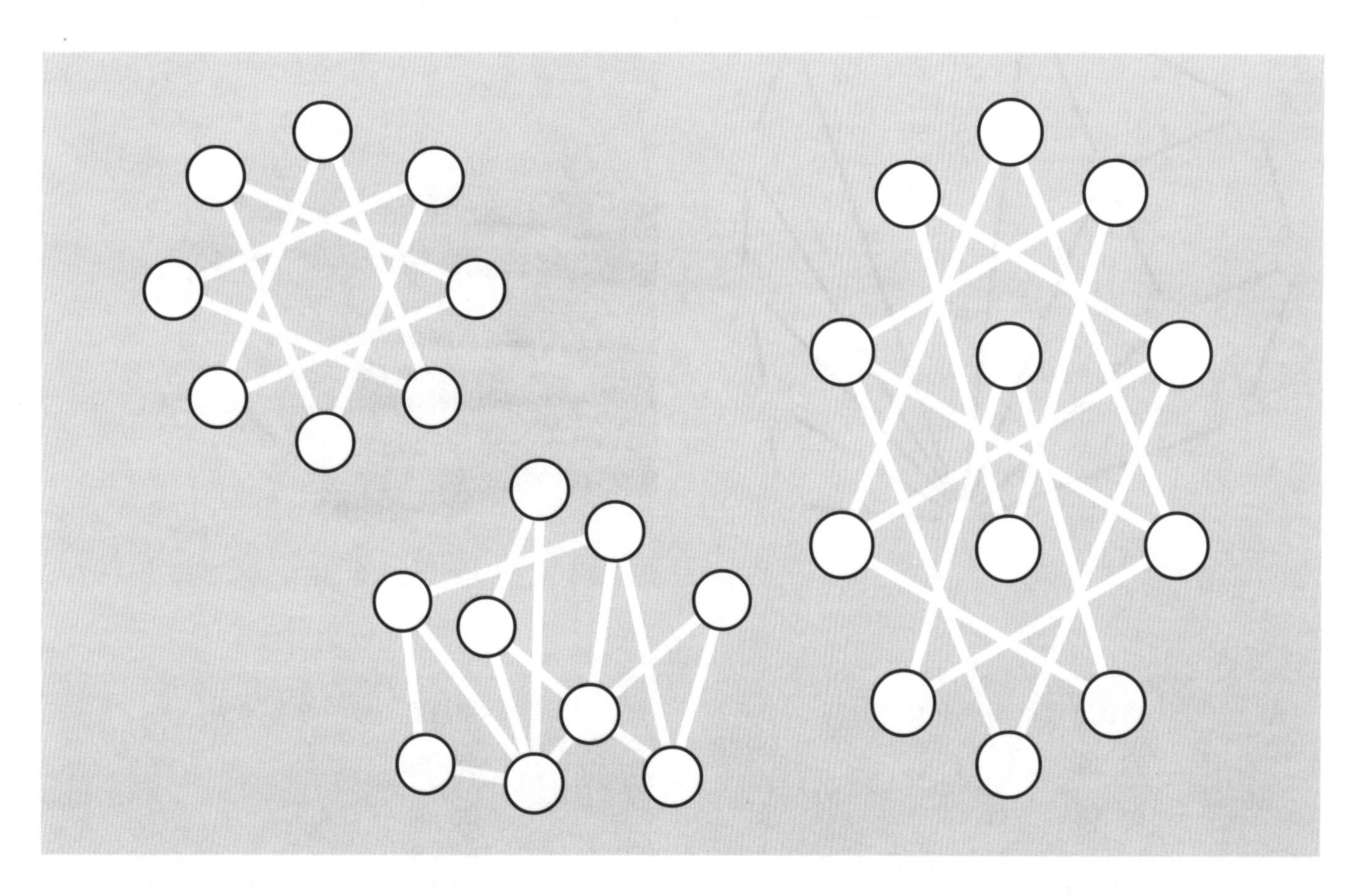

网状图

你能否给以下网状图上的每个圆涂上颜色，并且使任意两条边都不会连接同色圆吗？满足这一条件至少需要多少种颜色？

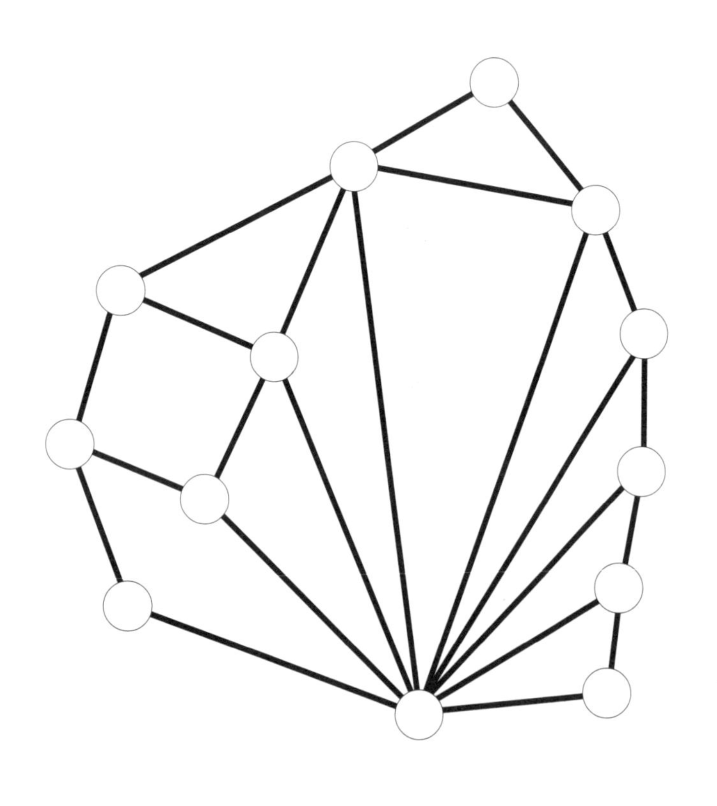

68
挑战度 ●●●●●○
完　成 ■
时　间 00:00

折叠报纸

你认为一页报纸可以被对折多少次？5次？8次？10次以上？

亲手试一试，找出答案！如果你能把报纸对折10次，报纸会有多厚？

69
挑战度 ●●●●●●
完　成 ■
时　间 00:00

三岔口畜栏边的枪战

三个牛仔，怀亚特、多克和艾克，决定了结他们的恩怨。他们先用稻草抽签，确定开枪的顺序，然后每人依次选一人射击，直到只有一人存活。多克和怀亚特都是神枪手，从未失手过，而艾克枪法一般，命中率只有50%。谁的生存概率最大？

70

挑战度 ●●●●●●

完 成 ■

时 间 00:00

CHAPTER

8

重组

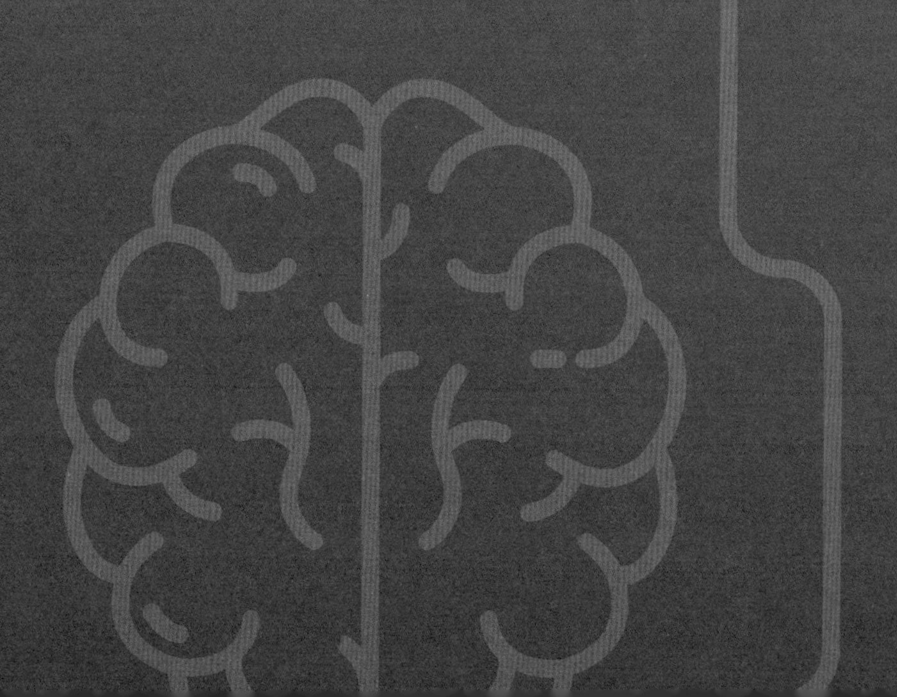

创造性的连接

有时，最好的新想法是想法或产品的重组。创造力也包括发现新的方法，来重新使用和配置既有想法。其中的关键要素是你的洞察力，是它让这一重组在特定的环境或用途中起作用。

人类学家和创造力专家迈克尔·布鲁姆菲尔德博士在2017年4月的一篇博文中写道，在现代计算机化的世界中，“创造力……比智力更重要”。他认为，你的工作可能会被计算机程序取代，但你的创造力却是AI难以企及的。他引用了创造力方面的另一位权威玛格丽特·博登教授的话：虽然计算机可以重组信息，但它们无法提出创造性的重组，因为它们不具有判断什么与之相关的能力——他们“缺乏判断真、善、趣的人类思维”。

布鲁姆菲尔德说，你应该让你的大脑变得更具创造性，来应对未来的种种变化。重视并培养你的想象力。要想提升自己的重组创造力，有一个好办法是尝试寻找你各种兴趣的交叉点，将剪报、照片、引文、网页链接等做成纸质或电子记录，这相当于把它们集中到一起，做一场个人的头脑风暴。

休·加里指出了史蒂夫·乔布斯对美膳雅厨具、包豪斯风格和书法的兴趣对苹果产品的设计和使用体验产生了重大影响。同样值得思考的是，你所承担的不同任务之间的联系——无论是我的谜题和益智游戏、工作项目，还是你在创作的书籍、文章、诗歌或音乐作品。看看你能否找到任务间的交叉影响。你能将在一个领域里收获的经验运用到另一个领域吗?

动物旋转木马

旋转木马外圈的隔间里被均匀安放了9种动物。你能把同样的动物安放在内圈的隔间里，并使得无论旋转木马的外圈如何旋转，始终有且只有一条放射线上的动物是相同的，而其他放射线上的动物都互不相同吗？

71 挑战度 ●●●●○○ 完成 □ 时间

布莱克的烧瓶

来认识一下我的朋友，威廉·布莱克教授。他的6个烧瓶分别可以容纳7、9、19、20、21和22个单位的试剂。在一次实验中，布莱克教授必须先用红色试剂装满一些烧瓶，然后用蓝色试剂装满一些烧瓶，并留下一个空烧瓶。当正确的烧瓶被装满时，他所使用的蓝色试剂是红色试剂的两倍。你能告诉我哪些烧瓶要装红色试剂，哪些烧瓶要装蓝色试剂，哪个烧瓶是空的吗？

72 挑战度 ●●●●●○ 完成 □ 时间

杜德尼的棋盘

亨利·厄内斯特·杜德尼（1857—1930）是英国最伟大的智力游戏设计家；事实上，他可能是有史以来最伟大的出题人。

今天，几乎所有益智类图书都收录了数十道源自杜德尼丰富想象力的精彩数学题（通常没有注明来源）。

1857年，杜德尼出生在位于英格兰南部东萨塞克斯郡的梅菲尔德村。因此他比萨姆·劳埃德——一位与他旗鼓相当的美国智力游戏奇才——年轻了16岁。

19世纪90年代，两人合作为《珍闻》（*Tit-Bits*）杂志创作了一系列智力游戏，后来他们交换谜题刊载在各自的杂志和报纸专栏上。

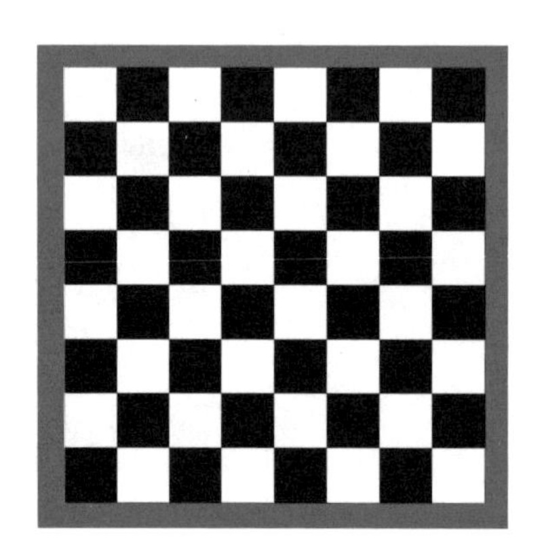

73

挑战度 ●●●●●●

完成 □

时间

这或许解释了为什么劳埃德和杜德尼发表的著作中存在大量重复的题目。两人之中，杜德尼可能是更优秀的数学家，劳埃德则擅长用玩具和广告创意来抓住公众的眼球。

杜德尼的作品数学水平更高。和劳埃德一样，他喜欢用趣闻轶事包装他的问题。

杜德尼的第一本书《坎特伯雷趣题集》（*The Canterbury Puzzles*）于1907年出版。虽然他只受过基础教育，但他对数学特别感兴趣，并在业余时间学习了数学及数学史。他13岁起开始在行政部门做职员，但从未放下数学和国际象棋。他备受欢迎的数学题集《现代趣题》（*Modern Puzzles*）于1926年出版。

杜德尼分解了一个棋盘，拆出如下所示的句子，每个单词后都有一个点。你能重建杜德尼的棋盘吗？

四色盘

观察下面这个网格阵列，每个网格由4组四孔盘构成。将四色棋子（红、绿、蓝、黄各一个）放入网格中，一共有多少种方法？

游戏规则：

· 网格没有标号——这意味着你可以旋转它们，比如上下翻转等。

· 每个四孔小盘中的4个位置中任意一个被视为对等。

已在2个网格中放入4个不同颜色的棋子作为示例。

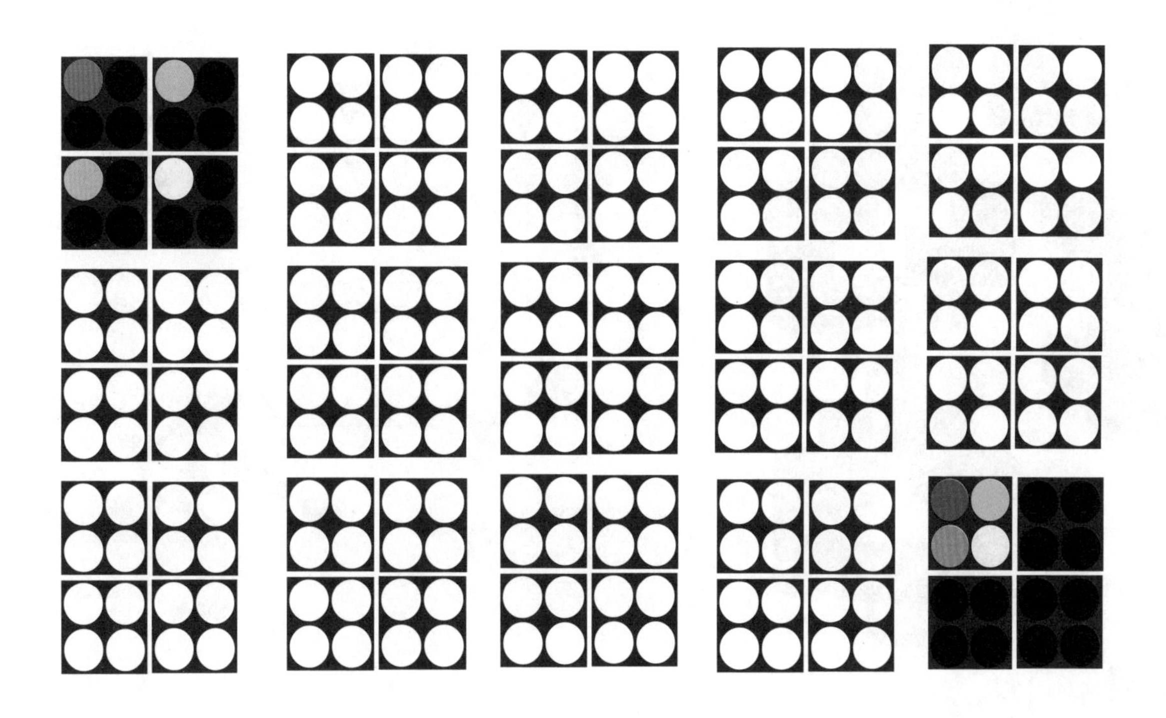

74

挑战度 ●●●●○○

完 成 □

时 间 00:00

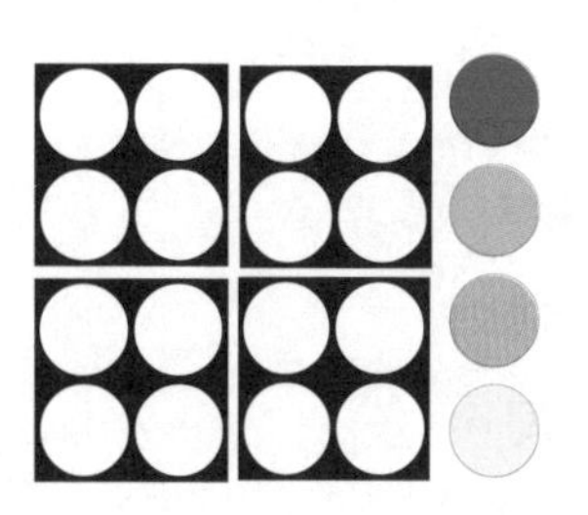

萨米尔的架子

萨米尔在一家室内设计公司工作。他制作了4个架子，每个架子由16个相同的小立方体粘贴而成。他的朋友塞尔玛来拜访时，她想知道哪一个架子的表面积最大？

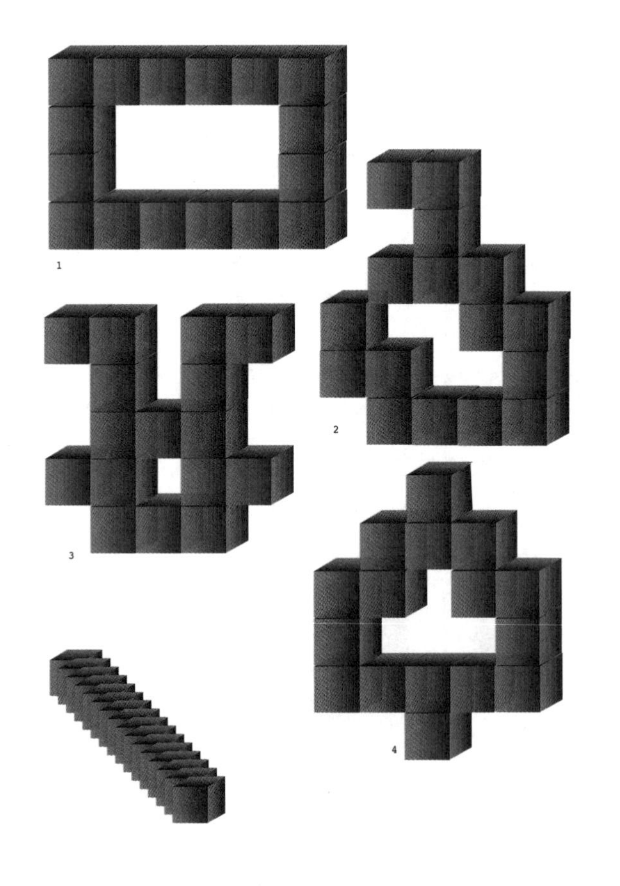

75 挑战度 ●●●○○○
完 成 □
时 间 00:00

渔网

在等待鱼儿上钩时，渔民们有充裕的时间思考数学问题。在湖边，哈米什很好奇：如果每条鱼的大小、形状和方向都不变，且相互之间没有重叠，渔网能装下多少条鱼？

76 挑战度 ●●○○○○
完 成 □
时 间 00:00

从六边形到三角形

这是杜德尼的另一个经典谜题。复印并剪开被分割的六边形。你能用六边形的六个部分拼出一个等边三角形吗？

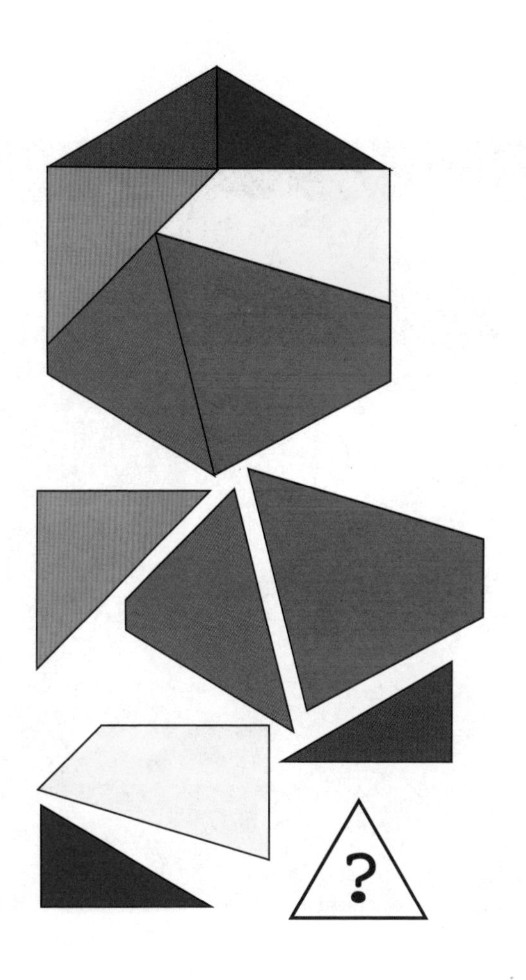

77

挑战度 ●●●○○○

完 成 ■

时 间 00:00

锯齿形重叠

你能把8条彩带放入5×5的格子里，使得最后有一条从左下角到右上角的连续黑色折线穿过面板吗？彩带重叠放置的颜色顺序是怎样的？

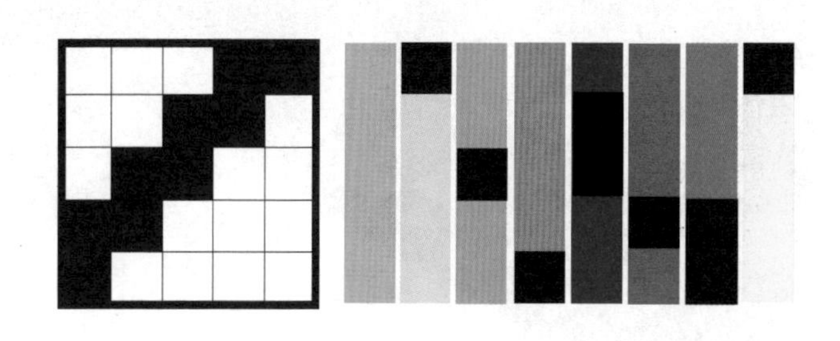

78

挑战度 ●●●●○○

完 成 ■

时 间 00:00

大鱼，小鱼

大鱼视小鱼为美味佳肴，因此，当它们发现鱼群时，会尽可能多地吞下小鱼。如果小鱼只能被整个吞下，那么图中中等大小的鱼和大鱼各可以吞下多少条小鱼（小鱼不能重叠）？

大鱼能将红、绿、黄这三种颜色的81条小鱼全部吞下吗？

最小的完美矩形

一个矩形可以被分割成更小且互不相同的正方形吗？1903年，德裔数学家马克思·德恩（1878—1952）证明了这样一个定理：如果将矩形分割成几个正方形，那么正方形和矩形的尺寸之间是通约的——一个数的整数倍。选择一个度量单位之后，会发现所有小正方形的边都是整数。

1925年波兰数学家兹比格涅夫·莫伦（1904—1971）发现了一个可以被分割成9个不同的正方形的矩形。1940年，英国数学家伦纳德·布鲁克斯（1916—1993）、锡德里克·史密斯（1917—2002）、阿瑟·斯通（1916—2000）和比尔·图特（1917—2002）证明了这个矩形是满足分割条件的“最小”矩形，意为不存在更小的矩形可以被分割成9个不同的正方形，并且也没有矩形可以被分割成8个或更少的不同的正方形。

最小的完美矩形由如下边长的正方形组成：

1-4-7-8-9-10-14-15-18。这是一个32×33大小的矩形。

你可以用下图的9个正方形不重叠地拼出最小的完美矩形吗？

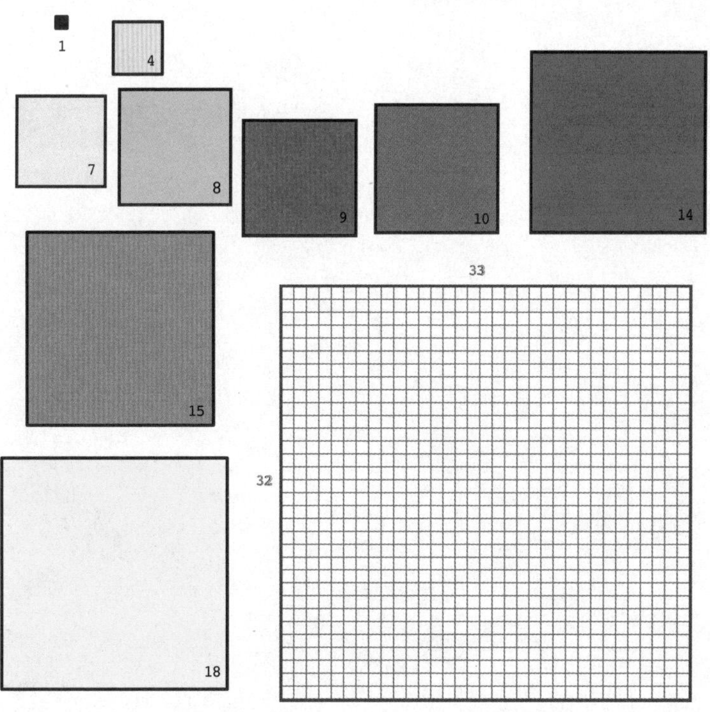

CHAPTER

9

灵活性

自我更新
迎接挑战

这里的灵活性指的是拥抱变化，接受新思想、新角色和新流程。回顾你的态度、想法和思维模式，它们是人类的操作系统，类似于笔记本电脑或智能手机的操作系统。我们都知道，在设备上坚持使用原始操作系统并忽略所有安全更新和其他更新是不明智的；我们很快就会发现，我们的设备上不了网了，或无法与其他设备进行交互。同样，在一个飞速变化的世界中，我们需要让我们自己的操作系统与时俱进。与电子设备不同，我们无法直接下载最新的程序，但必须找到更新自己的方法。我们必须时刻准备去学习，将过去学到的东西放在一边，再次投入到学习中。

如果你在某个组织里工作，我有一个不错的建议：转换角色。在类似车间的地方待上半天；如果你是老师，试着去听一堂课——提醒自己作为一名学生是什么感受。

创造性思维中的灵活性也意味着能够针对问题提出一系列可选项。当专家评测创造力时，他们经常使用发散性思维测试——例如，要求人们尽可能多地列举彩色便条纸等常见物体的可能用途。他们的衡量标准之一便是灵活性——受试者提出了多少种答案？其他的标准包括流畅度（回答的次数）、原创性（回答的新颖程度）和精细度（答案的完善程度）。

你在尝试时也要保持灵活性。去尝试一些不寻常的事情；去接受令人生畏的挑战；为了新事物本身去体验它，寻求多样性、灵活性和新鲜的刺激。手握此书的你来对了地方，因为我的益智游戏和谜题旨在开启新思路，激发你的好奇心，让你看得更远。

侦察兵

在一次训练中，8名士兵（用红色圆圈表示）躲在森林里，无法看见彼此。士兵们分布在网格的白色圆圈上。他们只能用夜视仪沿水平线、垂直线或对角线进行“侦察”。你能把8名士兵放在白色圆圈上，使得他们彼此发现不了对方吗？

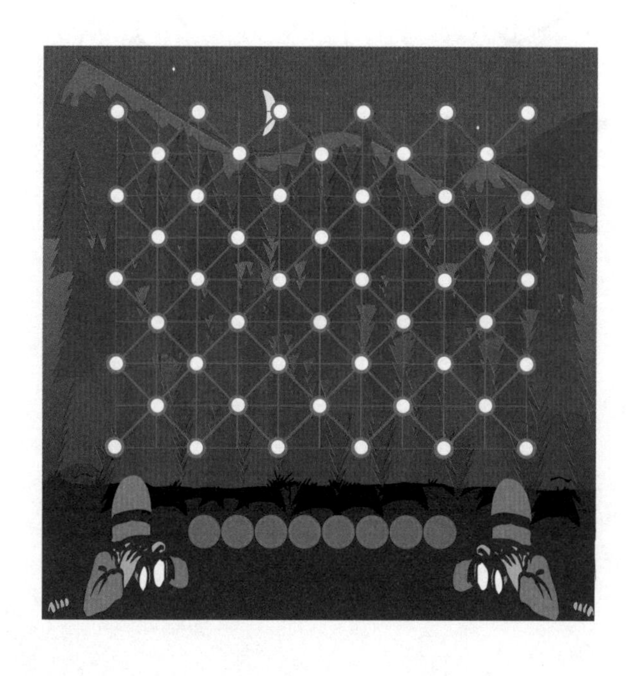

81

挑战度 ●●●○○○

完 成 ■

时 间 00:00

猫和老鼠

这道题是由上一题变化而来的。在奶牛场，4只猫正在追逐4只老鼠——在这里，猫和老鼠只能看到水平线、垂直线或对角线（用白线表示）上的物体。你能把4只猫和4只老鼠放在由25个方格组成的平面图的红点上，并且保证猫看不见老鼠，老鼠也看不见猫吗？每个方格中只有一只猫或老鼠。

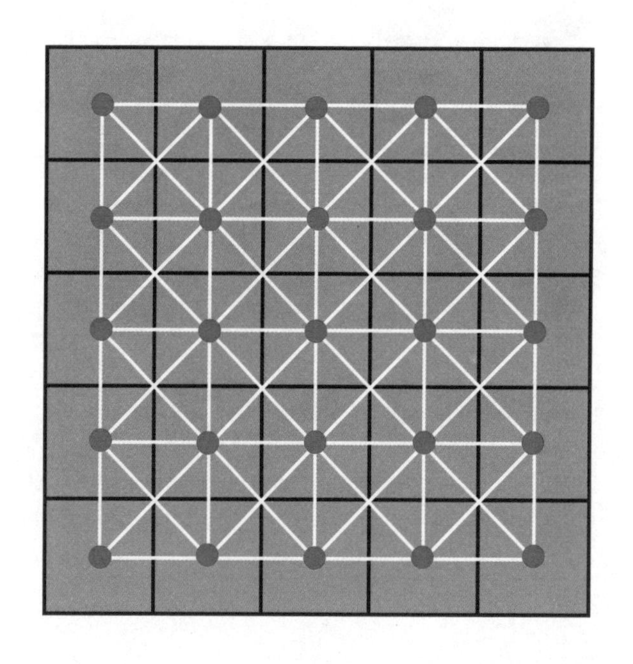

82

挑战度 ●●●○○○

完 成 ■

时 间 00:00

十二面体的颜色

下面是一个十二面体各个角度的视图。你能填上图中缺少的颜色吗？

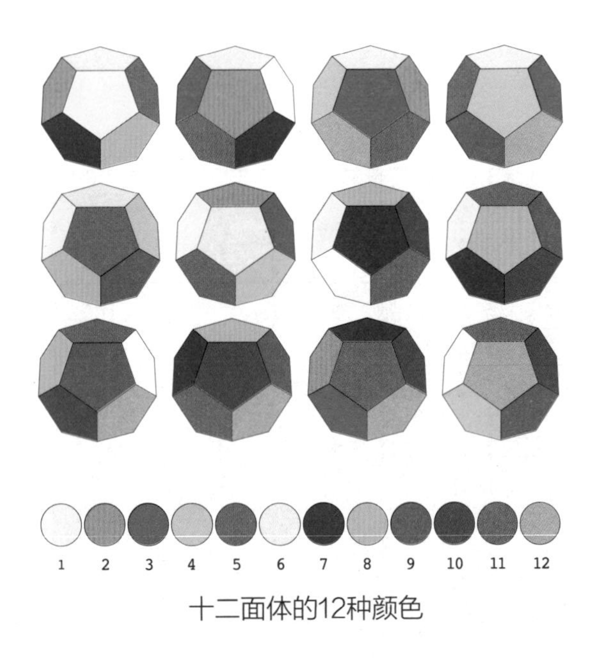

十二面体的12种颜色

83	
挑战度	●●○○○○
完 成	□
时 间	00:00

四个点，两种长度

你有4个点可以支配——可以用4枚小硬币来玩这个游戏。把它们放在桌子上，你可以让它们只能确定两种不同的长度吗？

只有6种可行方案，其中5种已经给出。你能找出第6种方案吗？

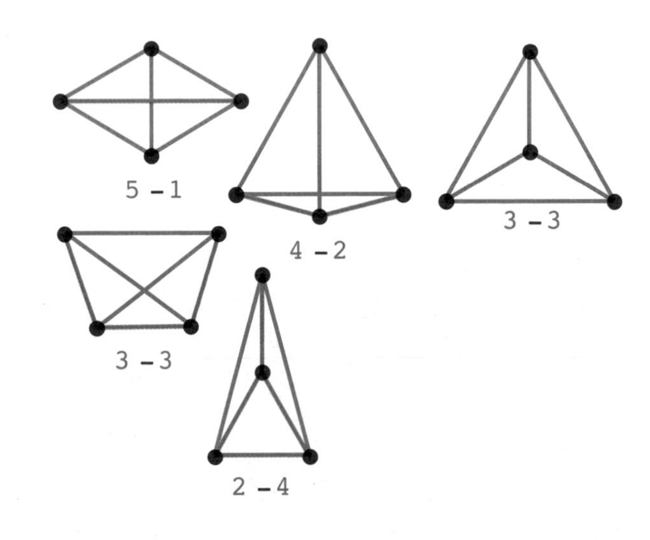

84	
挑战度	●●●○○○
完 成	□
时 间	00:00

杜德尼的骑士

英国数学家、逻辑谜题家亨利·杜德尼（见PART1第73题）发现了两个满足下列条件的棋盘布局方法：将7个骑士放入一个8×8的棋盘的白色棋格上，使其支配范围覆盖所有32个黑色棋格。（国际象棋中骑士的走棋规则与中国象棋中的“马”相同，即走“日”字格，不同之处是可以越子。）

他的一种布局方法如下图所示。你能找到另一种方法吗？

85

挑战度 ●●●○○○

完成 □

时间 00:00

伊万国王和圆桌骑士

伊万国王想阻止他的骑士们合谋，所以他每晚都试图变动他们在圆桌会议上的座位。若使每次坐在圆桌旁的8名骑士身边的两个人都不相同，则共有21种不同的排座方法。图中已给出其中一种，骑士的编号为1到8。你能找到另外20种排座方法吗？

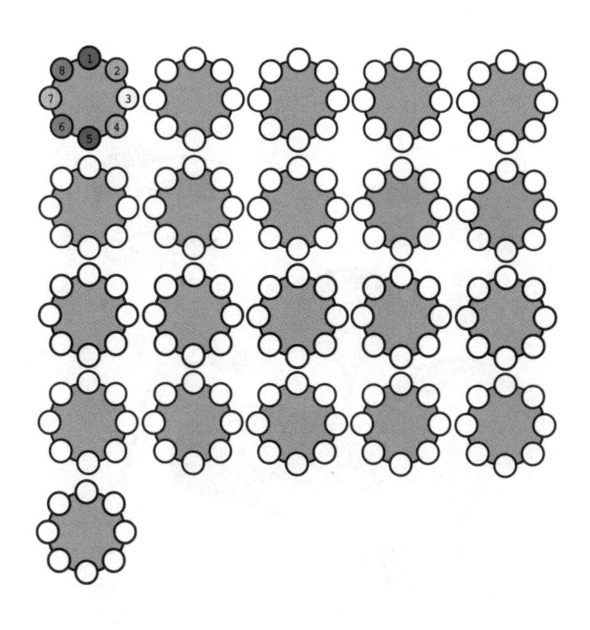

86

挑战度 ●●●●●○

完成 □

时间 00:00

迷信的跳伞员

一群迷信的跳伞员正在为一场大型表演进行排练。如图所示，他们5个人都带着红色降落伞。因为他们有点迷信，所以他们总是一个个地跳，而不是大家一起跳，并且无论他们以怎样的顺序跳，3号跳伞员总是在序列的最中间。5名跳伞员能用多少种不同的方式从飞机上跳下来？

附加题：周日，他们的朋友托马斯·汤姆森也加入进来，情况又会如何？

87

挑战度 ●●●●●○

完 成 ■

时 间 00:00

危险的喷嚏

打喷嚏时，人的眼睛会闭上大约半秒钟。假设你正以每小时65英里的速度驾驶一辆汽车，却忍不住打了个喷嚏。就在此刻，一辆在你前方大约60英尺的汽车为了躲一只过马路的猫而踩了急刹车。在你能踩刹车停车前，你已经闭着眼睛开了多远？你能避开这场车祸吗？（1英里=5280英尺）

88

挑战度 ●●●●●○

完 成 ■

时 间 00:00

唯一数

如果初始数字从左到右依次是n个连续上升的整数，通过颠倒数位可以获得另一个数字，用这个数字减去初始数字，所得到的结果被称为唯一数或U。

例如，如果用颠倒数位后获得的数字32减去初始数字23，则唯一数为9。

你需要多长时间才能找到下列三位数、四位数、五位数、六位数和七位数的唯一数？一共有25个数字，但我只花了不到一分钟就算出了所有答案。我是如何做到的？

三位数	唯一数
123	
234	
345	
456	
567	
678	
789	

四位数	唯一数
1234	
2345	
3456	
4567	
5678	
6789	

五位数	唯一数
12345	
23456	
34567	
45678	
56789	

六位数	唯一数
123456	
234567	
345678	
456789	

七位数	唯一数
1234567	
2345678	
3456789	

89

挑战度 ●●●●●●

完成

时间

杜德尼的皇后巡游

这又是一道出自英国数学家、逻辑谜题家亨利 · 杜德尼的脑筋急转弯。用15步将皇后从位置1移动到位置2，且皇后走过的路线不能交叉，每个棋格只能路过一次。请记住，皇后可以沿垂直、水平或对角线方向移动任意数量的棋格。

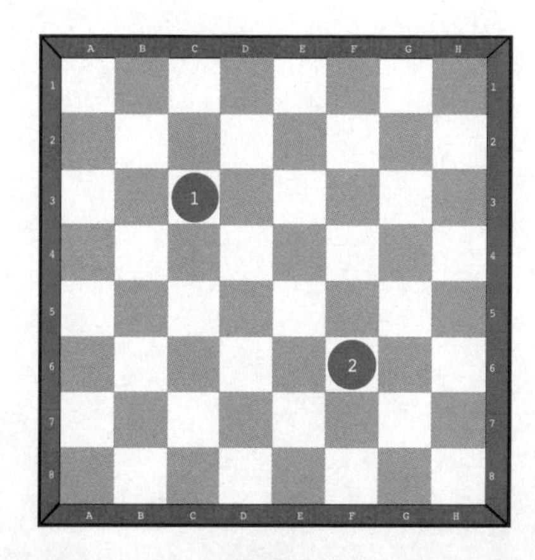

90

挑战度 ●●●●○○

完成

时间

CHAPTER

10

坚 持

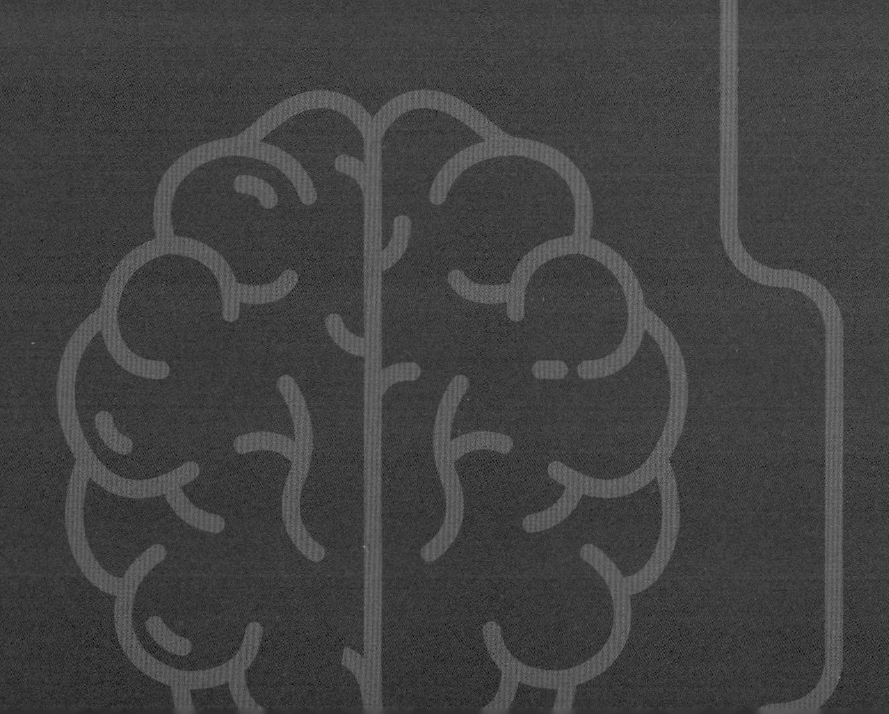

灵感与汗水
“再试一次”

培养创造力需要坚持不懈的努力。正如美国发明家托马斯·爱迪生说的：“天才是1%的灵感加上99%的汗水。”创意也许很难实现，但你必须去完成已经着手做的事情；问题也许很难解决，但你必须坚持下去。据说爱迪生在成功发明电灯泡之前有过1000次失败的尝试。爱迪生还说过：“我们最大的弱点在于放弃。成功最确定的途径就是永远再试一次。”

有创造力的人经常说，就在取得突破之前，他们觉得自己陷入了困境，好像无法再向前迈进一步。思考一个问题许久后，有时可以把问题先放在一边，去散散步、做做其他事情，或者干脆小睡片刻。灵感常常会在这之后不请自来。

同样，有创造力的人经常不得不忍受挫折。他们必须做好准备来坚信并推进自己的想法，同时还要承受可能会遇到的阻力或冷漠。许多著名作家都曾遭遇拒绝、继续创作。《哈利·波特》系列的第一本书出版前，J. K. 罗琳曾被退稿12次，而如今，此书已在全球售出5亿多册。后来，她化名罗伯特·加尔布雷斯创作犯罪小说，又被退稿许多次。无论你是写小说、画油画、写代码，还是在与益智游戏缠斗，成功的关键都在于坚持。

总部连线1

军队司令部的3部电话必须按红配红、蓝配蓝、绿配绿的方式接线。电话线不得交叉或超出白色背景板这一区域。

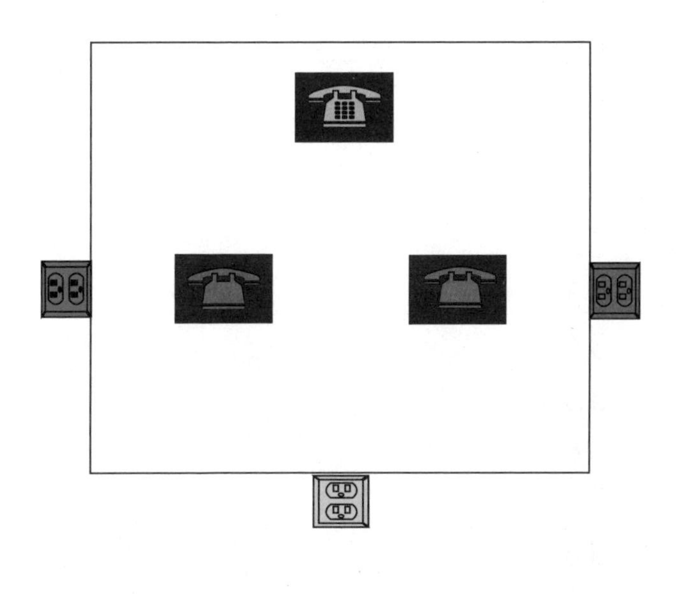

91 挑战度 ●●●○○○
完成 ■
时间 00:00

堵车之城的路线

让我们回到堵车之城（见PART1第56题）。你住在地图的左上角，而你工作的办公室在市中心。从家到办公室的最短路线是哪一条？你有多少条不同的路线可以选择？提示：从一段较短的旅程开始，然后找出规律。

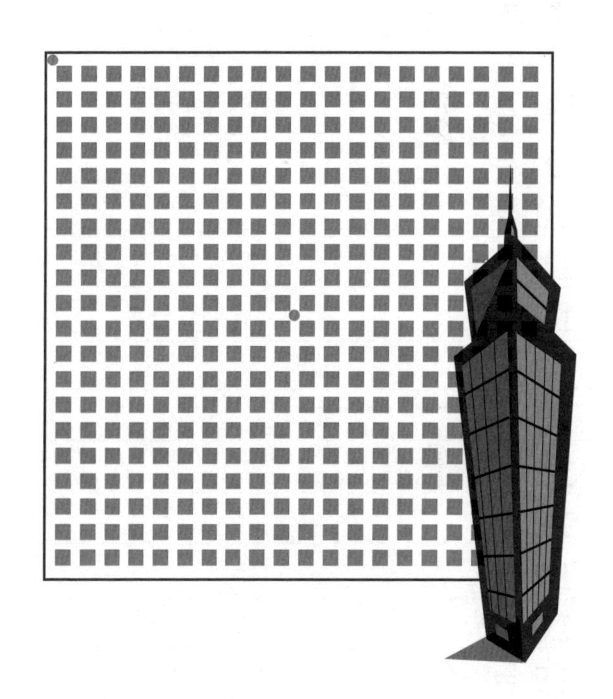

92 挑战度 ●●●●●○
完成 ■
时间 00:00

连续整数

下面的列表里是前41个连续整数。哪些数字不能被表示成连续整数的和？有没有一个可以迅速找出这些数字的通用规则？

1 =

2 = 不可能

3 = 1 + 2

4 =

5 =

6 =

7 =

8 =

9 =

10 =

11 =

12 =

13 =

14 =

15 =

16 =

17 =

18 =

19 =

20 =

21 =

22 =

23 =

24 =

25 =

26 =

27 =

28 =

29 =

30 =

31 =

32 =

33 =

34 =

35 =

36 =

37 =

38 =

39 =

40 =

41 =

93

挑战度 ●●●●○○

完成 □

时间 00:00

四个四

从1957年1月到1986年6月，马丁·加德纳为《科学美国人》的“数学游戏”专栏创作了288个谜题，下面这道极富挑战性的难题就是其中之一。

游戏的目标是用4个数字4——不多也不少——表示出尽可能多的整数。你可以在等式中使用常见的数学函数，例如加、减、乘、除。你也可以使用括号。

例如：

$1 = 44 \div 44$

$2 = 4 \div 4 + 4 \div 4$

你可以用这种形式表示出数字1到10。

如果允许使用平方根，则可以将数字范围扩至11到20，但有一个数字是例外。

你可以用这种形式的等式表示出数字3到20，并挑出表示不了的数字吗？

（它可以用一种方式表示出来，但涉及另一种数学函数——你能算出来吗？）

94

挑战度 ●●●●●○

完 成 □

时 间 00:00

$1 = 44 \div 44$

$2 = 4 \div 4 + 4 \div 4$

3 =

4 =

5 =

6 =

7 =

8 =

9 =

10 =

11 =

12 =

13 =

14 =

15 =

16 =

17 =

18 =

19 =

20 =

拉丁幻方

在生命走到尽头之时，伟大的瑞士数学家莱昂哈德·欧拉（1707—1783）设计了一种新型幻方。

拉丁幻方的方形格包含符号（数字、字母、颜色等），每个符号在每一行或每一列中只出现一次。

还有一种对角拉丁幻方，同样的规则也适用于两个主要对角线，甚至所有更小的对角线。

当n=1，2，3，4，5…时，可以组成的不同的拉丁幻方数量分别为1，2，12，576，161,280……

你能完成从n=2到n=7这6个拉丁幻方吗?

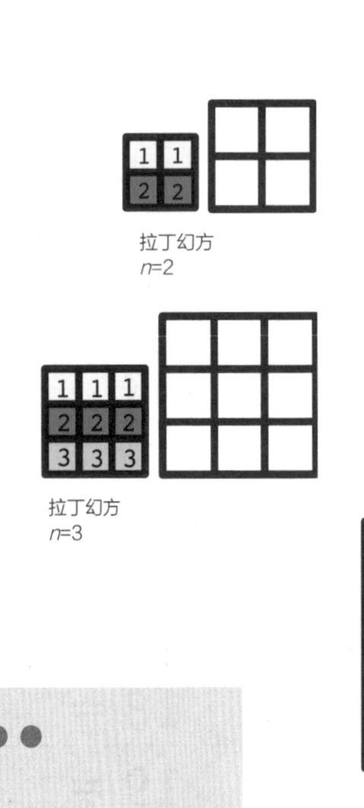

拉丁幻方
n=2

拉丁幻方
n=3

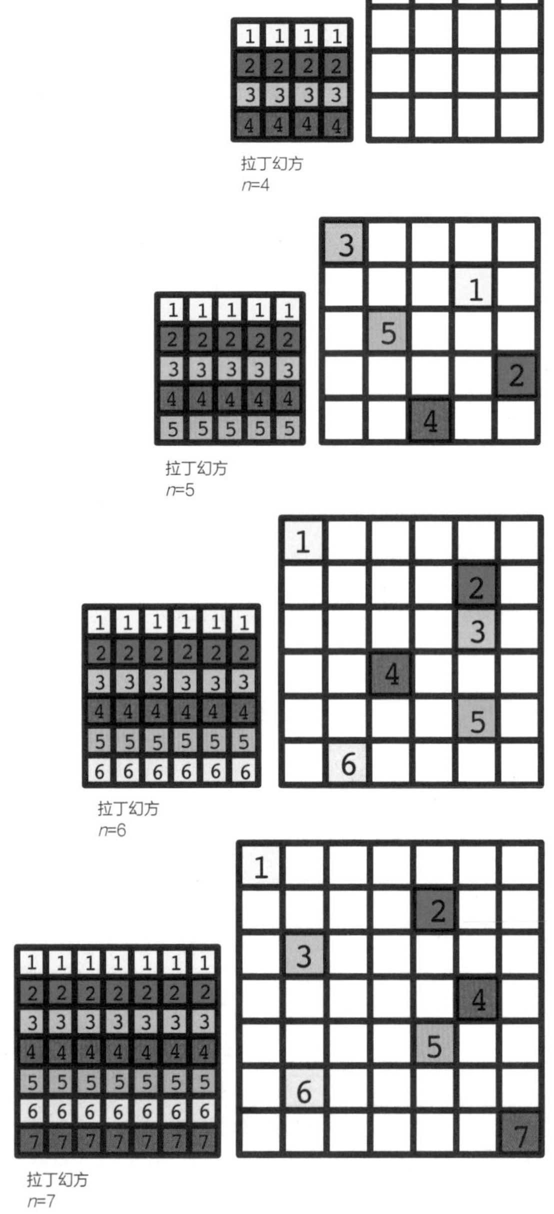

拉丁幻方
n=4

拉丁幻方
n=5

拉丁幻方
n=6

拉丁幻方
n=7

95

挑战度 ●●●●●●

完 成 □

时 间 00:00

数列101

你能在网格中填入前101个整数，且避免出现11个整数呈递增数列或递减数列的情况吗（从顶部开始，从左到右读）？

递增或递减的11个整数不一定是连续的，它以随机间隔出没于表中的任何地方。

我尝试用随机间隔的整数填充方框（如图）。但是这种方法并没有避免让11个整数呈递增数列——网格中标红的数字。

你觉得你能做得更好吗？为了避免你做无用功，已有人证明，无论你如何按照你中意的顺序排列101个整数，你都不可避免地总是能够找到11个呈递增或递减数列的整数。

但现在试试100个整数吧——尝试将它们填入网格，以避免产生11个整数呈递增或递减数列的情况。

可以做到吗？

1	11	95	33	59	58	28	54	13	100	
38	36	18	69	98	49	17	16	41	96	
60	32	40	4	67	9	92	23	30	15	
57	19	2	39	3	85	29	55	34	47	
52	27	22	76	42	62	7	43	99	93	
91	51	48	21	77	80	72	50	79	45	
89	20	75	46	35	31	44	94	56	84	
61	8	6	90	74	25	10	64	78	86	
73	87	101	88	83	82	26	81	97	71	
63	37	68	12	70	53	66	24	14	65	5

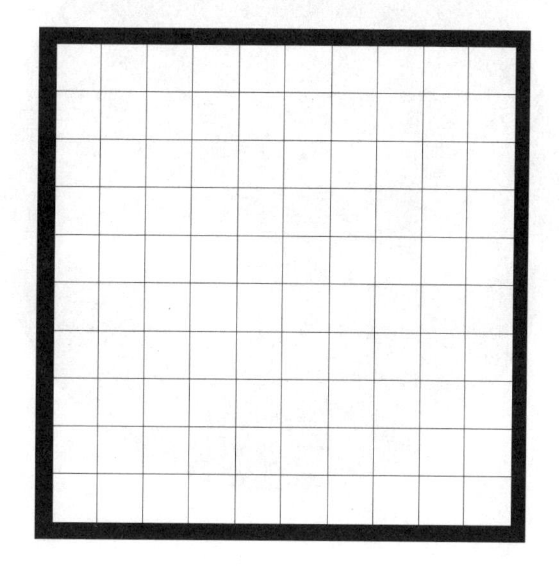

96

挑战度 ●●●●●●

完 成 □

时 间 00:00

保持距离

在球面上最多可以放置几个点，同时保证每个点间的距离完全相同（等距）？

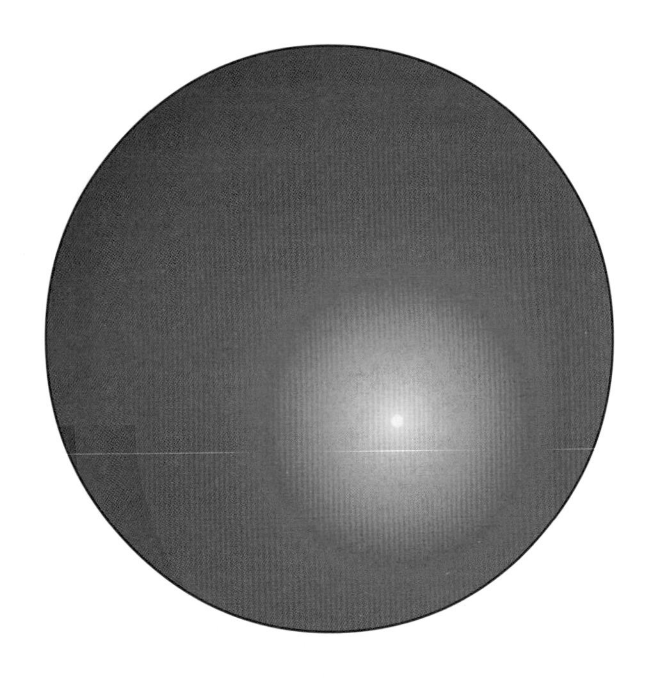

97

挑战度 ●●●●●○

完 成 □

时 间 00:00

佩德罗小猪存钱罐

佩德罗所有积蓄的四分之一、五分之一和六分之一加起来一共是37美元。佩德罗存了多少钱?

98

挑战度 ●●●●○○

完 成 □

时 间 00:00

两船相遇

这个美丽的问题是法国数学家爱德华·卢卡斯（1842—1891）提出的。每天中午都会有一艘船离开勒阿弗尔前往纽约。同一时刻，另一艘船从纽约启航驶向勒阿弗尔。

这次旅行将会持续七天七夜。那么今天启航的“勒阿弗尔—纽约”轮船在驶往纽约的航程中会遇到多少艘“纽约—勒阿弗尔”轮船？

99

挑战度 ●●●●●○

完 成

时 间

触碰立方体

你有一个红色立方体和足够多的相同大小的绿色立方体。最多有多少个绿色立方体能接触到红色立方体的面或部分的面？角点或边缘的接触不算。

马丁·加德纳在他的《科学美国人》专栏中提出了这个看似简单的问题。他最初的答案是20个立方体，如图所示。但他立刻就收到了2个接触了22个立方体的答案，令他甚是讶异，后来还有更好的方案出现。你能想出这样的方案吗？

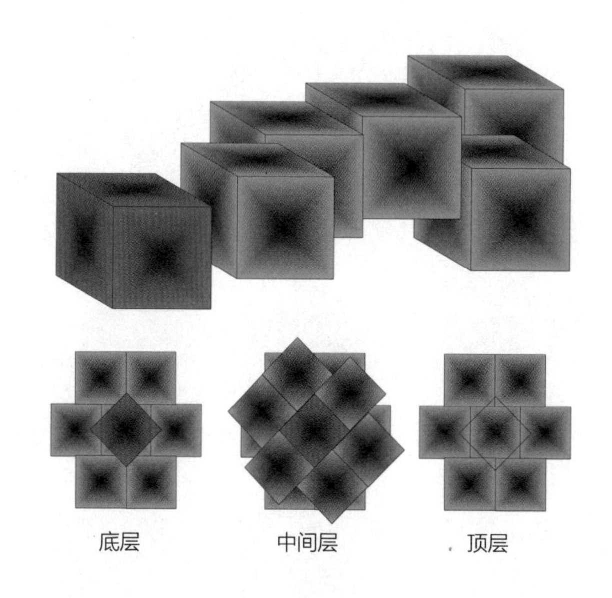

PART 2 直觉和洞察力

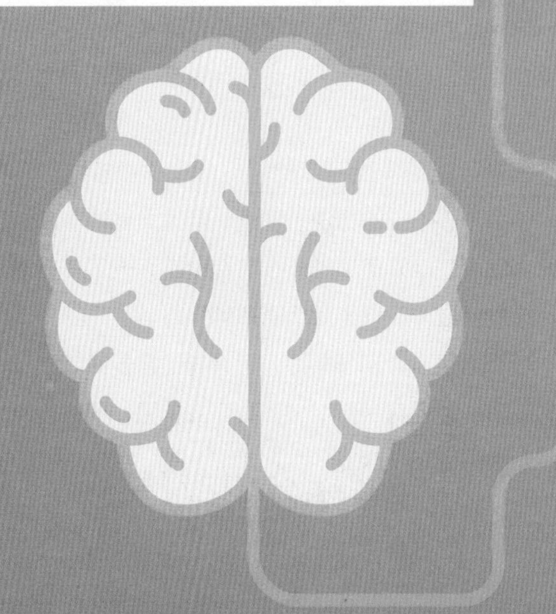

欢 迎！

有时，人们就是能“得出答案”。他们凭直觉迅速做出决定——比如判断某人是否说了真话，或是得出对商店中某种产品的看法。又或是一切突然豁然开朗。他们会有一个顿悟的瞬间，问题的答案尽在眼前。

洞察力和直觉是创造力中更为神秘的两个方面。专家们对它们的运作模式有不同的见解。有人说，直觉思维调动了无意识的知识、以往相似经历的记忆，还有整体体验——一种对情境的“感觉”。

伟人如阿尔伯特·爱因斯坦和史蒂夫·乔布斯皆是直觉与洞察力的忠实信徒。据说，爱因斯坦认为直觉思维是一份神圣的礼物，而理性思维是其忠实的仆人。乔布斯曾说：“直觉是非常强大的，在我看来，它比智力强大得多。”

直觉可能是模糊不清的——它是一种感觉，一种指引，一个令人不安的想法。然而，洞察力往往非常清晰。人们突然清楚地知道该做什么。有时答案一下子就蹦出来了，这是创造力的一个众所周知的特点。

若想运用直觉和洞察力，思考者们需要锻炼注意力和视觉逻辑。他们应保持专注，真正去看见，同时有能力将各种元素组合在一起。

在这个部分，我设计并收集了大量运用逻辑飞跃的视觉谜题和包含视觉欺骗性的逻辑谜题。这些谜题非常适合用来发展创造性思维的两个基本方面：直觉和洞察力。

——伊凡·莫斯科维奇

CHAPTER

1

直 觉

拥抱创造性工作

在2004年出版的《理解创造力》（*Understanding Creativity*）一书中，简·皮尔托将直觉与想象力、洞察力、即兴、灵感、孵化和比喻一起，归纳为创造力的七种特质。这七种特质协同作用：在召唤直觉的过程中，你仰赖孵化来让你的思想沉淀、萌芽，同时你也需要想象力。你的心灵也要足够灵活，以接收灵感和用直觉得出答案。要成为一个有创造力的人，你应该敞开心扉，拥抱灵感，通过形象和结构而非语言进行思考。直觉与即兴创作密不可分，你应该相信自己，跟随突然灵光一闪的直觉，立刻行动。这又会带来创造性的洞察力。

直觉常常以预感的形式出现，如同“我就是知道”一样难以解释。直觉可以成为一种推动创造力的强大力量，但只有当我们接受它的激励时，它才能发挥威力。创造力专家艾玛·波利卡斯特罗在1999年出版的《创造力百科全书》（*Encyclopedia of Creativity*）中撰写的直觉那一部分里，对直觉和创造性的洞察力进行了区分。她说，直觉能提供模糊的隐性知识，而洞察力却能带来突然的、通常很清晰的认知。在1995年发表的《创造性直觉》（*Creative Intuition*）一文中她提出，直觉为我们指明了方向——它是一种“超前感知”，指导着我们的创造性工作。

教会自己信任自己的反应，对培养直觉至关重要：有时候，答案已在你心中。这种机制在一定程度上是非理性的，就是“感觉对了”。也许是无意识在发挥作用？

童年好友

两位童年时期的好友重逢后进行了如下对话：

“从学校毕业后，我就没再见过你或听说过你的消息了。”

“是啊，我现在甚至有了个乖女儿。”

“她叫什么名字？”

“和她妈妈的名字一样。”

“现在小艾米莉亚多大了？”

如果自童年后他们就没有再见过或听说过彼此，那么这位男士是如何知道朋友女儿的名字的？

1
挑战度 ●●●○○○
完 成 □
时 间 00:00

彩色圆圈方案

彩色圆圈图里有填涂下面空白圆圈所需的所有逻辑线索。你能正确地涂上颜色吗？

提示：填涂什么颜色与圆的大小无关。（有一些大小完全相同的圆，却填涂了不同的颜色。）

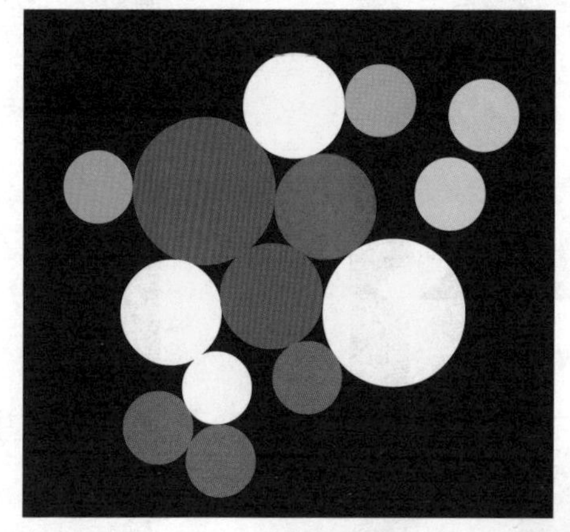

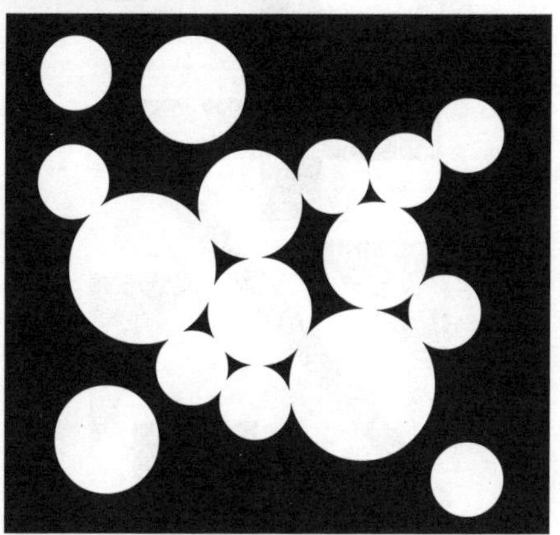

2
挑战度 ●●●○○○
完 成 □
时 间 00:00

捉迷藏

你需要多长时间才能在右图中找出左侧的12个形状？

你找出的形状可以覆盖多个彩色区域，但大小和方向必须与左侧相同。

3

挑战度 ●●●○○○

完 成 □

时 间 __:__

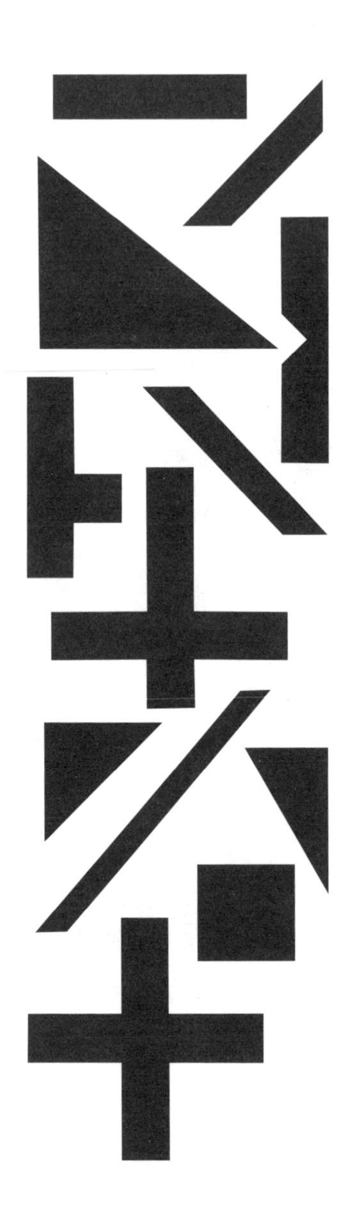

形状匹配

约翰斯·霍普金斯大学的贾斯汀·哈尔伯达和丽莎·费根森的研究表明，我们的直觉很擅长处理近似数字和面积的问题。当然，方法与计算数学很不一样。

用我的形状配问题测测你的数学直觉吧。

圆的面积为1单位。我将大小正合适的边数为从3到8的正多边形放入园内，从等边三角形开始，接着是正方形，以此类推。

每种多边形所占元的单位面积的百分比是多少？对照答案，看看你的直觉准不准。

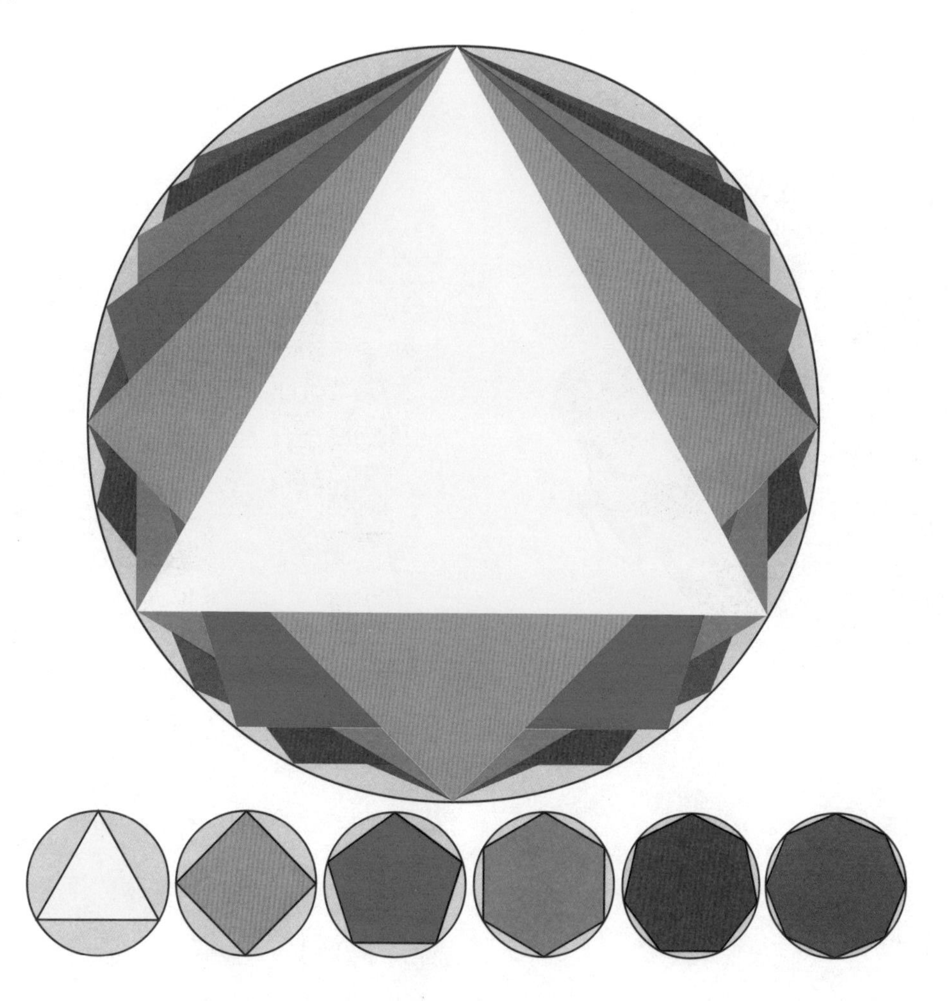

概率之梦

乔书亚梦到他正在和7位著名的数学家共进晚餐。走进餐厅，他注意到有3位数学家留着胡子。乔书亚想：3位有胡子的数学家围着桌子坐在一起的概率有多大？

5

挑战度 ●●●●●○

完 成 □

时 间

单脚跳的玛德琳

玛德琳的朋友们住在直街上的房子里。受伤后，玛德琳只能单脚跳着走，因此她想在街上找一栋房子，让她到所有朋友家的距离之和最短。

玛德琳应当搬到哪栋房子？你能在下面的直街布局图上标出这个位置吗？

6

挑战度 ●●●●●○

完 成 □

时 间

神秘DJ的唱片

观察下面的四张唱片。现在，想象它们正在神秘DJ的唱机转盘上旋转。你能猜出每种唱片在快速旋转时的模样吗?

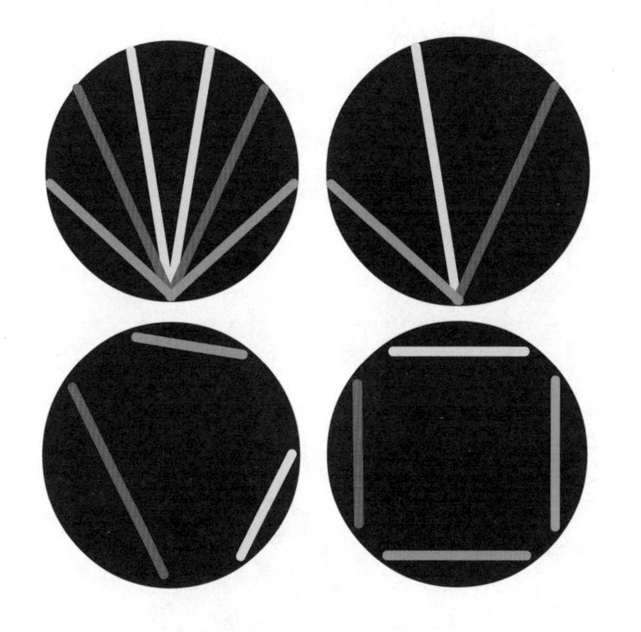

7

挑战度 ●●●●●○

完　成 □

时　间 00:00

特雷弗的旋转色块拼图

特雷弗·埃弗顿（不为人知的中间名为“霍拉肖”）在西班牙港开了一家趣味拼图店。下面就是一个他的拼图。你能发现色块神秘旋转的秘密并找出拼图中的名字吗?

被展示出来的密码

来认识一下蒂博尔吧。他收藏的镇纸全都被放在计算机附近墙上的几个带格子的小木柜里。这些镇纸可以帮他记住密码。你能发现密码是什么吗？

佐尔拉平行线

“佐尔拉错觉”是由德国心理学家（视错觉研究者）约翰·佐尔拉（1834—1882）设计提出的。这是一个经典的线条错觉。由于背景线与平行线相交产生的锐角（10° ~30° ）造成了视觉上的扭曲效果，所以其中的平行线看起来并不平行。

我们的错觉图在佐尔拉错觉图的基础上略有改动。图中有些线是平行的，但有些线不是。你能分辨出哪些线平行，哪些线不平行吗？

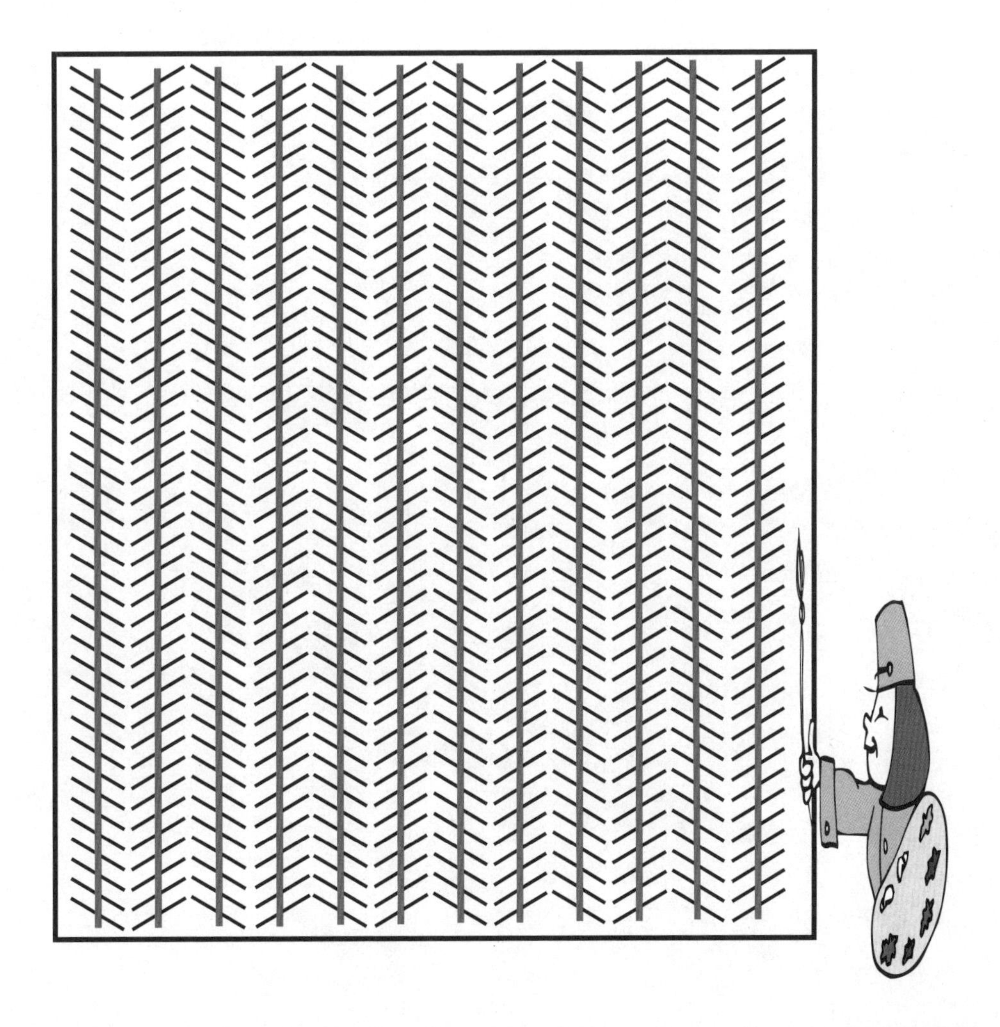

CHAPTER

2

想　象

跨越创造力的鸿沟

在2005年的开创之作《全新思维》（*A Whole New Mind*）一书中，丹尼尔·平克谈到了想象力的重要性，以及使用隐喻来实现他所说的“交响乐”思维。这是创造力的一个关键因素，由此大脑会看到事物之间的联系，结合原本不相干的想法，做出创造性的关联或突破。平克说，一些认知科学家将隐喻戏称为“想象的理性”。他援引了魔术贴的发明者乔治·德·梅斯特拉尔的故事加以证明。梅斯特拉尔发现有芒刺粘在他爱犬的毛上，继而通过隐喻性的推论得出了魔术贴的概念。平克说，想象力和隐喻也是与他人建立联系、交流思想和经验的关键。

2018年，尼日利亚小说家、诗人本·奥克里在《卫报》的一篇关于创造力的专题中写道：“创造力是我们正常和基本的生存需要。”他接着写道，社会条件、教养和文化都会违背和禁锢我们与生俱来的创造力。奥克里说，看吧，一个正在玩耍的孩子——对她而言，“一切皆有可能”，因为她还没有被教育成确信某些事情是不可能的。因此奥克里认为，我们更多的是要设法“忘记”自己“没有创造力”，而不是学习如何变得有创造力。

我们该如何做到这一点？如何重新认识到一切皆有可能？是什么在阻碍我们的创造力？一个原因就是我们缺乏想象力。我们需要相信并释放我们的想象力，相信语言、想法和沟通的力量。通过隐喻性的思考，通过刻意转换想法所处的情境，来提升自己的想象力。尝试以不同的方式进行沟通，这能让我们放开手脚——例如用视觉化的方式传递信息，或者写一段小曲来描述自己的感受，又或者换一种文体：想象一下将商业报告写成一首诗，或者用PPT创作短篇小说。去解放我们与生俱来的创造力吧。

在线上

这道经典的连线题出现在许多休闲数学和智商测试的书中。它要求在不抬起笔的情况下，用最少的直线将分布情况不同的多个点连在一起。通常题目会给出解决问题所需的直线的数量。

在第一次尝试时，你很可能觉得题目的要求是无法实现的。在左边的示例中，5条蓝线似乎已经少到极限了——如果你这样想，就可能会错过用3条红线完成挑战的可能性。为什么会这样呢？因为你脑中的观念限制了你，你可能首先就假设了线条只能是水平的或垂直的，或者认为线条应该被框定在点所勾勒出的“盒子”中。

但题目中并没有提到这样的限制。用斜线和超出边界的线可以找到解决方法。你能分别用5条线和6条线解决12点和16点的连线题吗？

附加题：你能真正做到把想象力集中在线上，仅用一条直线解决全部3个问题吗？不可能，对吗？我的已故好友哈里·英格（1932—1996），一位伟大的教师和魔术师曾说过：“完成不可能的事只是要多花一点时间。”——而最终，他总是做到了他尝试去做的事。

11

挑战度 ●●●●●○

完 成 □

时 间 00:00

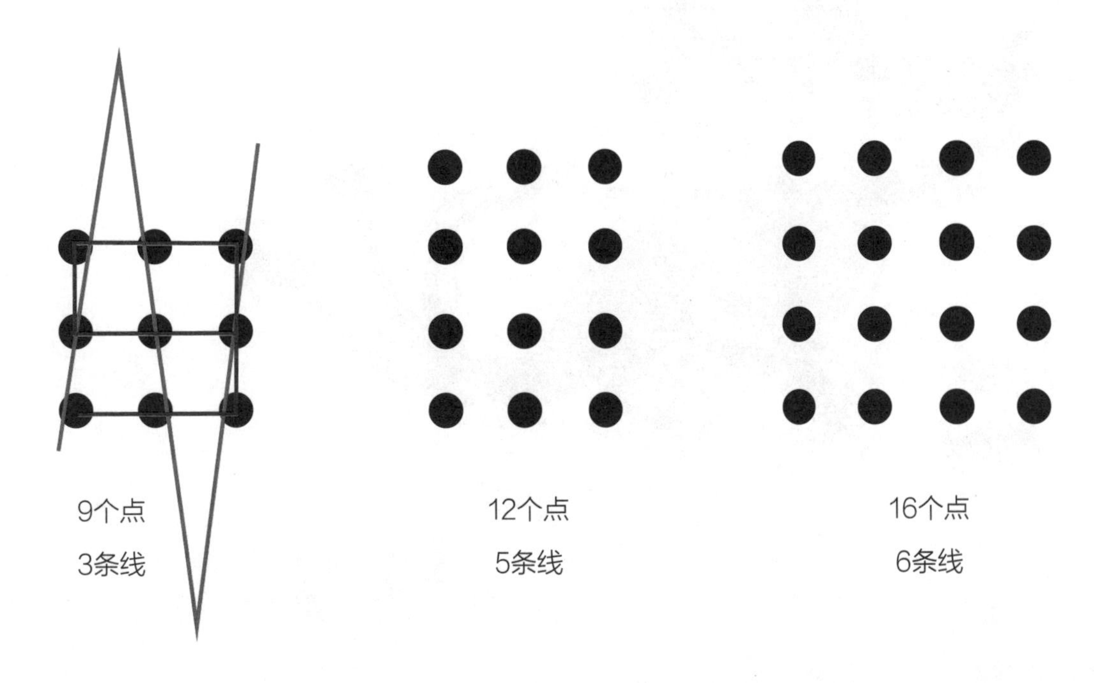

伊万爵士与恶龙

这道美丽的谜题源自俄罗斯，并刊登在《量子》（*Quantum*）杂志上——一本1990年至2001年发行于美国的数学和物理杂志。它是SNAP数学博览会上展出的众多数学难题之一，这个非竞赛性质的数学庆典最初是在加拿大筹划举办的。

任务艰巨！一条可怕的巨龙有3个脑袋和3条尾巴。我们勇敢的骑士伊万爵士必须斩下恶龙的所有头和尾巴才能杀死它。

尽管伊万爵士很勇敢，但这并不是一件容易的事。他需要好的数学头脑和强壮的手臂。

只需轻轻挥一下魔法剑，伊万爵士就可以砍下1个脑袋、2个脑袋、1条尾巴或2条尾巴，但是：

1. 当他砍掉1个脑袋时，恶龙会长出1个新脑袋。
2. 当他斩断1条尾巴时，恶龙会长出2条新尾巴。
3. 当他斩断2条尾巴时，恶龙会长出1个脑袋。
4. 当他砍掉2个脑袋时，恶龙不会长出任何东西。

伊万爵士需要挥多少次魔法剑才能杀死恶龙？

纸结

把纸条粘在一起形成了一种结状结构。请问它们是单结还是相连的结？

13

挑战度 ●●●○○○

完 成 □

时 间 00:00

绳结配对

一个闭合线圈上有两个缠绕方向相反的结（一个左手向，一个右手向）。可以从线圈中移除它们或让它们相互抵消吗？你能交换它们在线圈上的位置吗？

14

挑战度 ●●●●●○

完 成 □

时 间 00:00

星际通信

莫切拉博士把一条信息发送到了无垠的宇宙。她正寻求与有智慧的外星生命建立通讯。你能破译这条信息吗？

有回音了！外星人收到了莫切拉博士的信息，并回信如下图。外星人是否读懂了她的信息？你能破译外星人的回信吗？

15

挑战度 ●●●○○○

完 成

时 间

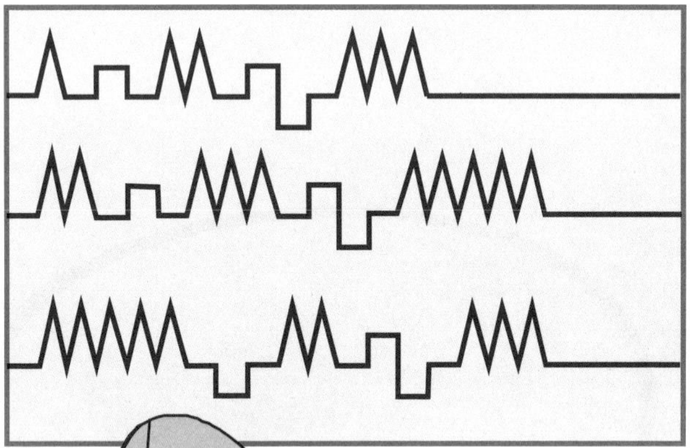

信息

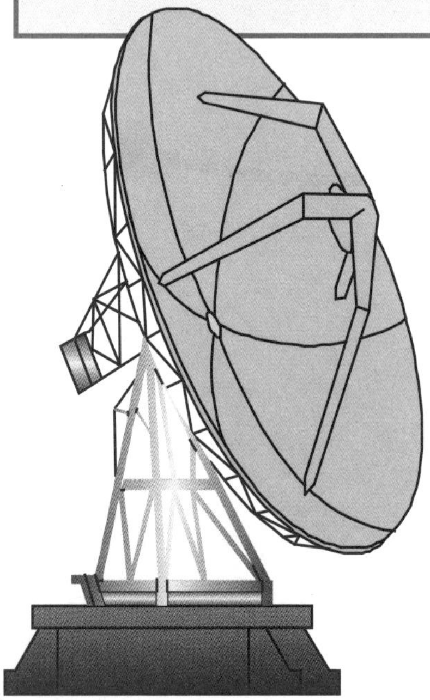

回信

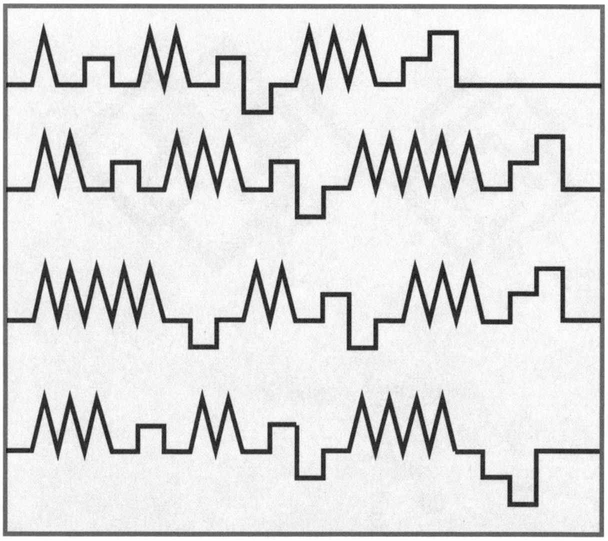

路径填色

用4种颜色给交叉点间的线上色，你能保证在交叉点处交会的所有线的颜色都不相同吗？下面已经给出了一种填涂方法，但被着色的最后那条线需要用到第5种颜色。你能找到更好的方法吗？

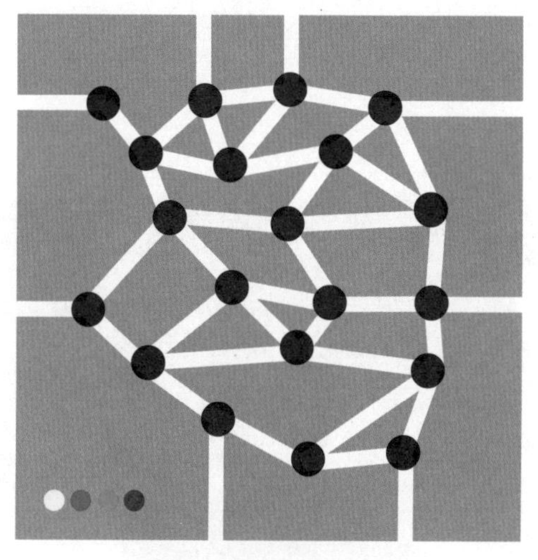

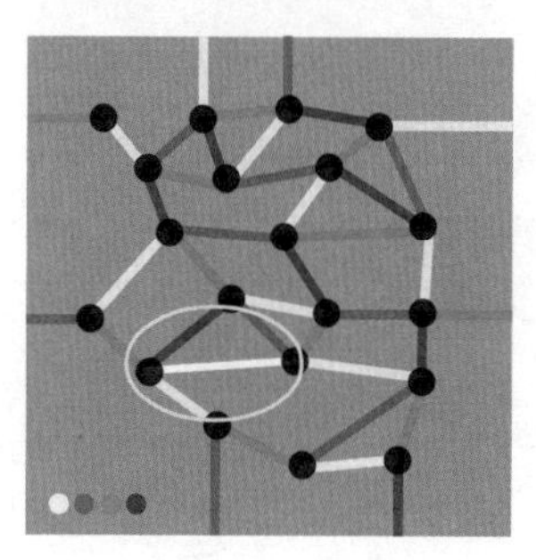

16

挑战度 ●●●●○○

完 成 □

时 间

柏林六边形环

沃尔多在柏林为数学迷和谜题爱好者们开了一家夜总会。想象一下，这道谜题在地板上发着光。这个挑战要求参与者将16个六边形放入闪烁着黄色和粉色灯光的游戏面板中，以形成一条闭合的黑线。

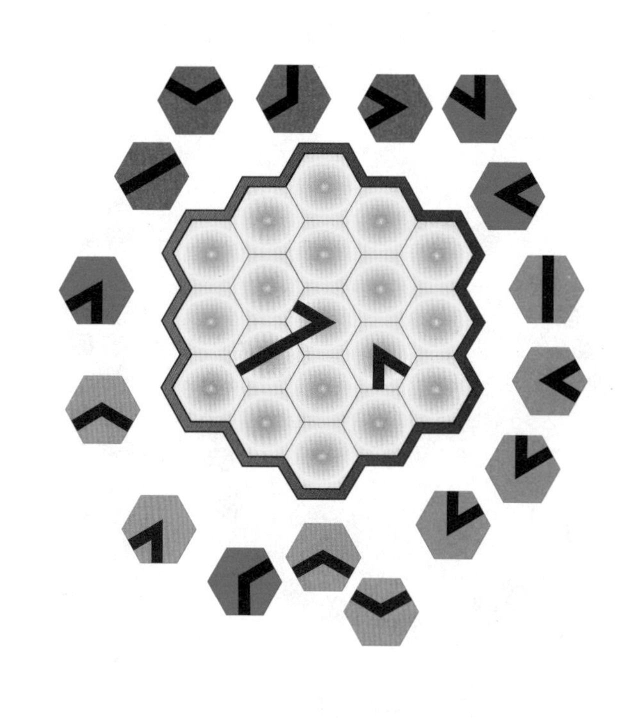

17

挑战度 ●●●●●○

完 成 □

时 间

芙蕾雅的最短配对项链

让我们回到斯德哥尔摩芙蕾雅的珠宝店（见PART1第6题），这儿还有另一个配对挑战。你要用4种颜色的珠子设计出一条闭合的项链，且无论你沿哪一个方向转动，16种可能的颜色配对都会出现一次。

根据要求，我们很容易就想出一个由32颗珠子组成的方案，如下图所示。但我们可以看出，有一些配对出现了不止一次。因此问题就变成了：能满足上述要求的最短项链需要多少颗珠子？

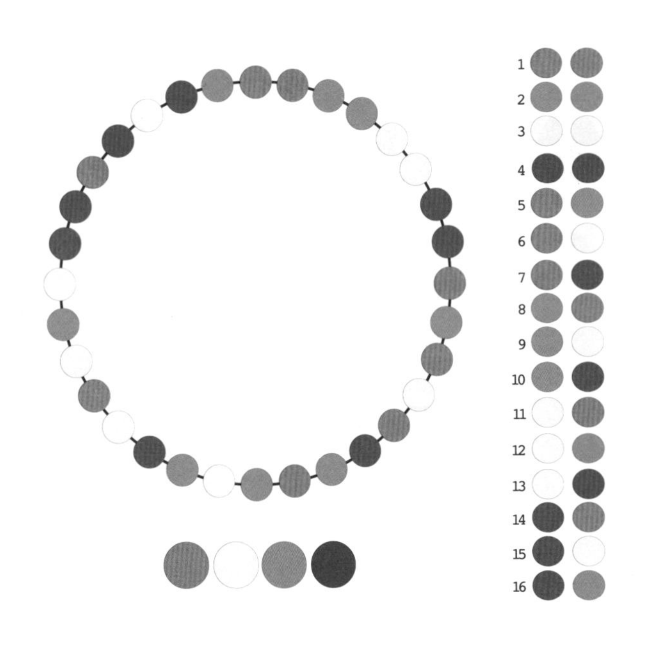

18

挑战度 ●●●●○○

完 成

时 间

椭圆形在哪里

办公桌旁，伊凡的同事马丁正在思考：在不用钢笔、尺子、指南针或电脑的情况下，怎样才能创造出一个椭圆形呢？请横向思考。

19

挑战度 ●●●●○○

完 成

时 间

第五种颜色

在1975年4月1日出版的《科学美国人》杂志中，马丁·加德纳发表了下面这张由威廉·麦格雷戈设计的110格地图。我们的任务是给地图上色，使每两个相邻区域的颜色不同。马丁说，至少需要5种颜色才能完成任务。

20	
挑战度	●●●○○○
完 成	□
时 间	00:00

右侧的彩图使用了5种颜色。

但你有更好的方案吗？

CHAPTER

3

好 奇

好奇心
是初学者的幸运

2018年出版的《创意超能力》（*Creative SuperPowers*，劳拉·乔丹·班巴奇、马克·厄尔斯、达妮埃莱·菲安达卡和斯科特·莫里森编辑）一书指出，人人都拥有创造力，而若想解锁我们的创造力，最重要的是回到儿时的状态。书中认为，自童年起，我们失去了创造性的四个关键特质：无畏、适应性、同理心和好奇心。它们亟须恢复。禅宗对史蒂夫·乔布斯的影响深远。众所周知，比起智力，他更偏爱直觉和好奇心——这是禅宗“初学者的心”这一概念的关键所在，即略过熟悉之处，热切地重新审视事物。

我们如何训练初学者的渴求之心和新鲜感呢？尽量不要先入为主地判断问题。不要浪费你天生的好奇心。试着放下期望和偏见。当你学着拥抱变化并接受不确定时，可以试着保持禅宗修行者所说的“不知之心”。

如果我们拓宽思路而非狭隘地局限于问题，好奇心便可推动创造力。2017年，一项发表在《个性与个体差异》（*Personality and Individual Differences*）杂志上的研究区分了专一的好奇心（你在工作中追寻具体答案时的那种好奇心）和更广泛、更普遍的好奇心（当你仅仅是为了求知的时候）。在一项测试中，志愿者们被要求根据提供的材料制定营销策略。结果，普遍的好奇心驱动创造性思维的效力远远高于专一的好奇心。如果我们充分利用我们的普遍好奇心而不是狭隘地专注于寻找特定的解决方案，我们的创造力将受益良多。保有一颗“不知之心”。抛开常识和对失败的恐惧。专注于问题而非特定答案。书中的智力游戏涵盖了许多转换视角的挑战，可以帮助你几乎在不知不觉中习得这些技能和方法。

阿维和大卫

来认识一下我的朋友阿维和他的儿子大卫。阿维和大卫的年龄中的数字相反，且相差27岁。阿维和大卫分别多少岁？

21

挑战度 ●●●○○○

完 成 □

时 间 00:00

握手

12位老朋友在一次聚会上见面并握手。他们在互相问候时总共需要握多少次手？

22

挑战度 ●●●●○○

完 成 □

时 间 00:00

数学帽俱乐部

数学帽俱乐部是为喜欢戴帽子的大学数学教授们设立的。今晚，俱乐部的帽子上共有5张贴纸：3张红色和2张蓝色。其中有3张贴纸贴在数学教授们佩戴的帽子上，另外2张贴纸则被藏了起来。

每位数学教授都希望成为第一个发现自己帽子上贴纸颜色的人——不可以照镜子，也不可以摘下帽子或使用其他诡计。其中2位数学教授说：“我不知道我的颜色。”

问题：第3顶帽子上的贴纸是什么颜色的？

我不知道我的颜色。

我不知道我的颜色。

23

挑战度 ●●●●●●

完 成

时 间

西奥和芬娜

西奥站在平台上，他能用绳子把自己升上去吗？芬娜能通过向下拉绳子把自己升上去吗？

24

挑战度 ●●●●○○

完 成

时 间

卡普雷卡尔的数位加法

印度数学家R.卡普雷卡尔博士（1905—1986）起初被同时代的人嘲笑，他们认为他的数字游戏不值一提。然而，当卡普雷卡尔的惊人发现被刊登在马丁·加德纳的《科学美国人》杂志上后，获得了全球范围内的认可。卡普雷卡尔因对休闲数学和数论的贡献而声名鹊起。

卡普雷卡尔的一项发现是“数位加法”和一类被称为“自我数（self-numbers）”的数字。选取一个正整数并将它与它各数位上的数字相加。以23为例（被称为发生数）。

这个数字的数位加法演示如下：23＋5=28。

新数字28是被生成的数字。

该过程可以无限地重复，形成数位加法数列：23，28，38，49，62，70，77，91，101，103，107，115，…。

只给出第一项和最后一项，我们还尚未找到一个公式可以求出数列的部分之和，但如果我们面对面交流，我仍然可以给你表演魔术般的奇迹。请你选择一个数字作为新的发生数，并构建一个部分数位加法数列，随便多长都可以。不用给我看。如果告诉我你的数列中的第一个和最后一个数，我就可以在1秒钟内说出你的数列中所有数字的总和。怎么样？

现在，请尝试写出以24为生成数的数列。

25
挑战度 ●●●●●●
完 成
时 间

阿曼的邮票问题

数学系学生阿曼在邮局工作，他自然而然会想到许多有关邮票的数学问题。阿曼在思考：如果一个信封最多能贴3张面值为正整数的邮票，那么，信封上无法达到的最小总邮资是多少？

例如，假如邮局能供应面值为1，2和3的邮票，总邮资可以为：1，2，3，4，5，6，7，8，9，但总值无法达到10，因此10是无法达到的最小总邮资。

当邮局分别供应面值为1，3，7和1，4，6的邮票时，3张邮票无法达到的最小邮资分别是多少？

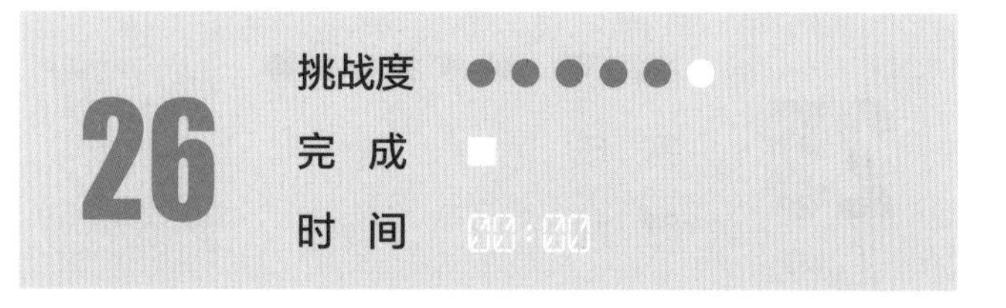

阿维尼翁的弓箭手

在阿维尼翁，3名业余弓箭手同时朝同一目标射击。但他们并不都射得那么准！

德尔菲娜射5次可以命中2次。

让-保罗射10次可以命中4次。

弗勒射10次可以命中3次。

一轮射击后3人中至少有1人命中目标的概率是多少？

27

挑战度 ●●●●●●

完 成

时 间 00:00

伊本·赫勒敦的棋盘

这是最早的国际象棋问题之一。13世纪，伊斯兰教学者伊本·赫勒敦（1211—1282）根据以下规则提出了一个计算一个很大的数的难题：棋盘的第一个方格上放1颗麦粒，第二个方格上放2颗麦粒，第三个方格上放4颗麦粒。依此类推，后面的每个方格上的麦粒数量都翻倍。请问棋盘上最后一个方格上应该放多少颗麦粒？

28

挑战度 ●●●●●○

完 成

时 间 00:00

魔方

你有16个黄色、16个红色、16个蓝色和16个紫色的数字。你能把它们放入一个4×4×4的立方体中，使得由任意4个小立方体组成的行或列不会出现2个或更多相同的颜色吗？

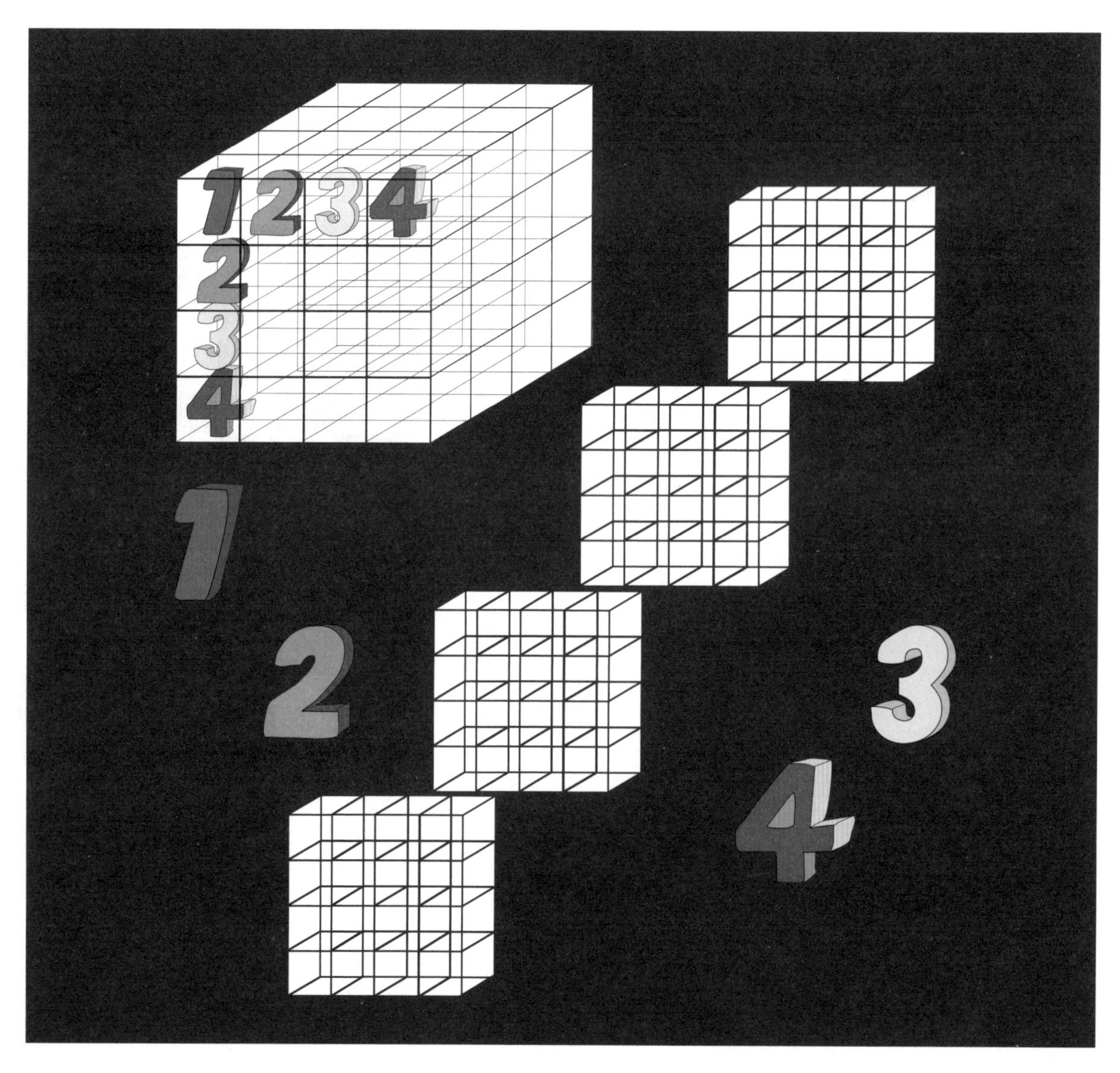

为什么物品会下落？

一枚硬币和一张小纸片在真空中下落的速度相同吗？在小纸片受到的空气阻力比硬币的更大的情况下，你该如何证明你对速度的判断？

30

挑战度 ●●●●●●

完 成 ■

时 间 00:00

CHAPTER

4

自 知

学会硬思考和软思考

自知既可以激发创造力，也可能成为阻碍。有时，我们需要关闭自我意识，来忘掉自己，停止自我关注，让可能阻碍创造力的批判声闭嘴。然而，自知同样可以促人成功：我们可以通过了解自身的优势和劣势来调整自己的表现。例如，如果我说“我擅长处理视觉问题，但涉及算术的问题我可能需要花更多时间”，那么在这种情形下，自知是有益的。用具有洞察力的思考来审视自我和自己的表现是对的。

领导力大师马歇尔·戈德史密斯在他2008年出版的《习惯力》（*What Got You Here Won't Get You There*）一书中指出，人们常常会自豪于那些让他们获得成功的特质，但是他们取得成功往往并不是因为他们拥有这些特质，而是因为他们克服了这些缺点。他鼓励人们罗列一张停止清单而不是待办清单。“审视你的缺点。“戈德史密斯说。

违反直觉的洞察力也适用于创造力。也许你会为自己是一名勤奋工作的人而感到自豪，但这不正是你在创造性思维上取得进步的阻碍吗？也许你纠缠问题太累太久了，需要发展停下和休息的能力，倾听潜意识，倾听你的“脱轨思维”。也许你正在为自己高效、合乎逻辑的方法感到自豪，但一点点的杂乱有助于提高你的创造力。思考一下你在创造力方面的优势和劣势，尝试制订自己的停止清单。益智游戏既鼓励批判性思维，也喜欢直觉的猜测，如果你自知的程度恰到好处，可以同时信任这二者的话，就会很强大。

上升-下降

你能将9条彩带排成一行，并且保证其中任意4条彩带（不一定彼此相邻）不会以升序或降序排列吗？

右边7-5-8-1-9-4-6-2-3是一个错误的示范，因为7-5-4-2这4条彩带呈降序排列。

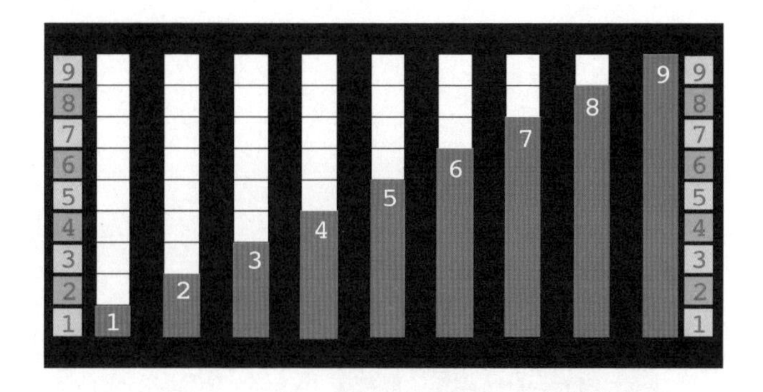

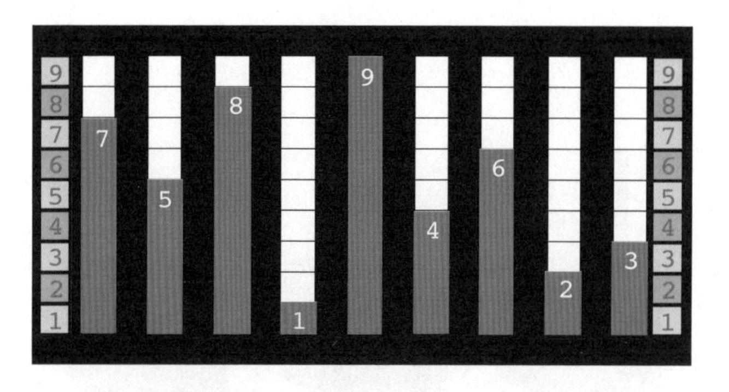

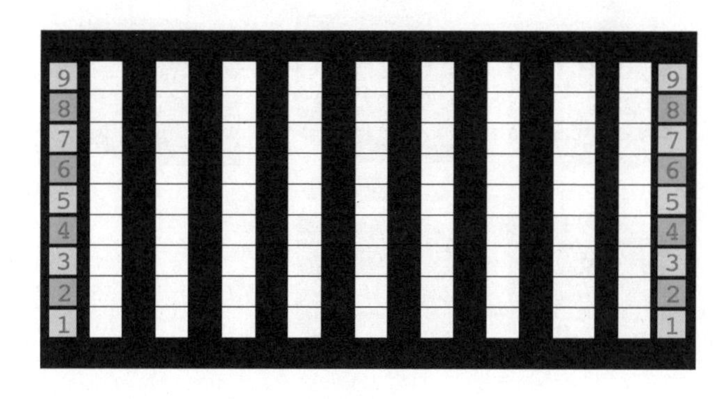

31

挑战度 ●●●●●●

完 成 □

时 间 00:00

激光路径

在全息装置中，激光束从左上角射入，在右下角被吸收。它需要穿过八个黑匣子。每一个匣子里都有两个呈45°角的棱镜反射激光，见下图中两个画出了内部构造的黑匣子。激光束的可见光路径用红色表示。通过观察可见的激光束并运用推理能力，你能重建被连续反射的激光束在黑匣子里的路径吗？

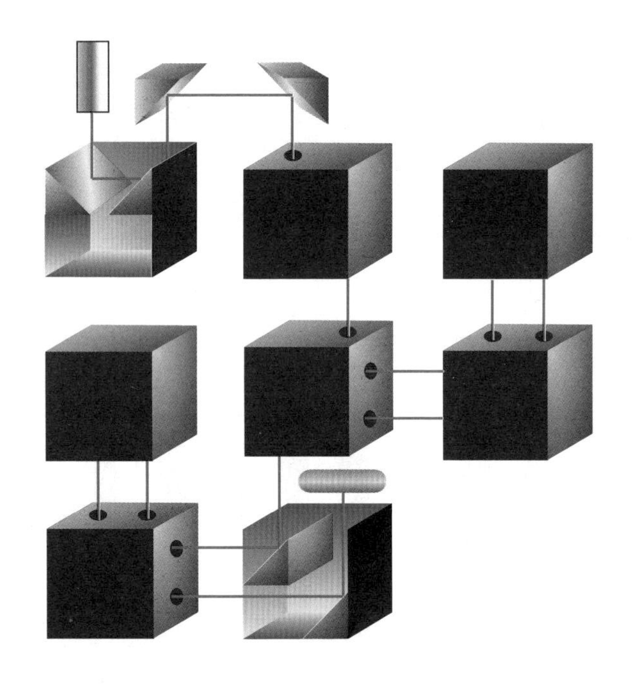

32

挑战度 ●●●●●○

完 成 □

时 间

抗倾倒稳定性

下图所示是一个简单的装置，可以比较不同形状的物体的抗倾倒稳定性。每种形状的物体被依次放在测试平台上，平台缓慢倾斜下降，直到物体在平台呈特定角度时倾倒。你能告诉我哪种形状的抗倾倒稳定性最好吗？也就是说，哪种形状倾倒前在平台上停留的时间最长？

33

挑战度 ●●●●○○

完 成 □

时 间

四根火柴的拓扑匹配

拓扑学是对图形属性的数学研究，当图形被拉伸、弯折、扭曲或弄皱时，图形的属性保持不变。例如，圆可以被拉伸成椭圆形：圆形和椭圆形是“同胚”或拓扑等价的。咖啡杯和甜甜圈也是如此。

我们来看看火柴棍的拓扑益智游戏。

如图所示，在满足以下条件的情况下， 4根火柴可以组成5种不同的拓扑结构：

1. 火柴只能两端相接。
2. 火柴平放在平面上。

一旦结构形成，通过变形但不断开接合点的连接，可以将其以无限多种方式转换为拓扑等价结构。

每种结构在图中都以2个拓扑等价结构表示。你能匹配出这5对等价结构吗?

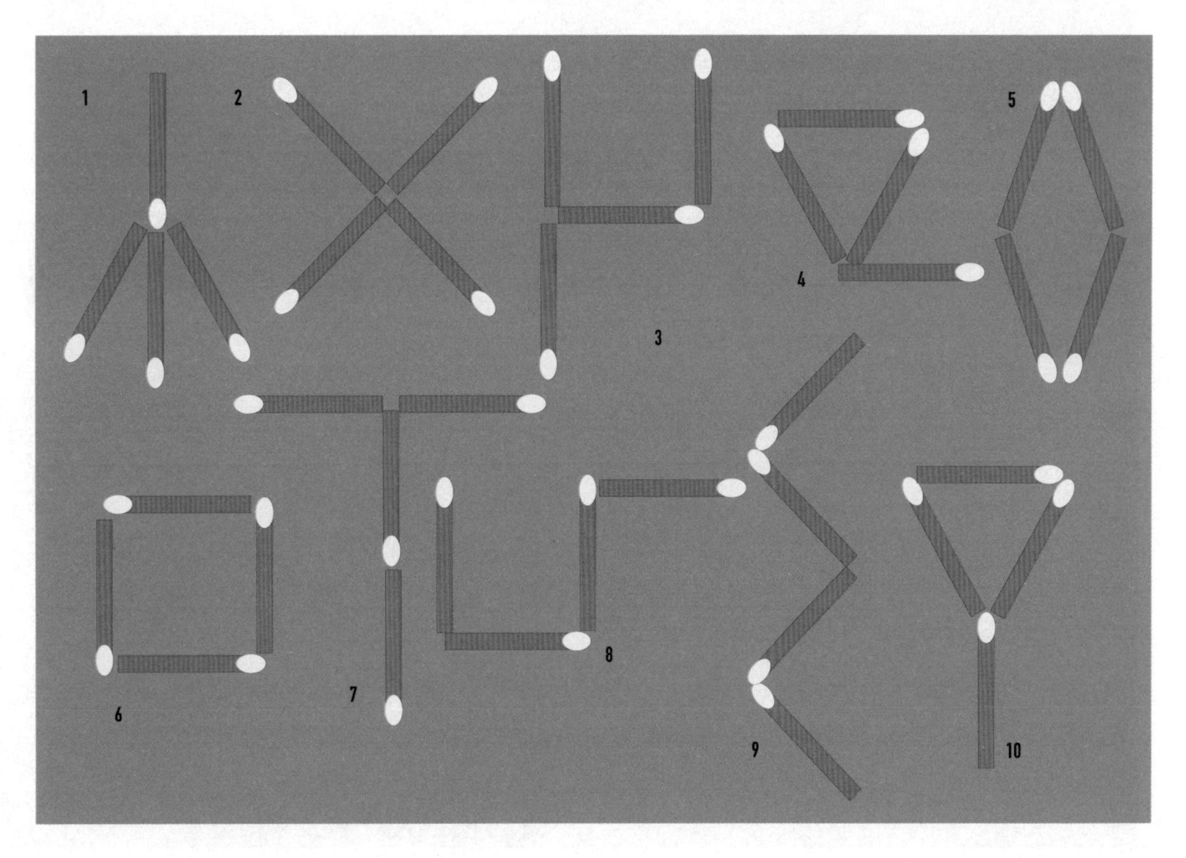

五根火柴的拓扑匹配

如图所示，在满足以下条件的情况下， 5根火柴可以组成12种不同的拓扑结构：

1. 火柴棍只能两端相接。
2. 火柴平放在平面上。

每种结构在图中都以2个拓扑等价结构表示。你能匹配出这12对等价结构吗？

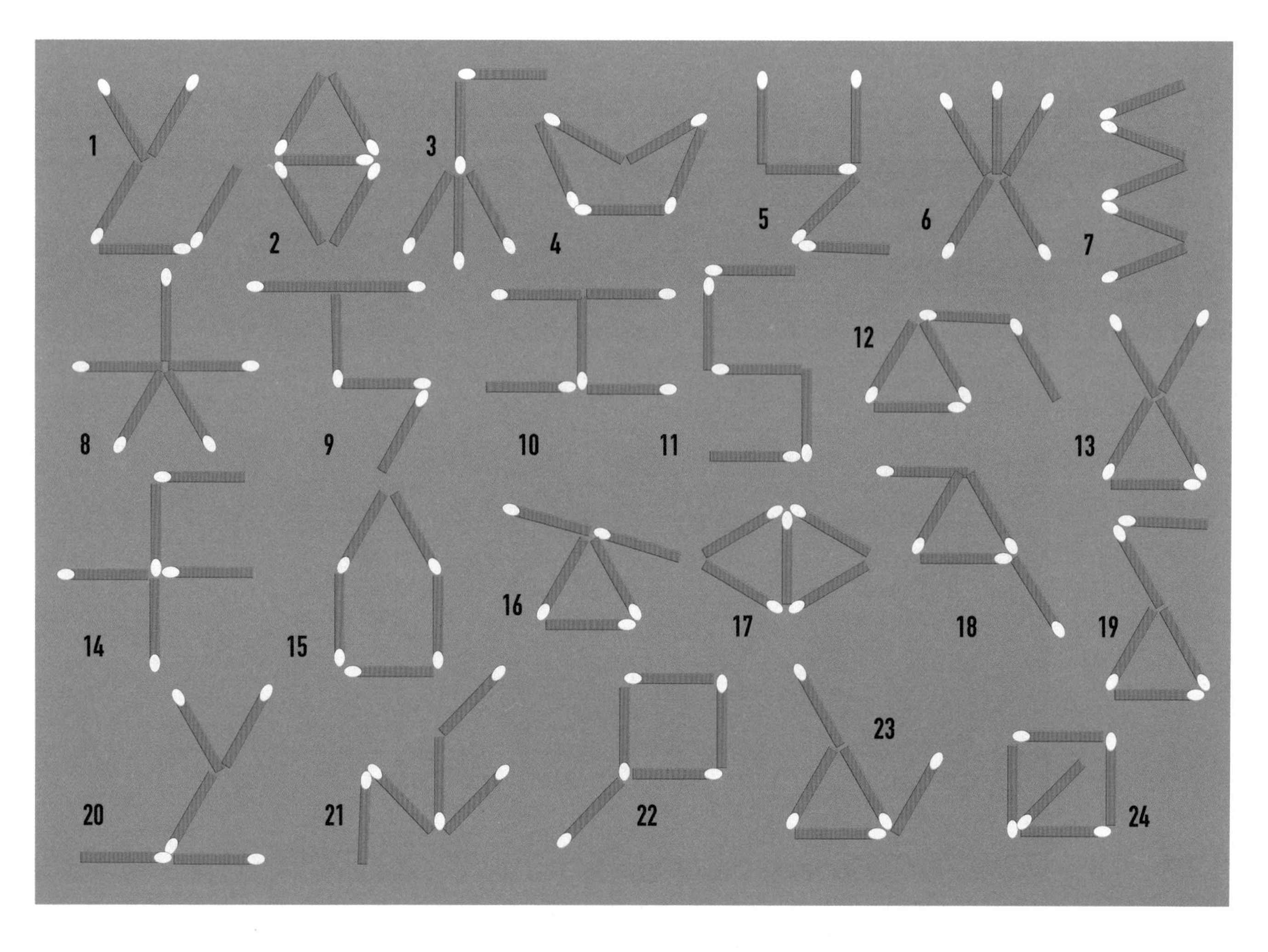

几何咖啡馆的心灵体操

这里有个好酷的咖啡馆！在几何咖啡馆中，每桌的菜单上都有一个几何拼图，给公众带来了兴奋的体验。

首先请尝试1号桌的拼图：如图所示，8个边长为1、2、3个单位的较小等边三角形局部重叠在边长为5个单位的大等边三角形上。请问大三角形的红色区域和较小三角形的蓝色区域哪个的总面积更大？

现在，请试试2号桌上的附加题。

附加题： 如图所示，4个小六边形与大六边形重叠。请问小六边形的绿色区域和大六边形非重叠部分的红色区域哪个面积更大？大六边形的边长是小六边形边长的两倍。

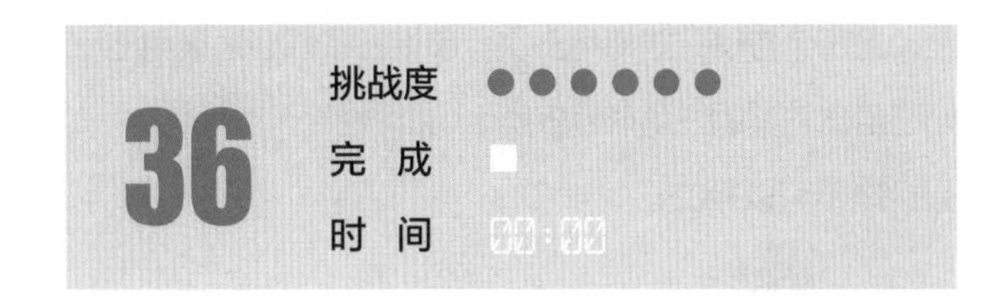

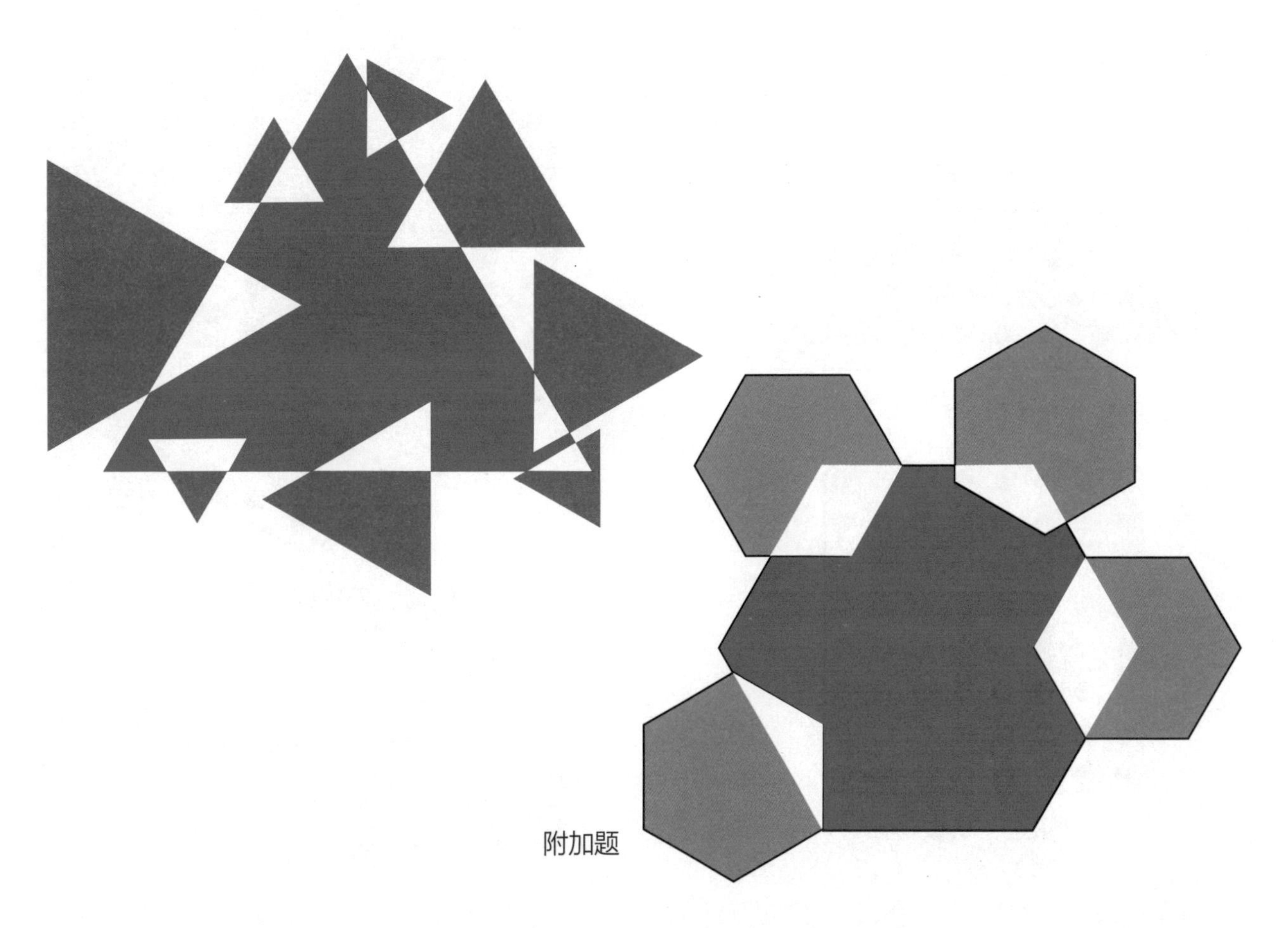

数钉子

钉板是帮我们理解多边形和面积关系以及解决相关问题的有效学习辅助工具。我们的目标是在三角形、正方形和六边形的钉板上绘制出边不连续的闭合多边形（即每次遇到钉子后必须转弯）。多边形的角必须位于木板的钉子上，且每个钉子只能使用一次；所有钉子都必须被用上，如已给出答案的三角形钉板所示。

边不可以相交。

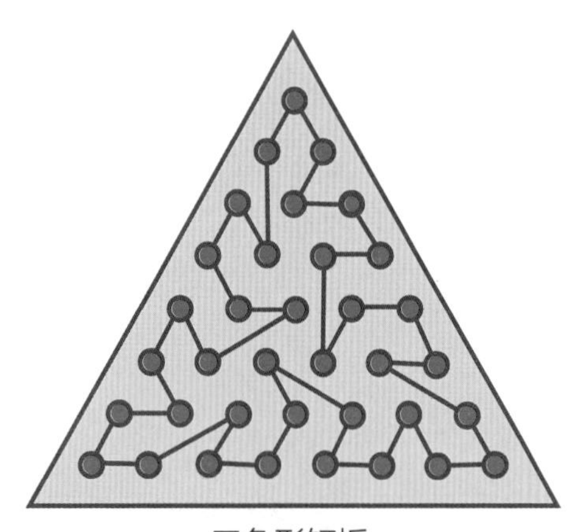

三角形钉板

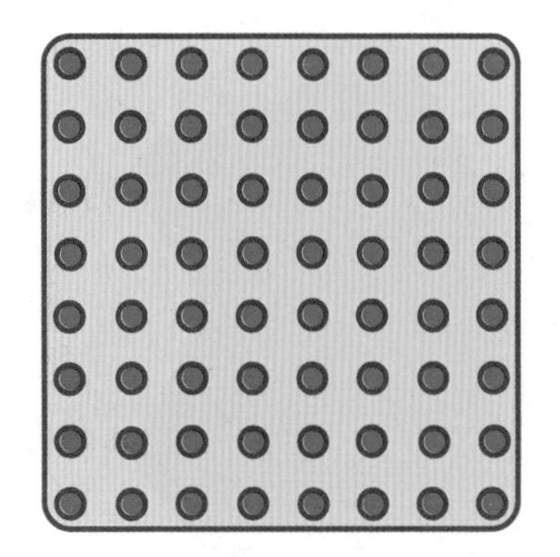

正方形钉板

附加题： 若要在（1）三角形、（2）正方形和（3）六边形钉板上构成一个完整的多边形，最少需要多少根钉子？

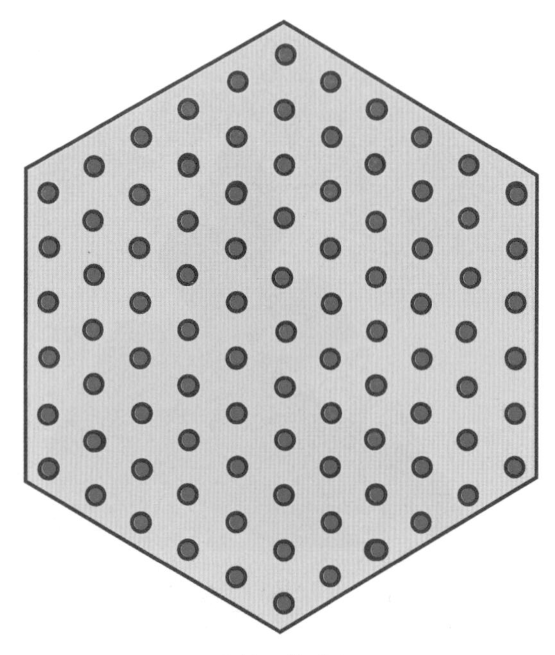

六边形钉板

37 挑战度 ●●●●●●

完 成 □

时 间 00:00

钉板上的四边形

通过连接3×3钉板上的钉子，你能画出多少个不同的四边形？你可以画出下图中第16个边不交叉的四边形吗？

附加题：你有多少种方法将3×3钉板分成4个面积相同的形状？对称或旋转不算。

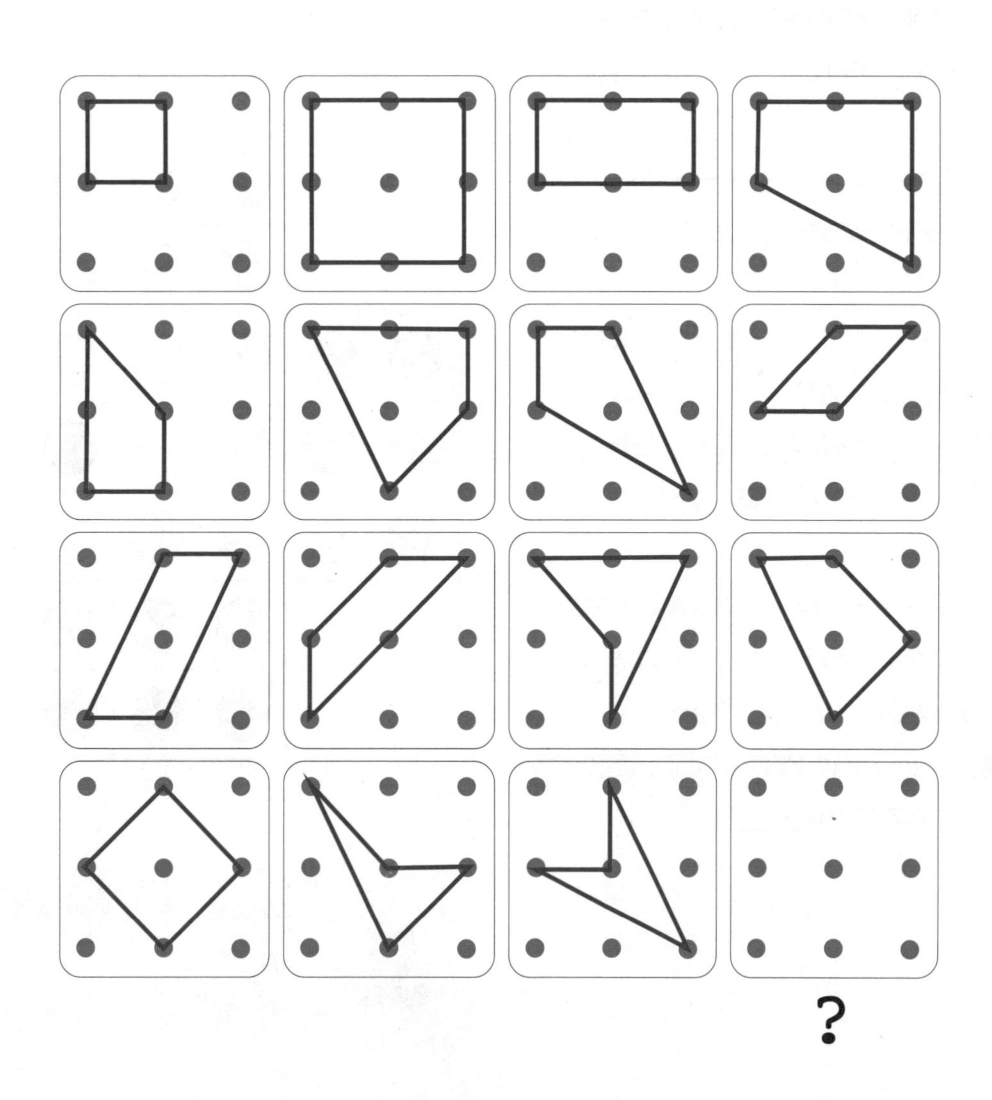

“独立钻石棋”挑战

独立钻石棋是最受欢迎的单人游戏之一。据说它是由巴黎巴士底狱监狱里的一名囚犯发明的。独立钻石棋有许多变形版本，但到目前为止最受欢迎的还是如图所示的33格版本。

如图所示，最基本的独立钻石棋是棋子放在除了中心格（17号格）之外的所有32个格子上。游戏的目标是通过一系列跳跃移除棋子，直至仅剩一个，并让这最后一枚棋子落在中心格上。

- 一次“跳跃”包含以下动作：棋子越过任何相邻的棋子并落在下一个空格上；然后移除被“跨越”的棋子。
- 棋子可以垂直和水平跳跃，但不能沿对角线跳跃。
- 每次移动必须是跳跃，连续跳跃算一次移动。

没有人知道存在多少种跳跃方案。显然，最基础的解法需要31次跳跃，但考虑到有连续跳跃，移动次数可能少于31次。

这道题的解法的“世界纪录”是18次跳跃，由英国作家欧内斯特·布荷特于1912年完成。你的方法需要几次跳跃？或者在没法再跳跃之前你走了多少步？

棋子数量越少，独立钻石棋越简单，我们也是按同样的规则移除棋子并在最后落在中心格上。

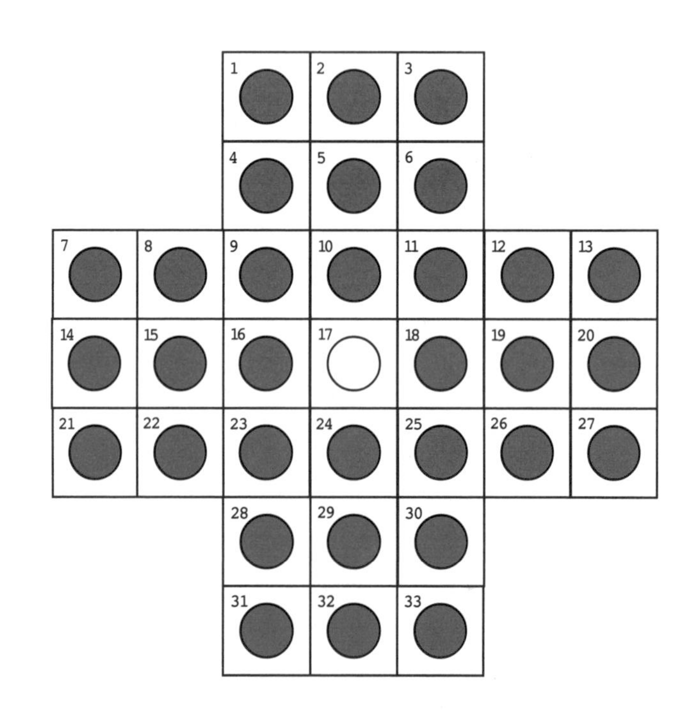

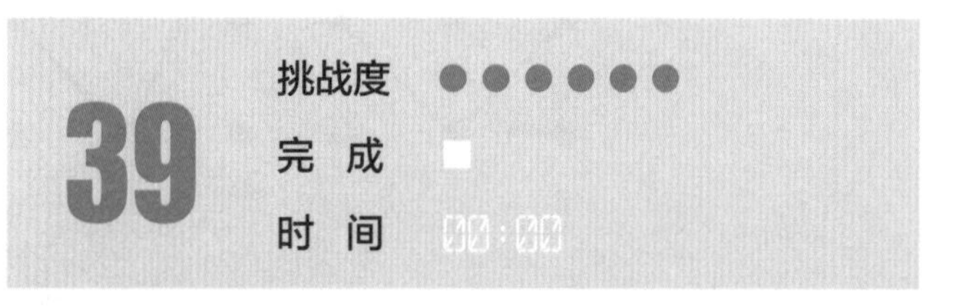

穿过十字窗

透过底部正方形的十字形窗口，我们可以看到大图中的部分彩色图案。仅通过观察，你能把正方形放在彩色图案的适当位置上，让它覆盖的那些点与十字形里的点颜色完全相同吗？

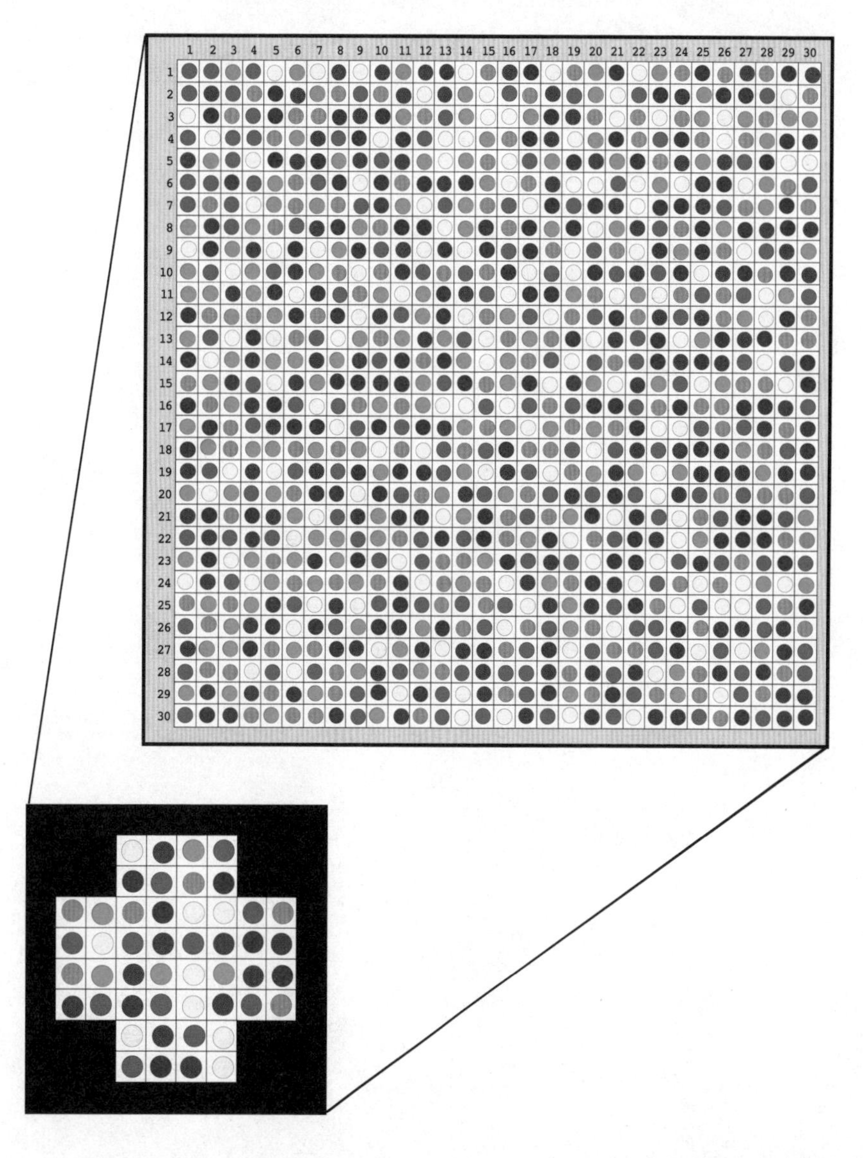

CHAPTER

5

孵 化

让潜意识为你效力

创造力大师达尼埃莱·菲安达卡强调无意识在创造性思维中的重要性——允许你的大脑随机连接和跳跃。他说若想有创造力，我们有时需要不去思考，有时需要反思。创意总监原野守弘也认为，只有在我们给予大脑反思的时间后，它才有机会向我们传递新的想法和联系——那些灵光一现的时刻。他补充说，若想提出创造性的想法，你只需要做三件事：（1）达到某一主题的基础知识水平；（2）睡觉；（3）给自己留出反思的时间。

创造力专家们建议人们向潜意识寻求创造性帮助。如果你正与一个问题纠缠，入睡前集中精神想想它吧。2010年的一项研究表明，做梦可以提升创造力。这项在英格兰北部的利物浦约翰摩尔斯大学进行的研究重点关注清醒梦——在这种梦中，你知道自己在做梦并觉得自己有能力影响梦里发生的事情。在梦中召唤出“大师”或者智慧的向导的参与者在设计隐喻等创造性任务上有所进步。但他们在诸如猜脑筋急转弯的理性思维测试中的表现并没有进步。

托马斯·爱迪生有一句名言：“一定要带着对你的潜意识的要求去睡觉。”当你醒来时，留出时间来消化接受。也许你可以尝试在一张白纸上写写画画——只需记下你脑海中出现的任何东西；你可能会发现有些有趣的联系和新的方向涌现出来——潜意识在你睡觉的时候为你解决问题，然后将它们抛了出来。爱迪生就是这样做的。他总是在早上留出一些时间写日记。这位拥有1093项美国专利的伟大发明家，电影摄像机和第一款实用电灯泡的发明者，留下了3000多本笔记。

啤酒杯垫挑战

今夜的“观感”夜总会很安静，酒保埃弗顿正在摆弄6色的六边形啤酒杯垫。他拿了7块啤酒杯垫，把其中1块放在正中间，并向他的同事卡特发起挑战：卡特需要把另外6块放入图中，使所有相接的边缘颜色相同。你能帮帮卡特吗？

41 挑战度 ●●●●●○ 完成 □ 时间 00:00

10/1圆形七巧板

请用10片圆形七巧板拼出下图剪影。

42 挑战度 ●●●●●○ 完成 □ 时间 00:00

二进制的基础

取1个正方形，把它涂成红色或黄色，共有2种可能。取2个正方形，则可能有4种不同的图案。按同样的步骤处理3个正方形和以2×2矩阵排列的4个正方形，你能得出所有图案吗？这个过程非常类似于计算机处理比特（二进制数字）的方式，你可以将开关的状态（开或关）或彩色方块（红色或黄色）与之比较。

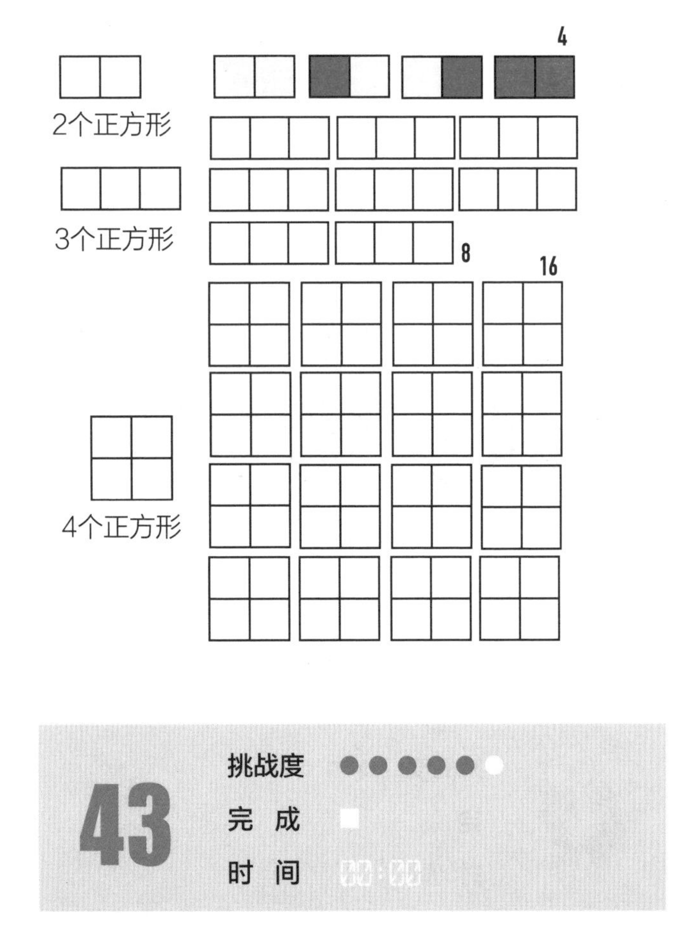

43

挑战度 ●●●●●○

完 成

时 间

失踪的立方体

有多少个小立方体从5个大立方体中失踪了？计算完失踪的立方体的总数后，请注意，其中一些（外部的）立方体有一面是彩色的。那么在以下5种有立方体失踪的情况中，3面、2面或1面有颜色的，以及完全没有颜色的分别有多少个？

你能找出完成这项任务的诀窍吗？

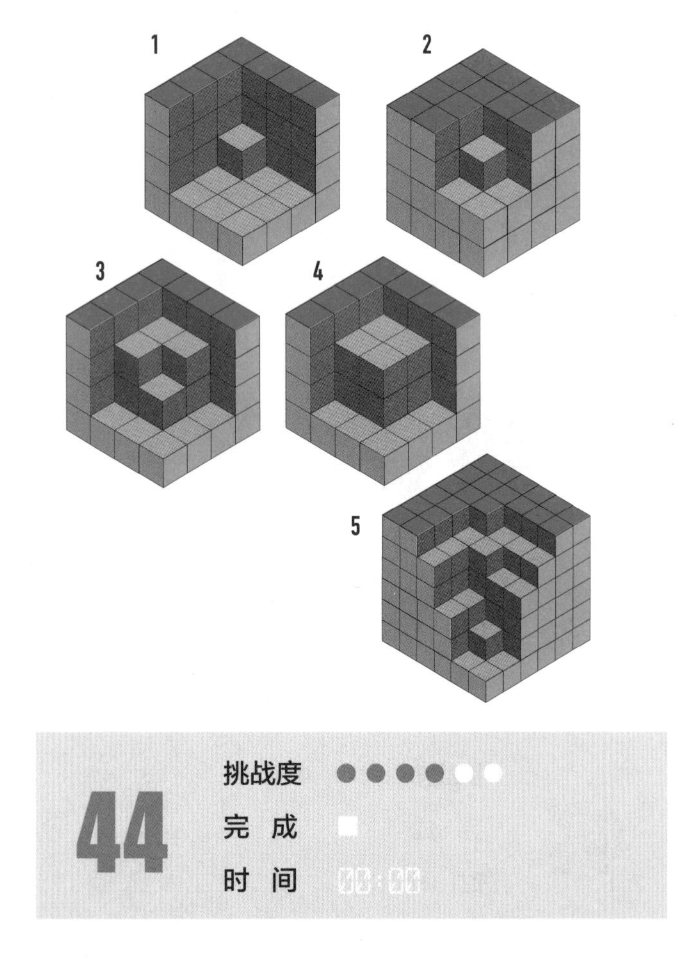

44

挑战度 ●●●●○○

完 成

时 间

感知重叠

这是埃弗顿和卡特所在的“观感”夜总会的游戏室里的挑战之一。你可以看到墙上有10个重叠的彩色边框，有的离得近，有的离得远。请想象一下，在没有其他边框压着的情况下，我们可以一个接一个地移走边框。若要完成这个任务，边框该以怎样的颜色顺序被移走？

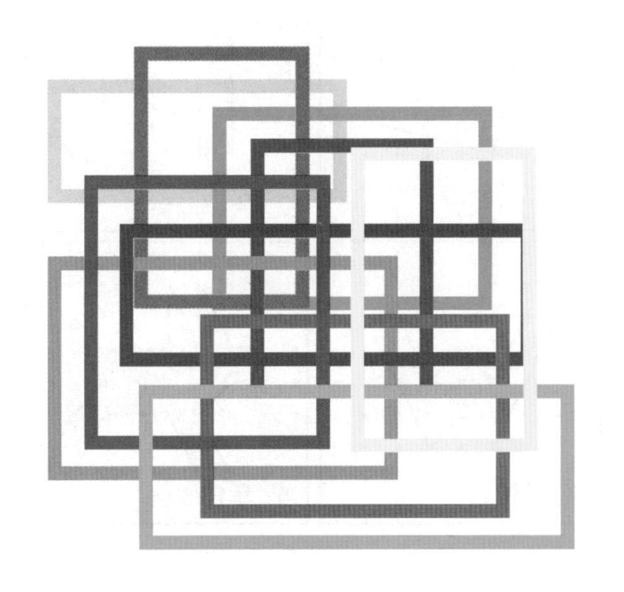

45

挑战度 ●●●○○○

完 成 □

时 间 00:00

一堆纸牌

有10张仅颜色不同的纸牌被叠放在一起，形成下图的左右两堆。你能说出每一堆纸牌从下至上叠放的顺序吗？

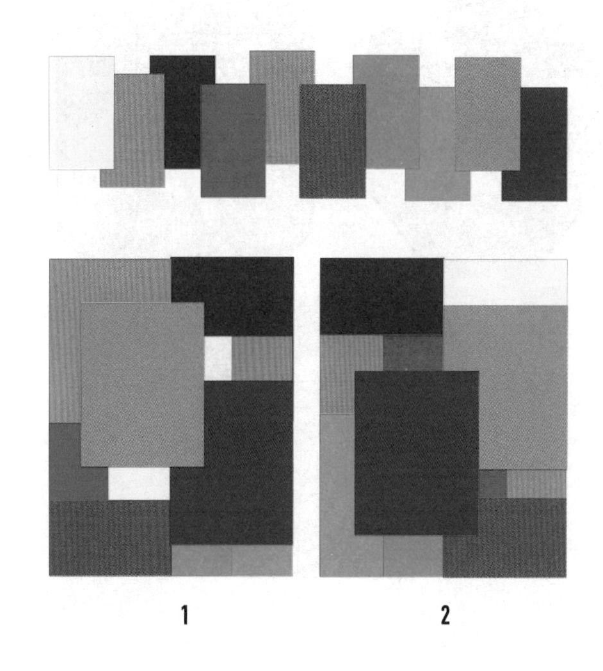

望向深处

在这些复杂的彩色镶嵌图中，你可以看到许多不规则的三角形、五边形、六边形、七边形和八边形，它们都是由同一个元素构建而成的。你能识别出下面三个图案中的这个基本元素吗？

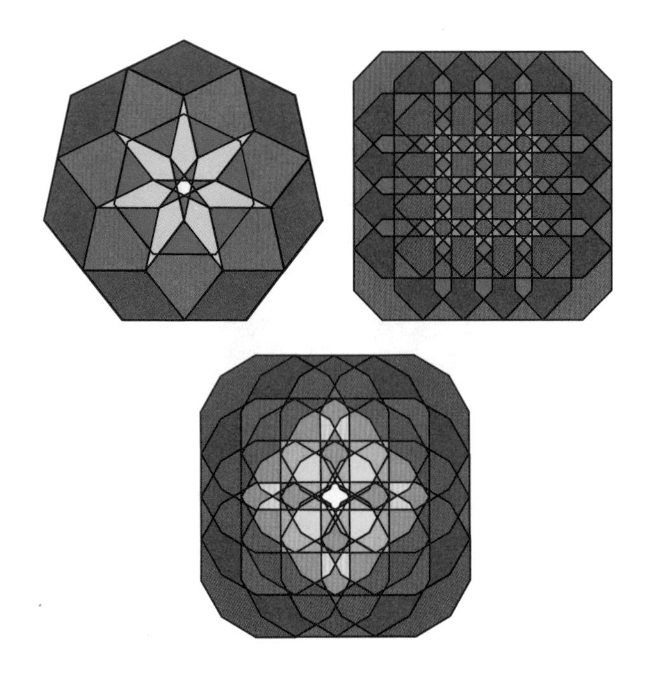

挑战度 ●●●●○○

47 完成 □

时间 00:00

钉板图形

仅凭观察，你能说出钉板上这四个图形的面积吗？按四个钉子围成的单位面积计算。

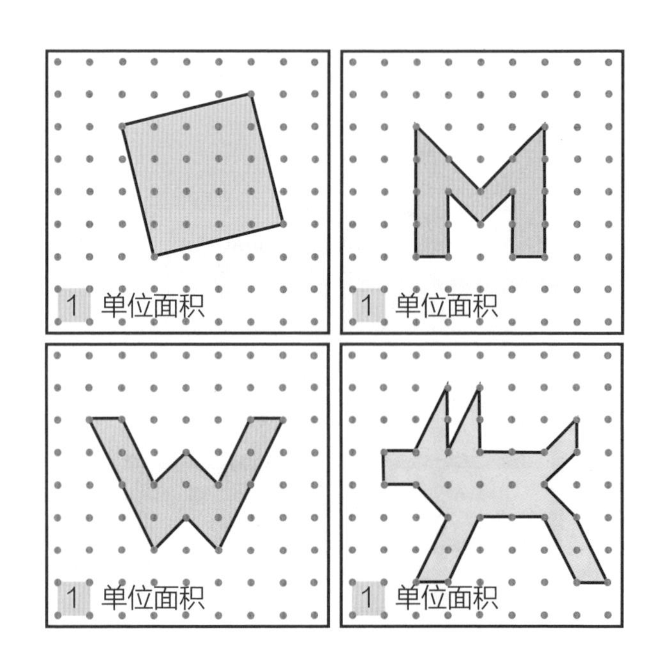

挑战度 ●●●●●○

48 完成 □

时间 00:00

钉板上的正方形

灰色圆圈代表钉板上的钉子。你有16根颜色不同的橡皮筋，可以圈出16个正方形。

我们需要遵循以下规则将16根橡皮筋圈在钉子上：

每个钉子只能是一个正方形的一个角，但它可以成为另一个正方形一条边的一部分，如钉板上的两个橡皮筋样例所示。

提示： 所有钉子都将用于构建16个正方形。

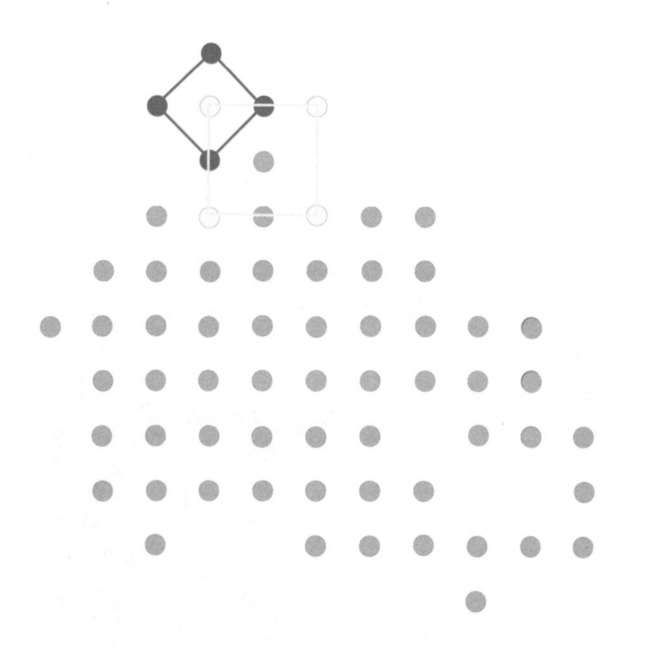

49

挑战度 ●●●●●○

完 成 □

时 间 00:00

重叠的圆

图中给出了9个圆的半径。其中有8个圆重叠在一起。你能发现红、蓝、绿和黑这四个区域的面积关系吗？哪个彩色区域面积最大？

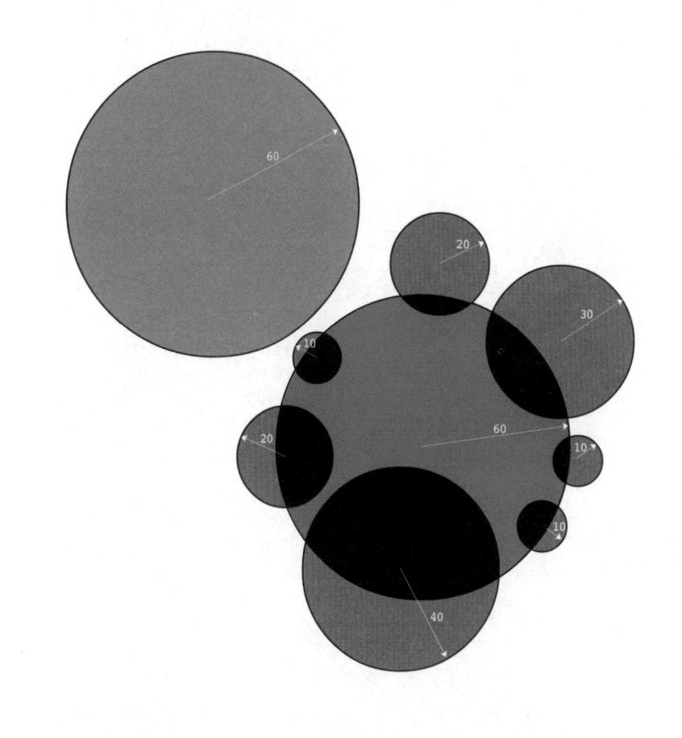

50

挑战度 ●●●●●○

完 成 □

时 间 00:00

CHAPTER

6

开 放

创造一种可能性

史蒂夫·乔布斯有一段经典语录，他说他的任务不是给人们意识到自己想要的东西，而是给他们不知道自己想要的东西。在iPad被开发之前，没有人知道他们想要或需要一个iPad。沃尔特·艾萨克森在他2015年出版的《史蒂夫·乔布斯传》中将这种创造能力与乔布斯的禅宗冥想实践联系在一起，以表明创造力部分源于尝试换位思考和超越自我。这使得乔布斯能凭直觉发现人们需要和想要的东西。在创造力方面，我们需要超越自我——这意味着我们不仅要与他人建立联系，还要远离偏见和恐惧，因为它们限制了我们的思想和成就。

努力培养开放的心态和对可能性的感知。相信自己。对不同的做事方式持开放态度，愿意尝试困难的事情。不要把自己从某件事中摘出去：如果可以，尽量抛弃“我做不到”的想法。神经科学家、外科医生查尔斯·利姆曾就这一点发表过重要见解。利姆研究爵士音乐家的大脑后发现：当他们即兴创作时，他说，外侧前额叶皮质层的一部分——与“自我监测、自我抑制”相关的区域将会停止运作。与此同时，前额叶皮质层的另一部分——与自我表达和讲故事相关的区域——变得更加活跃。利姆认为，业余音乐家可能会因为不善于关闭“自我监测”，导致才能被抑制，但专业音乐家对此颇为擅长，因此他们的表现得到了大幅改善。

本章共有10道益智谜题，它们充满奇思妙想，让人树立信心，有时也颇具挑战性。它们能帮助你跳出非正即误的心态，关掉可能抑制你创造力的批判声。

迷信的瑞典杂技演员

36名瑞典杂技演员（有21名穿蓝衣，有15名穿红衣）搭起了一座人塔。但他们是一群迷信的表演者！他们相信只有满足以下条件，人塔才能站稳：

1. 最底下一排必须是4名红衣演员和4名蓝衣演员。

2. 最底下一排之上的蓝衣演员需垂直站立在1名蓝衣演员和1名红衣演员之间。

3. 红衣演员需垂直站立在下排的2名红衣演员或2名蓝衣演员之间。

你能按照以上条件重新安排这座人塔吗？

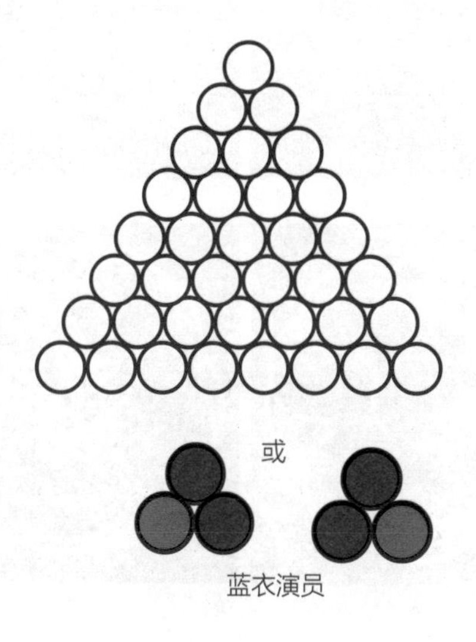

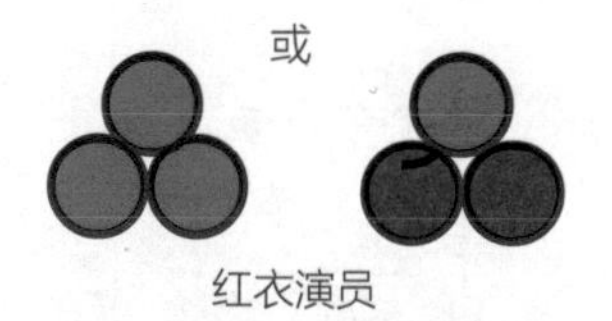

连上就行

游戏设计师福斯特正在推广他的新智能手机游戏：你能把六边形内的每一个彩色圆圈与它各角上颜色相同的圆连在一起吗？连线既不能相交，也不能超出六边形。

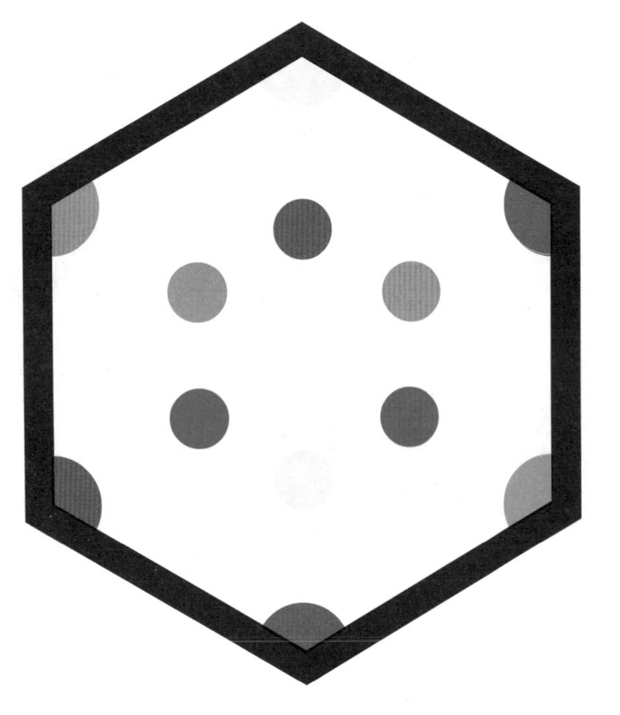

色彩限制

给图2、图3和图4中的两个黑色端点之间的每条线上色，使任意两条颜色相同的线都不会在端点相交。最少需要多少种颜色？

请看图1。我无法用3种颜色完成上色，我需要4种颜色。

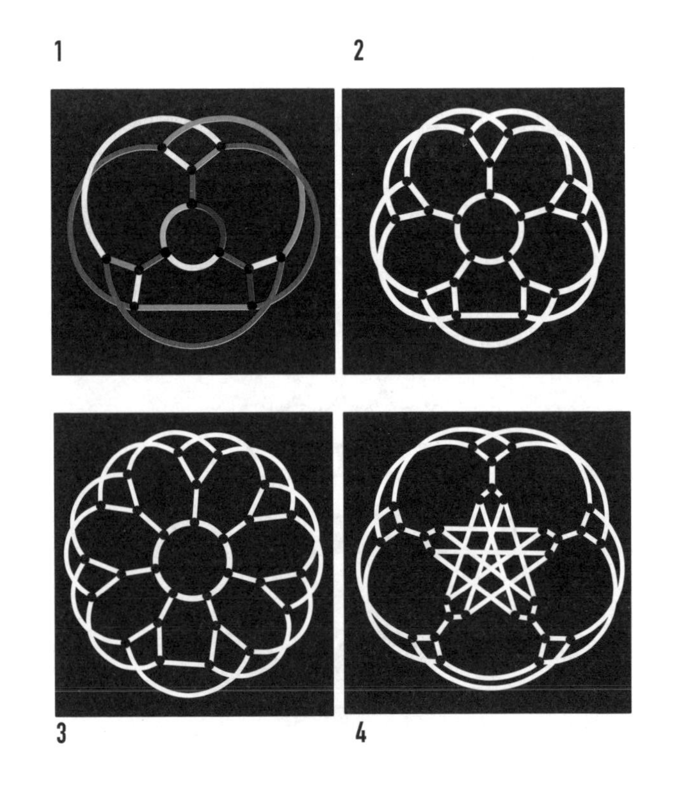

四个花瓶

托比 · 哈灵顿爵士刚从威尼斯带回来四个穆拉诺玻璃花瓶。花瓶是从相同的玻璃块中吹出来的，但如图所示，它们盛水的内胆的形状和颜色不同。西莉亚夫人是一位敏锐的数学家，她提出了一个问题：

当把花瓶中的水倒入右下方的容器中时，四个花瓶的水位各是多少？你能估算出来吗？容器的容积与玻璃块的体积相同。

回旋镖和双耳细颈瓶

古希腊数学家、希俄斯的希波克拉底（约前460—前377）未能成功地解决化圆为方的问题——构造一个与给定圆面积相等的正方形。但是他成功地将圆弧围起来的区域化成了正方形。

你也可以做同样的尝试。你能将回旋镖的红色区域化成面积相等的正方形吗？圆和圆弧的半径均为r。

现在试试双耳细颈瓶。双耳瓶的横截面积是多少？如前所述，圆和圆弧的半径均为r。

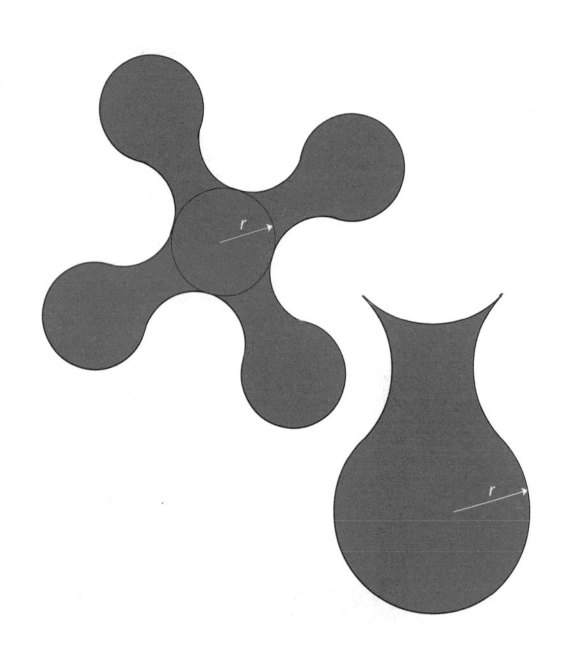

55

挑战度 ●●●●●●

完 成

时 间

两只瓢虫的爱情故事

两只瓢虫落在托比爵士的鸡尾酒杯上：一只落在外面，正好处于玻璃杯的中部，另一只正好在它对面，却在玻璃杯里面。托比爵士的玻璃杯高14厘米，宽10厘米。杯外的瓢虫要怎样走才能以最短路线与杯里的朋友会合？

完全数

对数字的本质和特性的研究被称为数论。这个数学分支已经存在了将近2500年，并且仍在发展中。

有些数字具有特殊的性质。这些特殊数字是质数、完全数、平方数、三角形数、亲和数等，它们不仅能在数学谜题中勾起人的好奇心，还可以用于编写秘密信息、描述计算机的工作流程等等。

毕达哥拉斯学派发现了完全数。他们是古希腊哲学家、数学家毕达哥拉斯（前580至前570之间-约前500）的追随者。“完全数”是能整除它的约数（因子）的总和，包括1，但不包括它本身。

具有这个特征的数字很少。古希腊数学家只发现了前4个完全数。多年后，第五个完全数——33,550,336，才于15世纪在一份无名氏的手稿中被发现。

第一个完全数是6。它可以被1、2和3整除，它也是1，2和3的总和。你能找到第二个完全数吗？

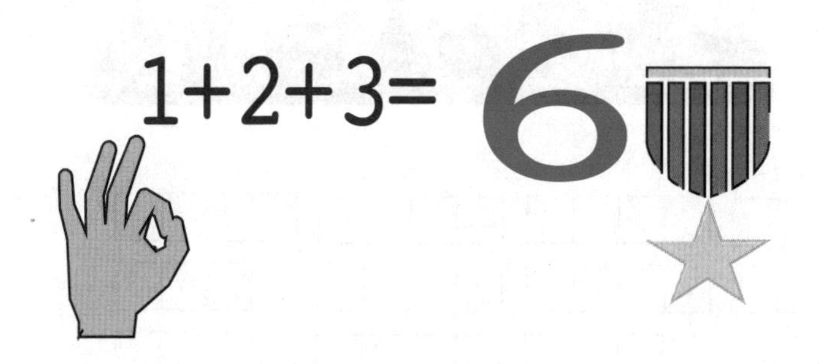

57

挑战度 ●●●●●●

完 成

时 间

鲁本的玩具

鲁本的架子上可以放下他最喜欢的4个玩具。鲁本想每天早上都改变玩具的位置。你能帮他吗?

鲁本设计了一张图表(见右图),表示他可以将4号玩具放在4个不同位置中的其中一个位置上;当4号玩具的位置固定后,可以将3号玩具放在剩下的3个位置中的其中一个位置上;将2号玩具放在余下的2个位置中的任意1个位置上;将1号玩具放在最后剩下的位置上,如图所示。根据下面的表格,你能发现少了哪几种摆法吗?

附加题: 现在鲁本有了一个新架子,可以放下8个他最喜欢的玩具。和以前一样,他想每天都改变玩具的位置。若要尝试所有不同的摆法,他需要几天或几年?他能做到吗?

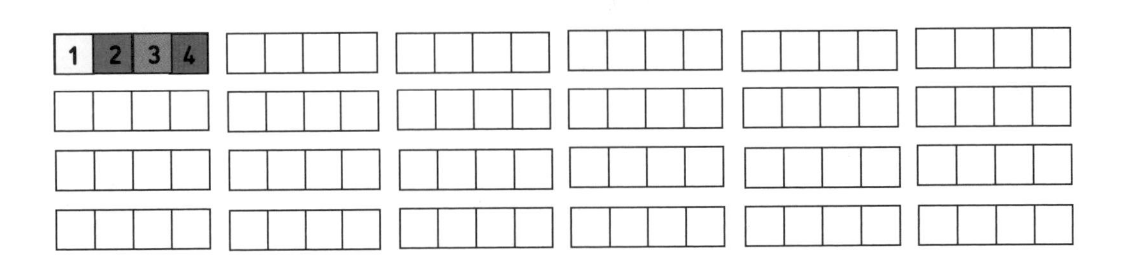

58

挑战度 ●●●●●○

完　成 □

时　间

荷马的侦察

荷马是高空侦察机“尤利西斯号”的飞行员，在返回基地前需12次穿过红色边界。

下一次若他想执行类似的任务，但只在返航前穿越同一边界11次。你能为他的任务设计一条航线吗？

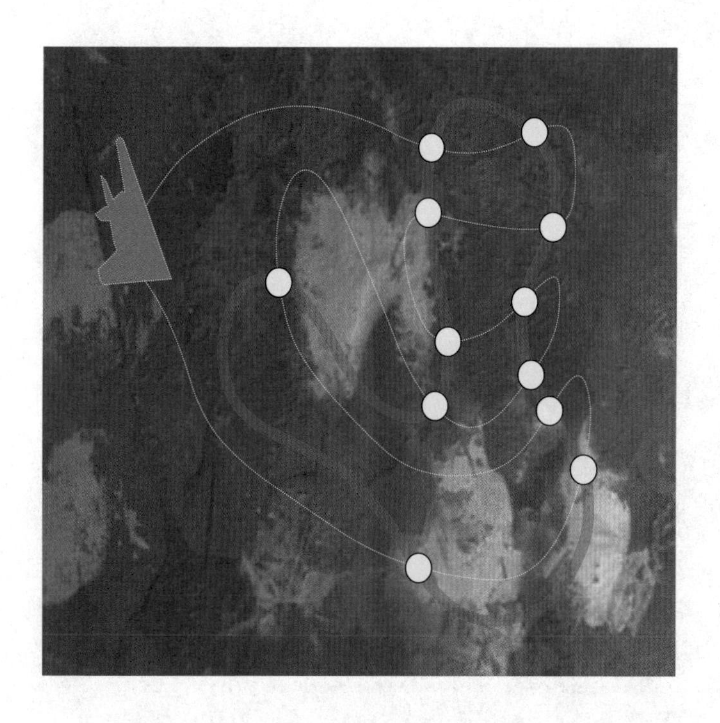

59

挑战度 ●●●●○○

完 成 ■

时 间 00:00

阿曼的邮票供应

数学系学生阿曼喜欢他在邮局的工作，因为他有机会用邮票来思考数字组合的问题。

他最新的一个问题是：如果邮政要发行5种面值的邮票（正整数值），需怎样设置面值才能在信封上使用不超过3张邮票的情况下，用邮票支付从1单位到36单位的任一单位邮资？

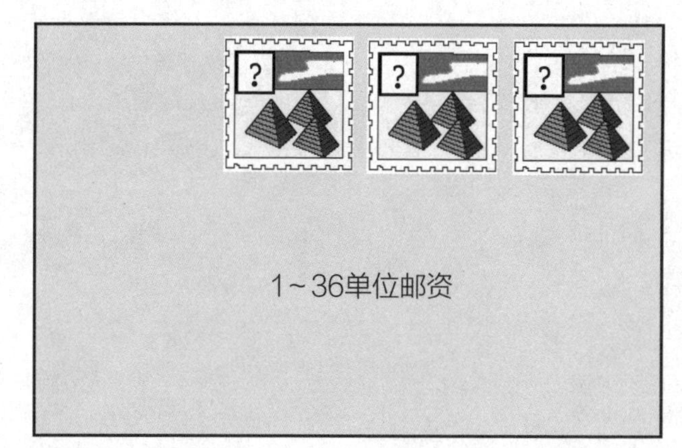

60

挑战度 ●●●●●●

完 成 ■

时 间 00:00

CHAPTER

7

接受

生活在

创造性的不确定中

特蕾莎·阿马比尔在她1996年出版的著作中集中探讨了人们在创新时所需的品质。其中最重要的品质是动力。无论是画油画、写小说，还是解决棘手的创造性思维问题，你必须有动力坚持下去，直至完成。其次一种品质是去冒险的意愿，去尝试无人涉足之路。第三种是接受模棱两可的能力：有时候并不存在明晰的答案。

当我们发挥创造力时，有时，我们需要接受事情在取得突破之前暂时处于不明晰的状态。我们需要接受这个问题是不可解决的，至少目前是如此——但是，我们能否转而研究另一个相关的问题，然后解决它呢？有时我们需要接受这一点：创造性的引导需要一些时间才能获得充分的表达——因为我们只能逐渐明白自己的去向。阿尔伯特·爱因斯坦说："我很少用语言来思考。先出现的是想法，然后我才会尝试用语言表达。"我们需要与不可预测性共存。

除此之外，为了发挥创造力，我们还要学会接受挑战。我们需要以积极的姿态迎接困难。丹尼尔·卡尼曼在其备受欢迎的《思考，快与慢》（*Thinking, Fast and Slow*）中写道，当人们处于他所说的认知松弛的状态时，可能会变得更有创造力。他们没有感到压力，也许还会觉得很好玩。在这种心态下，他们会更具有开创性。所以，心态很重要。这就解释了为什么一些公司竭力营造一个轻松的环境来帮助员工休息、放松。心态轻松的工作者们不会感到身负重任，也免于最后期限带来的压力，可以充分发挥直觉、革新力和创造力。

扔硬币、伪造结果和本福德定律

西奥多·P. 希尔博士请他在佐治亚理工学院数学系的学生回家扔200次硬币并记下结果，或只是假装扔了200次硬币并伪造结果。

第二天，希尔博士检查了学生们的数据。令他们惊讶的是，希尔博士很快便识别出所有伪造结果的学生。

这里有两个200次硬币投掷的记录，其中一个是假的。你能找出哪个是伪造的吗？

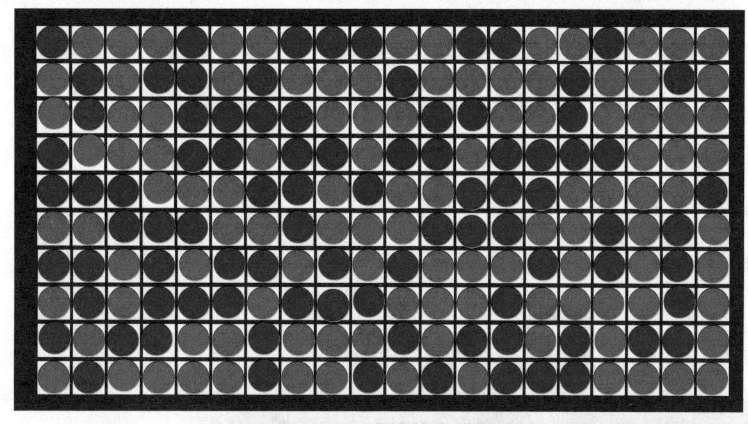

测试1

测试2

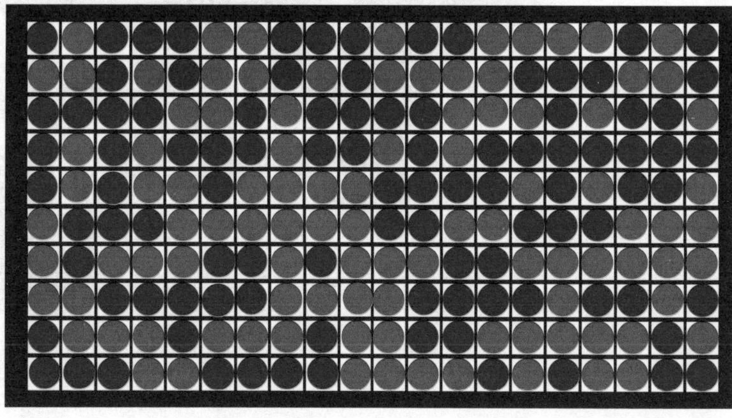

正面

反面

61

挑战度 ●●●●●○

完 成

时 间 00:00

兔子魔术表演

魔术师马尔科在4顶魔术帽里放了6只红兔和6只白兔。

如标签所示，马尔科在每个帽子里放入3只兔子，但他没有给帽子贴上正确的标签。

4位互动者——亚历山德拉、法布里齐奥、安东尼奥和奥尔内拉——每一位都会得到一个标签有误的帽子，只有他或她自己才能看到。他们每个人都需要从帽子里拿出3只兔子中的2只。

亚历山德拉拿出了2只红兔，并宣称："我知道我帽子里第3只兔子的颜色。"

法布里奇奥拿出了1只红兔和1只白兔，并宣称："我也知道我第3只兔子的颜色。"

安东尼奥拿出了2只白兔，并宣称："我无法说出我帽子里第3只兔子的颜色。"

奥尔内拉说："我不需要拿出来看就知道我帽子里兔子的颜色，还有你们帽子里剩下的兔子的颜色。"她是怎样知道的?

62
挑战度 ●●●●●○
完 成
时 间

投掷三枚硬币

投掷三枚硬币，出现相同的一面（全部是正面或全部是反面）的可能性有多大？

63
挑战度 ●●●●●○
完 成 ■
时 间 00:00

消防员和耳环

有900名女士参加了消防员的舞会。这些女士中，有2%的人戴着一只耳环；余下的人里有50%的人戴着两只耳环，另一半人一只耳环也没戴。舞会上共有多少只耳环？

64
挑战度 ●●●●●○
完 成 ■
时 间 00:00

朱丽安娜的手套

朱丽安娜要出门了。她的抽屉里有3副黄色手套、5副红色手套和7副蓝色手套。天还很黑，她不想开灯影响到她的朋友玛雅睡觉。她需要从抽屉里拿出多少只手套才能确保她有一副颜色相同的手套（左手和右手能配成一对）？

3双

5双

7双

抽跑车

有一个抽奖，奖品是一辆豪华跑车，已售出120张抽奖券。米格尔和希梅纳非常想要这辆车，于是他们买了其中的90张抽奖券。他们抽不到这辆车的概率有多大？

66

挑战度 ●●●●●○

完 成 ■

时 间 00:00

马塞尔派对上的转盘游戏

马塞尔的生日派对上有一个游戏。游戏规则很简单：玩家们旋转自己的转盘，转到的数字更大的人获胜。一轮游戏由3名玩家中的2名连着玩：

第一场：迈克和汤姆

第二场：迈克和爱丽丝

第三场：汤姆和爱丽丝

从长远看，哪位玩家最有可能成为赢家？

67

挑战度 ●●●●●●

完 成 ■

时 间 00:00

方形的眼睛

图表外围的黑色正方形中的所有图形都一一对应地出现在相应的行或列中。但此图有一个错误，你能找到它吗?

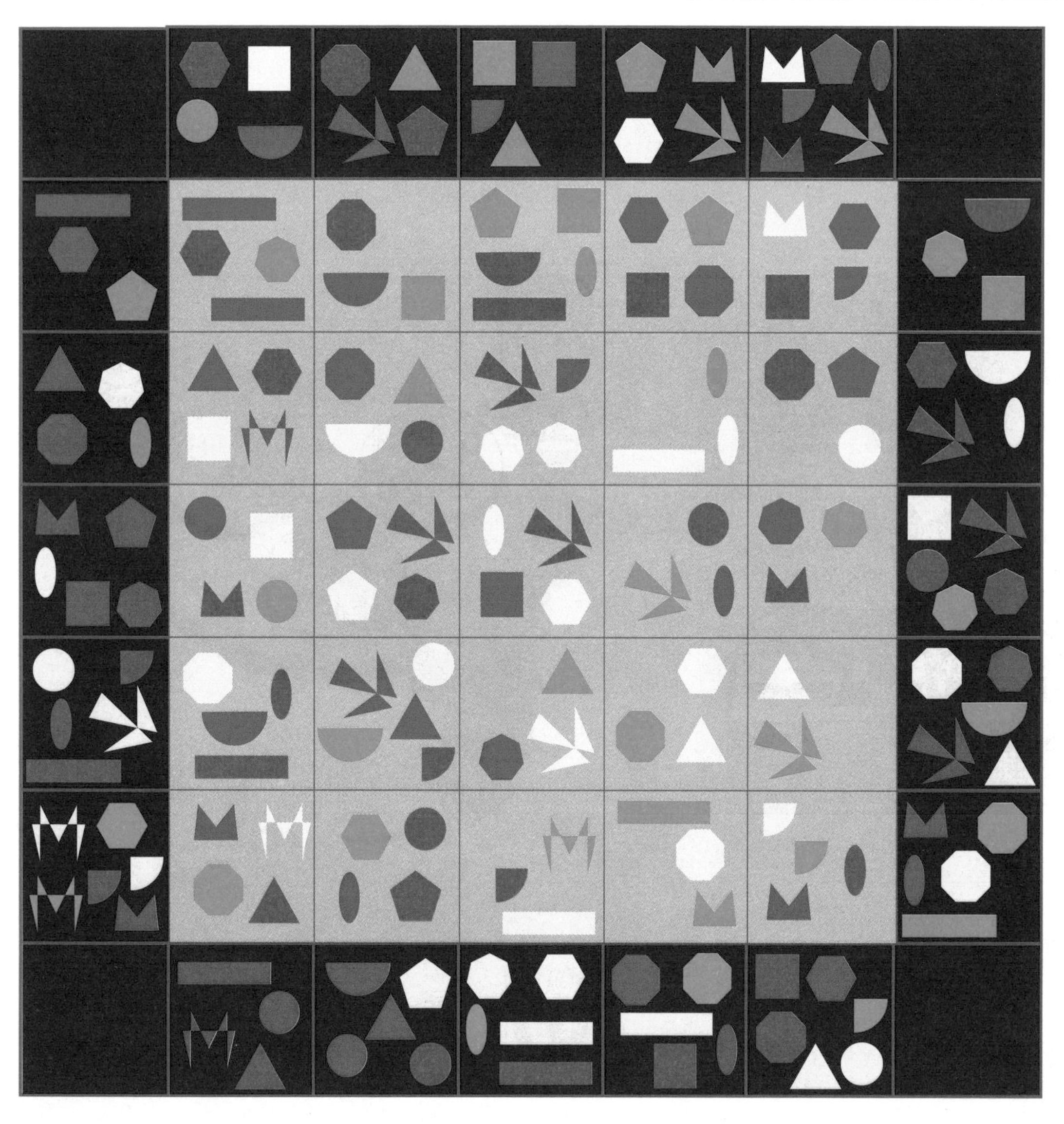

马塞尔，生日快乐!

马塞尔的生日派对上，每个人都兴奋不已……不只是因为有蛋糕和香槟，还因为有他为朋友们设置的数学问题：

1. 若想有2名小组成员的生日（日期和月份）相同，随机构成的小组需要有多少人才能使这个概率大于50%？

2. 除了马塞尔本人，还应该有多少人在这个小组，可以使他们中至少有一个人与马塞尔的生日相同的概率超过50%？

69

挑战度 ●●●●●●

完 成 ■

时 间 00:00

楼梯悖论

在图中所示的连续序列中，如果我们将正方形无限划分下去，那么楼梯最终会有多长？

附加题：进阶到图10和图100时，图中会有多少级阶梯？

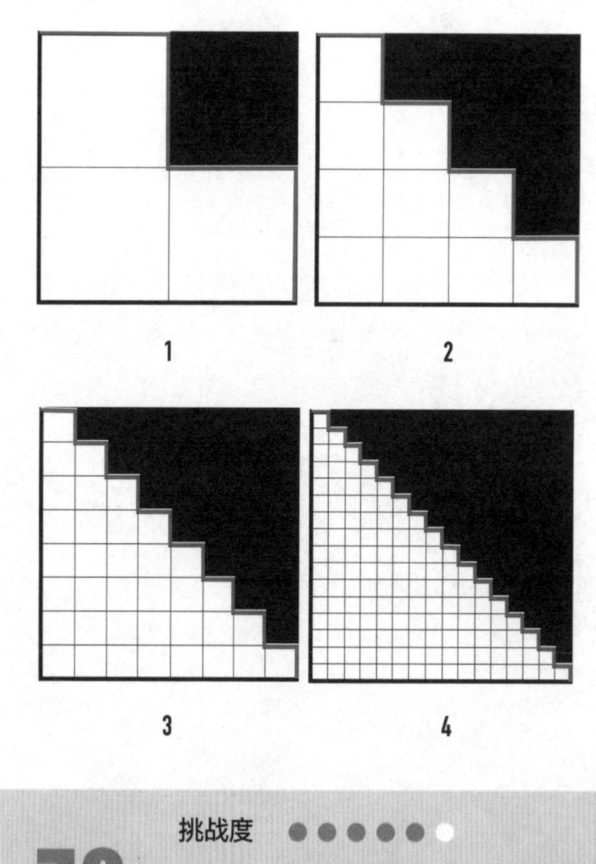

CHAPTER

8

视觉逻辑

用你的双眼
获取灵感

这是一个视觉化的时代。我们对图像更加敏感，并越来越多地用视觉构筑我们的生活。许多人在Instagram或Facebook上分享精心挑选的照片，以展现他们的成功与幸福，或捕捉自己当前的心境。环顾四周，图像随处可见——电视、电影、电子游戏、互联网新闻网站、巨型广告牌。约有一半的大脑参与了“看”这个过程：视觉信息通过眼睛进入，经枕叶（视觉）皮质的处理，接着被传递至大脑中的其他区域进行分析。这些大脑区域中有很多也负责回忆过去和描绘未来。我们的视觉能力的重要功能——可视化，与创造力联系紧密。

你做笔记的时候会使用图像或图表吗？当你试图解释一个过程或描述一个新想法时呢？良好的视觉思维能力可以帮助你用更吸引人的方式来记录和呈现信息。它甚至可以让你的工作前景变得更好——因为视觉思维测试被用于就职时的心理测试。美国数学谜题家马丁·加德纳说：“在很多情况下，一个沉闷的证明可以被辅以几何图形模拟，它既简洁又美丽，几乎可以让人一目了然地领悟定理的本质。”良好的视觉逻辑能帮助你进行沟通并理清思路，从而提升你的创造力。有时利用图像进行思考，还能帮助你建立起联系并实现突破。它可以使你变得更有创意。留意测试。察觉颜色。对视觉记忆保持敏感。拥抱整体体验——一种对情境的“感觉”。

还有证据表明，视觉刺激可以提升创造力。2018年4月的《商业研究杂志》（*Journal of Business Research*）上的一项研究表明，艺术经验让人们更具创造性。在进行创造力挑战之前欣赏过绘画的人，比没有欣赏过绘画的人表现得更好。为什么会有这样的效果？欣赏艺术作品能提升视觉推理能力吗？它能帮助你转变视角吗？也许，这与从工作中得到喘息、做令人愉悦的事情有关。《艺术对创造力的激发力》（*The Inspirational Power of Arts on Creativity*）一文的作者说，艺术赋予人们“一种启发感”。

色彩旋风

复印并剪下这8个八边形。你能把它们重新拼成一个相同的图形，且使各接触面的颜色相同吗？

71

挑战度 ●●●●●○

完 成 □

时 间 00:00

一道给小鸟的题

希安养了两种鸟，一种是红色的，另一种是蓝色的。每只红鸟看到的红鸟的数量和蓝鸟的数量一样多，而每只蓝鸟看到的红鸟的数量是蓝鸟数量的三倍。希安的笼子里共有多少只鸟？

72

挑战度 ●●●●●●

完 成 □

时 间 00:00

十二边形

这是几何咖啡馆里的另一项挑战。左上角的十二边形被分成20个彩色区域，如图所示，这些区域被重新拼成了4种不同的图案。请问哪个图案是错误的？

73 挑战度 ●●●●●○
完 成 □
时 间 00:00

彩色边线图

给题目中的四个图案的边线上色，使同一交点上的任意两条边线的颜色不同，请问各图案分别需要用到多少种颜色？如图所示，图一需要四种颜色。

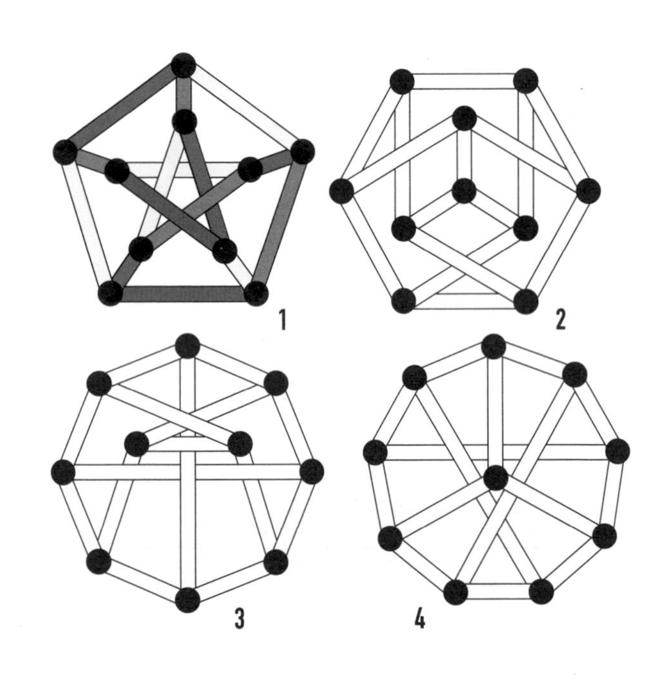

74 挑战度 ●●●●●○
完 成 □
时 间 00:00

弗雷迪的星期五
无裂纹的正方形

一群兼职送餐的数学系学生在他们聚集的一家当地咖啡店，分享食品“包装”的问题。弗雷迪每个星期五都会在送餐员的桌子上留下多米诺骨牌挑战。你能解决下面这个问题吗？

这张多米诺骨牌（1×2的矩形）图中有一条“裂纹”——一条直线从一侧贯通至正方形的另一侧。你能用同样数量的矩形块在同一正方形结构中构建出另一个没有“裂纹”的包装吗？

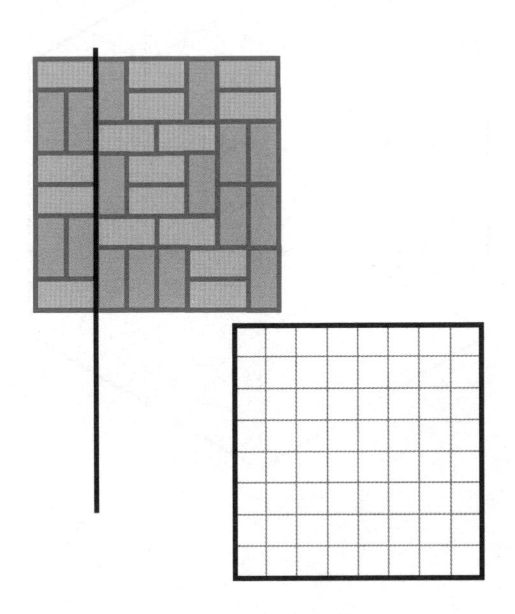

75

挑战度 ●●●●●○

完 成 □

时 间 00:00

这只猫有点饿了

费利克斯是一只又胖又贪婪的猫，有9只小鸟面临被它吃掉的危险。请问费利克斯的大肚子能容纳多少只小鸟？即有多少只小鸟可以被放入猫的轮廓里且彼此不重叠？

76

挑战度 ●●●●○○

完 成 □

时 间 00:00

克里斯托夫的小杏仁饼挑战

弗雷迪的同事克里斯托夫用小杏仁饼的包装问题予以回击。

小杏仁蛋糕是由两个等边三角形组成的钻石形法国甜点，被装在不同形状的盒子中。小杏仁饼挑战的要求是用小杏仁饼填满三角形网格图。由于每个小杏仁饼由两个三角形组成，因此这种网格至少要包含偶数个三角形。但这样就够了吗？每个由偶数个三角形组成的网格都可以被小杏仁饼填满吗？请注意，每个小杏仁饼都可以朝向三种方向。

你能用小杏仁饼填充题目中的星形盒子和六边形盒子吗？

77

挑战度 ●●●●●○

完 成

时 间

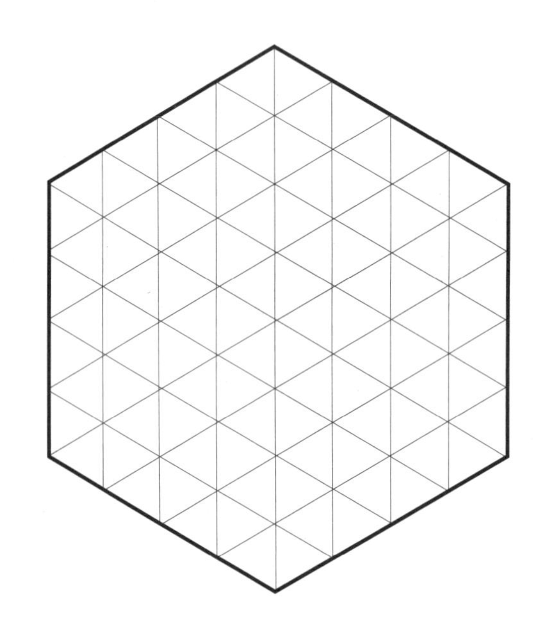

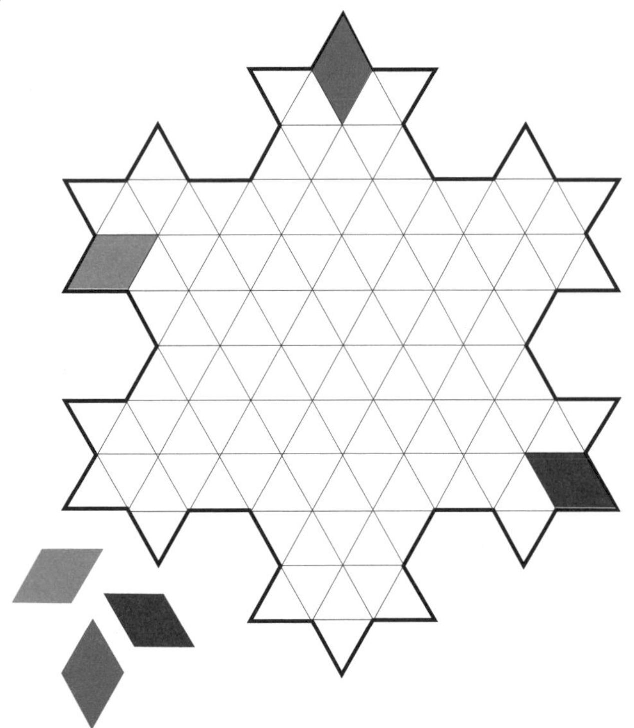

隐藏的图形

这里有6种图案和12二种图形。所有图案都包含多个图形。你能找到隐藏在图案中的各个图形吗？

提示：图案中的图形与外部示例的大小和方向完全相同。

攻击计划

在星舰“莫斯科维奇号”的甲板上，指挥官伊凡的5支舰队已做好战斗准备。5支舰队的颜色分别为红色、黄色、绿色、蓝色和粉色，每支舰队由8艘飞船组成。

但伊凡被一个紧急视频通话叫走了，于是他命令你在星舰的计算机屏幕上的矩阵中分布这40艘飞船，将它们一一放入小方格中，同时确保当所有飞船沿水平、垂直和对角线发射激光束时，只会击中敌军，而不会误伤和自己颜色相同的飞船。

可参考已经被放置在计算机屏幕上的矩阵中的红色舰队。你能在矩阵中合理分布剩下的32艘飞船吗？

79

挑战度 ●●●●●○

完 成 □

时 间

不完美的三角形

等边三角形是否能做到“完美”平铺，即是否有可能将等边三角形切割成尺寸各不相同的较小等边三角形?

英国数学家伦纳德·布鲁克斯（1916—1993）、塞德里克·史密斯（1917—2002）、阿瑟·斯通（1916—2000）和比尔·图特（1917—2002）已经证明这是不可能做到的。他们表明在等边三角形的任何平铺中至少会存在两个尺寸相同的三角形。

然而，等边三角形可以有两个平铺方向：顶角朝上或朝下。如果将朝向不同的三角形视为不同，那么就可以构造出“完美三角形”。比尔·图特发现了这样一种“完美”三角形，在一个边长为39单位的较大等边三角形中正好嵌入了15个等边三角形。

请观察下图边长为39单位的等边三角形网格。你能把它分解成15个较小的等边三角形吗?

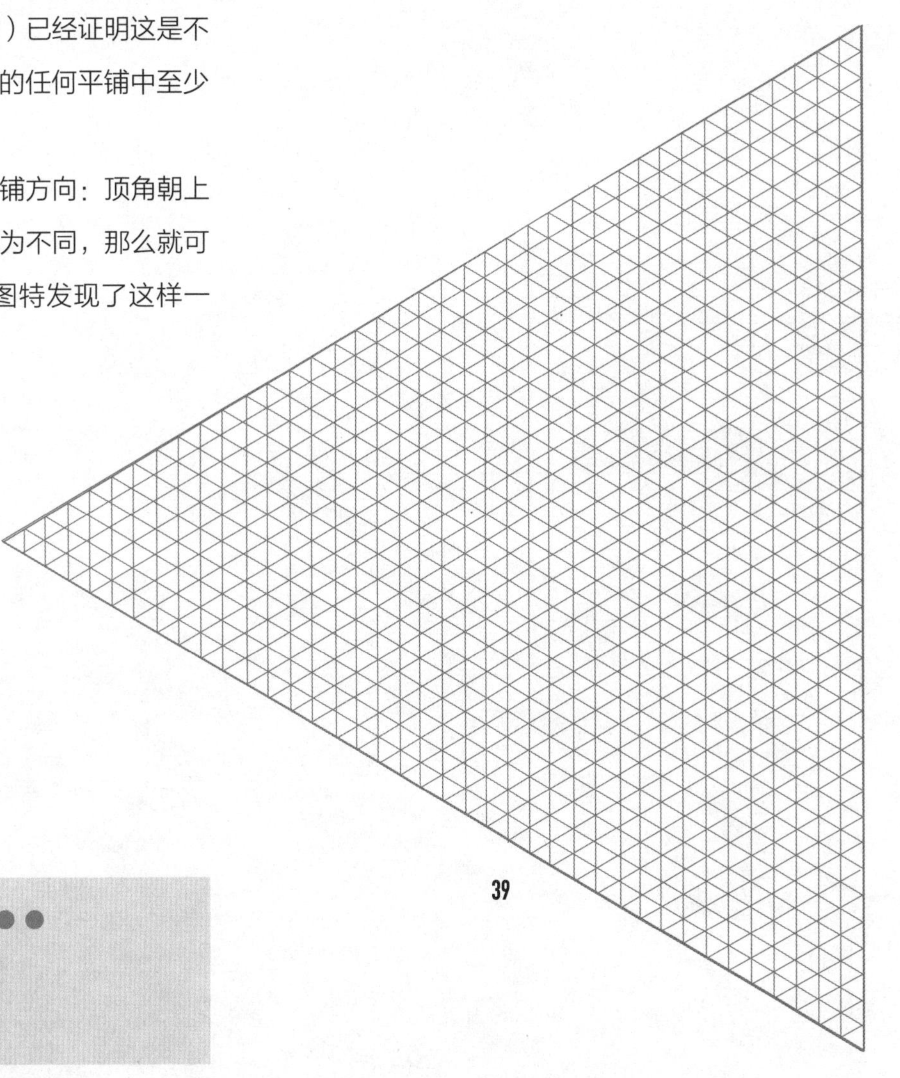

80

挑战度 ●●●●●●

完 成

时 间

CHAPTER

9

注意力

关掉噪音

为了提高创造力，我们要将目标明确和目的不明确的两种注意力结合起来。我们需要注意并真正看到问题是什么，在寻找解决方案时可以结合哪些要素。我们需要集中精力，才能坚持应对挑战。但我们同样需要练习一种技能——我们姑且称之为“游离的注意力”：在持续关注我们正在寻求解答的问题的同时，我们也要允许我们的思维游离于问题之上，超越相关联的想法，对可能的新组合保持开放的态度。

自然出版集团旗下刊物《科学报告》（*Nature Scientific Reports*）2015年的一项研究发现，想要富有创造性，我们一方面要精准地聚焦于某一问题，另一方面要能围绕该问题进行富有想象力的思考。这与我们在第3章中提到的2017年的研究很相似。在这项研究中，参与者在两种情况下被扫描大脑：1）思考一件日常物品的新用途，如一块砖；2）考虑其更广泛的特征时。扫描结果显示，创造性反应不仅涉及与注意力相关的大脑区域的活动，还与负责游离的、富有想象力的思维的大脑区域有关。

记住，在日常生活中锻炼你的注意力能提升你的专注力。我们的周围有太多干扰——电子邮件登录的声音、24小时循环滚动的新闻、触手可及的购物网站或YouTube视频。有时候，创造力要求我们关掉这些噪音。如今有几个程序可以帮助你暂时关闭笔记本电脑或智能手机的“始终开启”状态，让你低下头来专注于创造力。但不要忘记，停机时间和浏览时间通常也有创造性的产出。创造力搁浅完全有可能发生，你会感觉在一个问题上卡住了。这时，你需要休息一下，从不直接相关的信息的“浪潮”中抽身出来，暂停围绕该主题的联想，让你的思考重新浮起。

四眼外星人

我有没有告诉过你，变异的四眼外星人只知道4个数字：1，2，3和4。仅用这4个数字，能造出多少个一位数、两位数、三位数和四位数？

81

挑战度 ●●●●●○

完 成 ■

时 间 00:00

嘀嗒

在巨大的压力之下，拆弹专家德尔菲娜·德洛雷斯浑身发冷。更糟的是她的脑子也短路了。所以，请你来帮忙拆除炸弹：从底部蓝色线至顶部绿色线，穿过红色线网，将线路切分成两半，切的次数须尽可能少。如果你失败了，炸弹便会爆炸。

你只能切断电线，不能切断连接点。你能完成使命吗？计时器在嘀嗒作响。

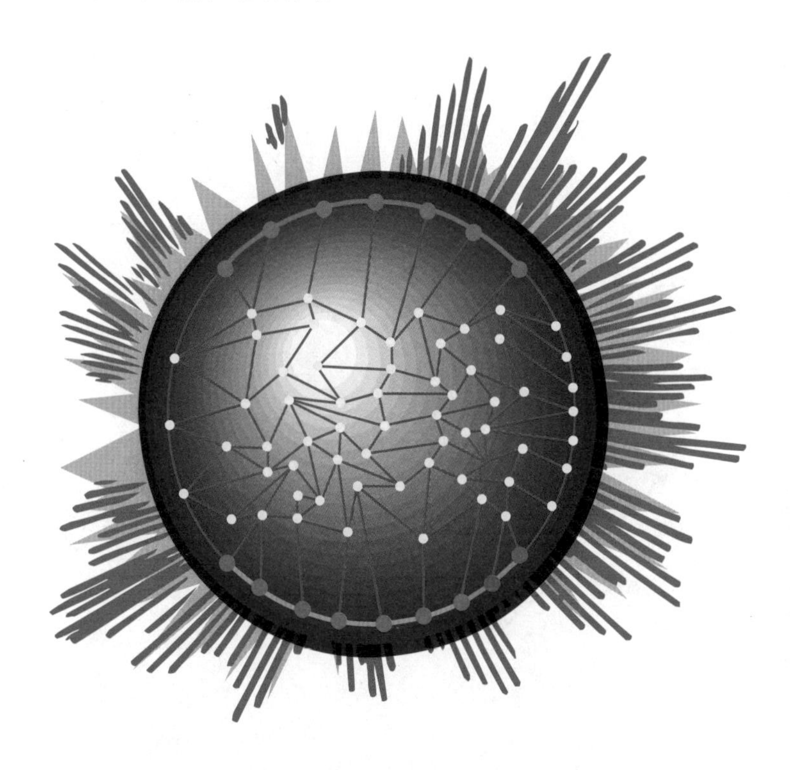

82

挑战度 ●●●●●○

完 成 ■

时 间 00:00

修道院院长的账册

在修道院的图书馆里，一只饥肠辘辘的书虫啃穿了修道院院长的6卷账册。它从第一卷的第一页开始，一直吃到第六卷的最后一页。每卷账册厚6厘米，包括厚0.5厘米的封皮。谢默斯对此十分震惊。他想知道：这只虫子在完成这项壮举的过程中爬了多远？

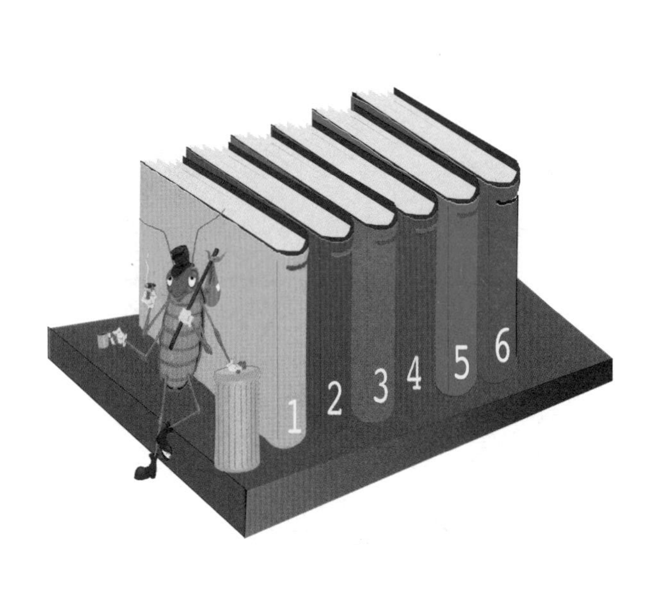

有多少条弦？

连接圆周上的两个点的线被称为弦。假如圆周上有n个点，那么圆圈中有多少条弦？

圆周上有3到8个点时的情况如图所示。

你能找到一个通用公式，并在表格中填写3点到20个点的弦数吗？

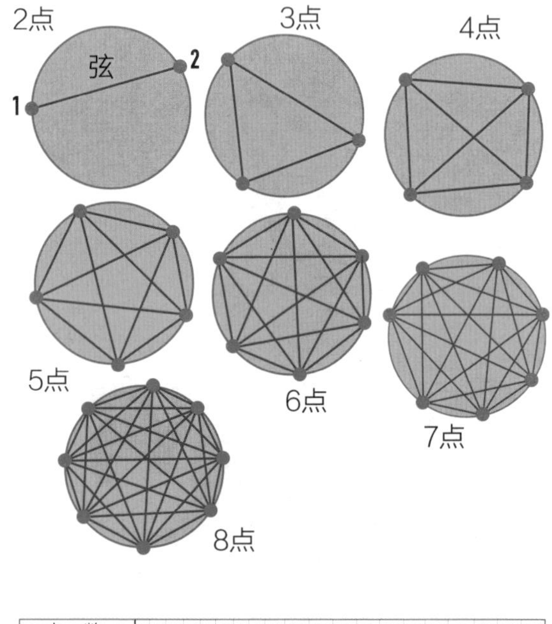

点 数	1	2	3	4	5	6	7	8	9	10	11	12	13	14	15	16	17	18	19	20
弦 数	0	1																		

火柴棍正方形

若使下图不包含任何大小（4×4、3×3、2×2或1×1）的正方形，你必须至少移除多少根火柴棍？

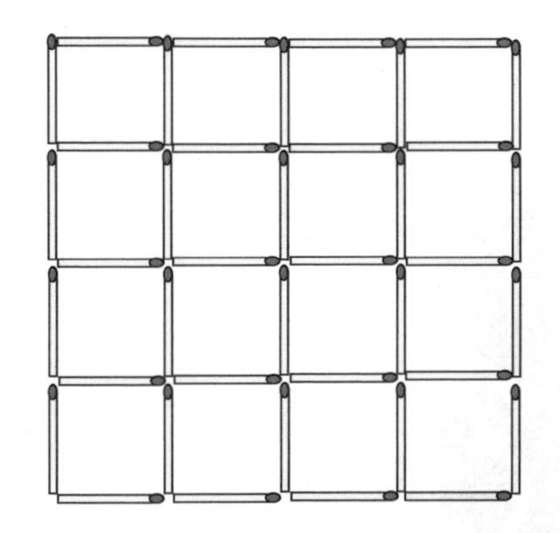

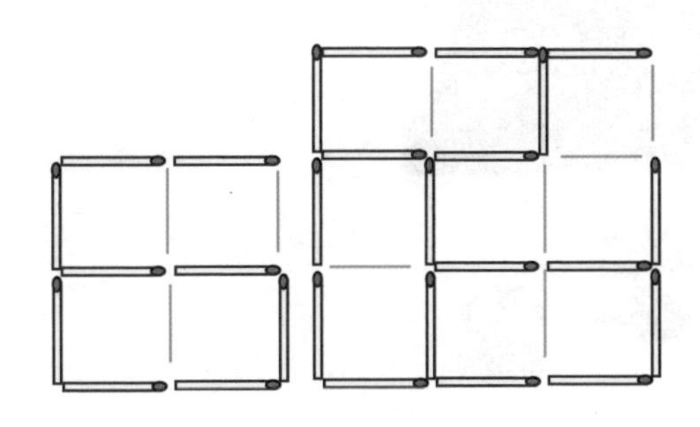

85

挑战度 ●●●●●○

完 成 ■

时 间 00:00

无和游戏

两名玩家轮流在下面两列的任意一列从1开始填入连续的数字。最后一个在某一列中填入数字且该数字不是该列另两个数字之和的玩家获胜。

在游戏示例中，2号玩家（红色）输了，因为她不能在任何一列中填入8：

在第1列中，1+7=8；在第2列中，3+5=8。

问题1：你能想出无论1号玩家如何填数，2号玩家总能稳赢的方法吗？

问题2：游戏最长可以玩多久？

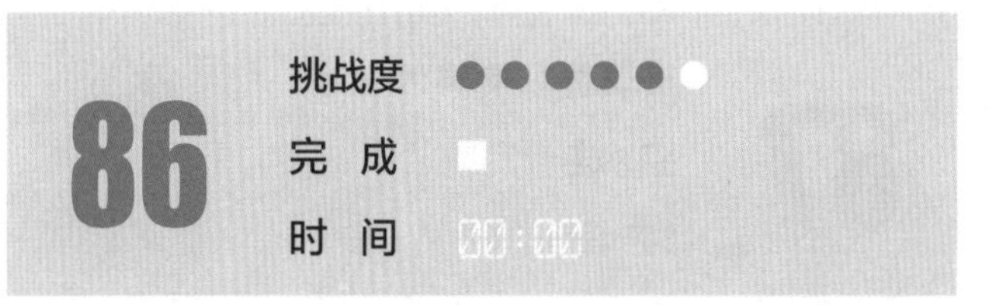

特雷的显示器

我的玩具机器人特雷只能显示3个数字：1，2和3，并且它最多只能显示一串由1，2和3组成的三位数。特雷能显示多少个不同的数字？

特雷的最小数字和最大数字

还记得我的玩具机器人特雷吗？它最多能显示由1，2，3组成的三位数。那么仅使用3个2，特雷能显示的最小数字和最大数字分别是多少？

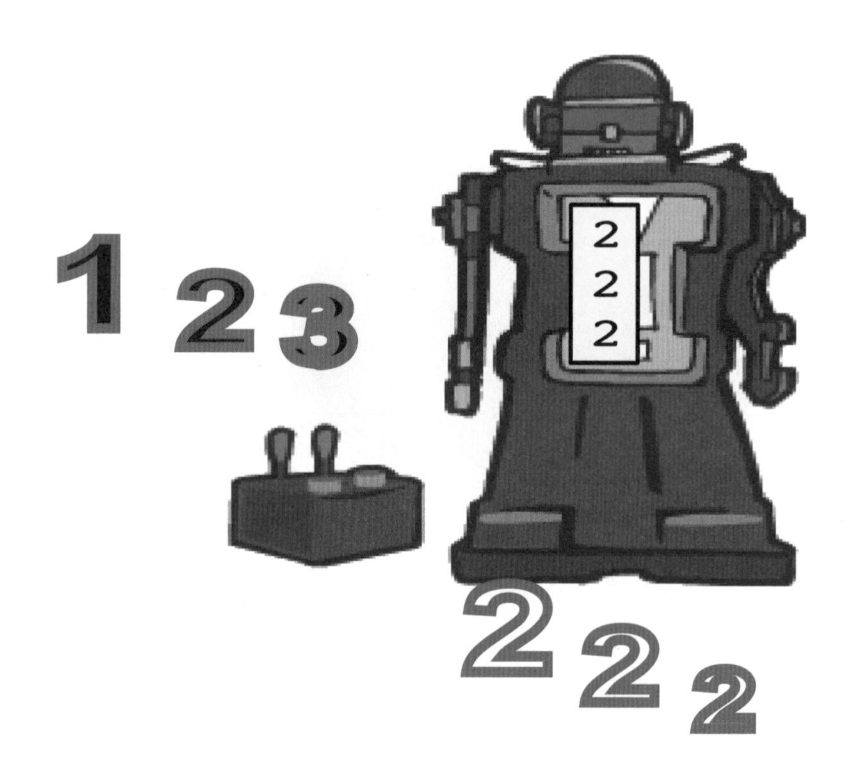

87 挑战度 ●●●●●○
完 成 □
时 间

88 挑战度 ●●●●○○
完 成 □
时 间

棋盘上的超级皇后

超级皇后是一个虚构的棋子，结合了皇后和骑士这两种棋子的走棋规则。你能把10个超级皇后放在10×10的棋盘上，并使它们无法互相攻击吗？（皇后：横、直、斜都可以走，步数不受限制，但不能越子。骑士：走“日”字格，可以越子。）

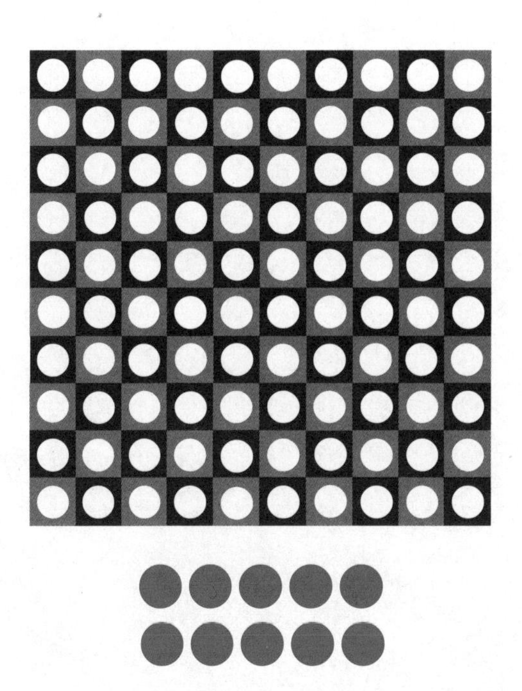

89
挑战度 ●●●●●○
完 成
时 间 00:00

西尔维斯特的直线

在下图中，你能找到一条正好通过两个点的线吗？

1893年，英国数学家詹姆斯·约瑟夫·西尔维斯特（1814—1897）提出了一个猜想：对于平面上有限数量的点，必须至少存在一条线正好通过两个点（否则所有点都位于同一条直线上）。1944年，匈牙利数学家蒂博尔·加莱（1912—1992）证明了这一猜想。

西尔维斯特的直线问题，现在则被称为西尔维斯特-加莱定理，说的是无论怎样安排有限数量的点，都不可能使连接每两个点的一条线都穿过第三个点，除非所有点都在一条线上。

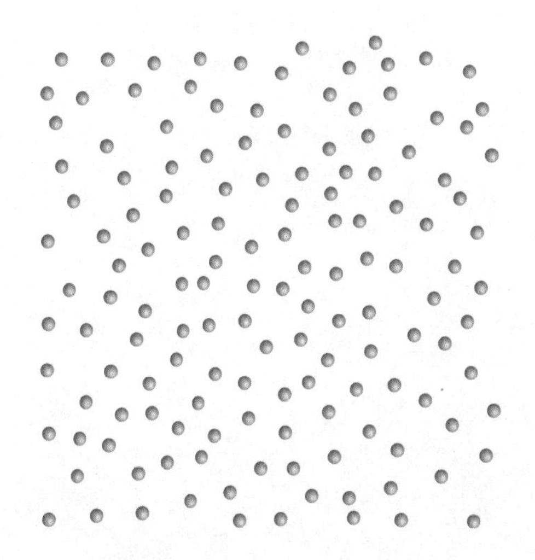

90
挑战度 ●●●●●○
完 成
时 间 00:00

CHAPTER

10

感知力

打破熟悉感
发现新意

在1966年的电影《剪裁》（*The Cut-Ups*）中，“是的，你好？”这句话在19分钟内重复出现。这部短片由导演安东尼·鲍尔奇和著名作家威廉·S. 巴勒斯共同制作，旨在达到类似巴勒斯在部分写作中使用的剪裁法的效果——他将已经印刷好的文本的片段重新组合了起来。这部影片由原本打算作为纪录片的镜头和巴勒斯小说《裸体午餐》的试拍镜头制成。它被编辑成4段，然后被切割成长度精确的若干小片段，再重新组合到一起。对许多人来说，这部影片令人非常迷惑——虽然它对某些人来说意味着创造力的解放。

有些创意工作者会在重复或随机组合中找到灵感和自由。通过不断重复或随机组合，你习以为常的东西会变得陌生。

这种方法可以削弱意义，使沟通变得令人困惑，但它也能使大脑冷静，唤起更深层次的思考，鼓励一种直觉的、富有想象力的状态——归根结底，它带来了创造力。为什么不自己尝试剪裁呢？剪裁一份报纸或一本旧教科书，然后重新组合文本。如果你正在写作，自我批评的声音会抑制你的创作；自动书写可以帮你绕开这个声音。因此，只管开始写，再看看会发生什么。或者你可以尝试一遍又一遍地画相同的东西，看看是否会有新的见解出现。

你对正在做的事情及其限制的看法会如何影响你的表现，去感知这一点很有价值。如果你面临时间上的压力，你通常会选择加速，但你真正需要的可能恰恰相反。请放慢一点脚步。即便你行色匆匆，也要花上几分钟来深呼吸，或在办公楼周围走一走。看看当你离开熟悉的事物时，你的感知力会如何变化。

阿尔汉布拉图案

阿尔汉布拉宫是一组在山丘上俯瞰西班牙格拉纳达的独特建筑。它们建于1230年至1354年间，是摩尔国王在西班牙的大城堡。1492年，摩尔人被驱逐出西班牙，这些建筑遭到了严重破坏，但后来人们又付出极大的代价进行了修复。阿尔汉布拉宫是曾经繁荣的摩尔文明及其建筑的最完好的遗存。建筑物的内部装饰有精致的几何图案，细节精美，错综复杂。

下图展示的复杂图案就是宫殿中各种复杂几何设计和镶嵌中的一例。你能看出它是一个闭合图案，还是由各个单独的部分组成？如果是后者，这个图案里共有多少个部分？

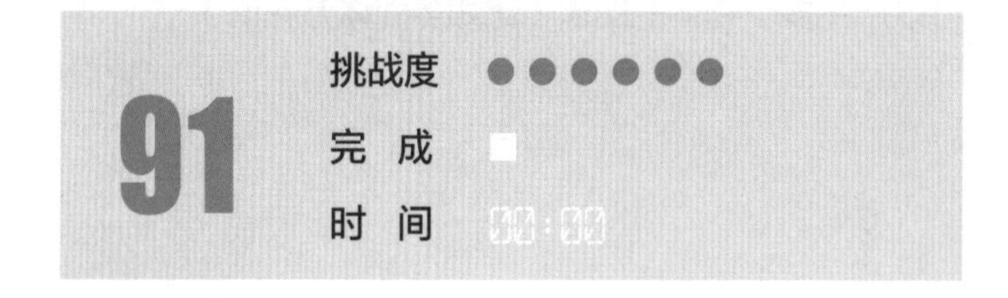

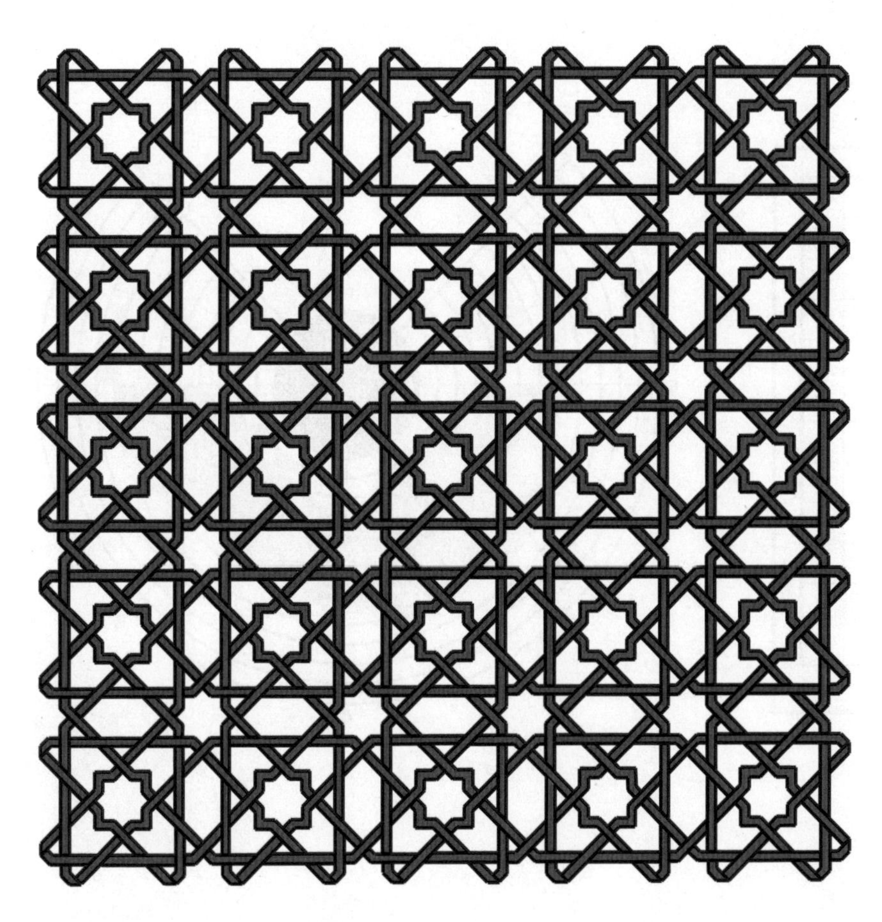

失真图像的变形

失真图像是对扭曲图像的利用，它需要观看者使用特殊的设备来重构图像。在进行镜像失真时，我们将一个圆柱形镜子放在图纸上，以转换一个平面扭曲的图像。透过镜子看时，图像没有变形。更复杂的镜面系统可以产生多个物体的图像（比如多面体万花筒）。

失真的扭曲网格

这个看起来很奇怪的扭曲生物是什么？当你在下面这些黑色圆圈上放一个柱面镜时，镜子会显示出它真实的样子。它是什么？在圆形失真网格中对这个神秘图形进行解码，并把它转换到标准的方形网格中。你应该将扭曲的正方形逐一转移到正常网格中，以重建未被扭曲的图像。你可以在我的《魔力圆柱体》（*Magic*

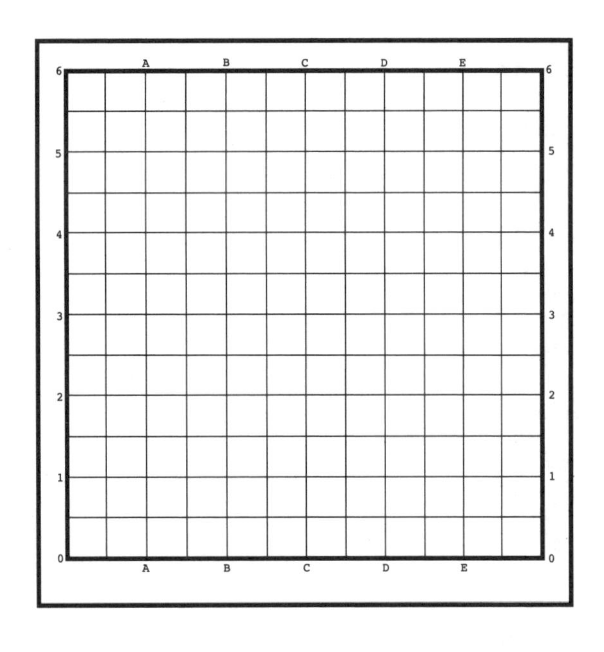

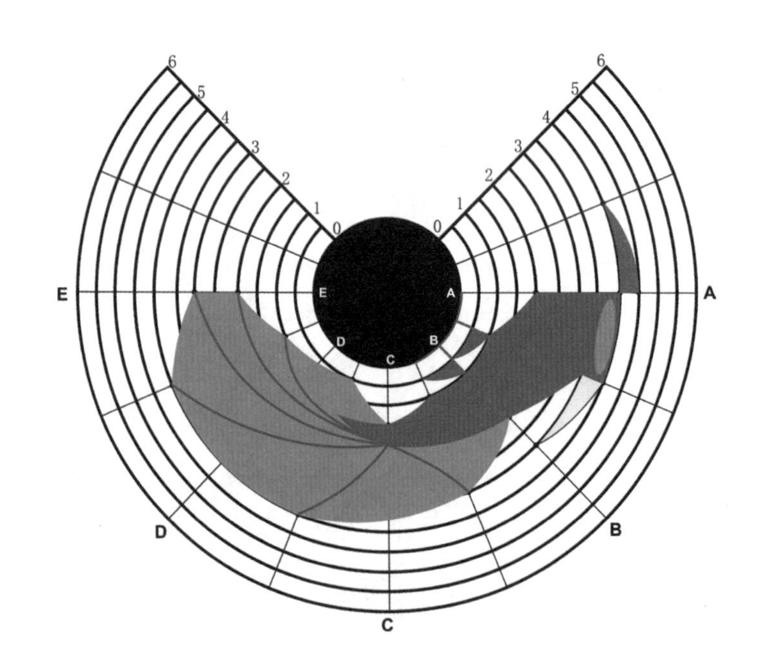

Cylinder)（塔尔坎出版社，1988）一书中看到更多这样的例子。

失真的壁画

这五幅图像已失真变形，只有从适当的角度看这些变形后的画时，才能看明白上面究竟画了什么。你能找出那个视角，看到未失真的图像吗？

92
挑战度 ●●●●●○
完 成 □
时 间 00:00

情人节的信息

数学系在过情人节。埃莉为她的男朋友科里准备了下面这份礼物。她说：复印并剪下奇怪的图案，用它们拼出一个方形金字塔。拼好后，当你从金字塔上方俯瞰时，你会看到什么信息？

93
挑战度 ●●●●○○
完 成 □
时 间 00:00

平面国的浩劫

宇宙拥有四个维度——三维空间和时间。最近的一些理论表明，可能存在更高维度的世界。对于我们这些三维世界的居民，有一种简便的方式可以帮助我们理解更高维度，即通过想象二维世界进行类比。

英国教士、科普工作者埃德温·A.艾勃特（1838—1926）在1884年完成了这个类比。艾勃特做了一次美丽又著名的尝试，详细描述了两个维度的世界。

在他的小说《平面国》中，无限二维平面就像一个巨大的桌面，书中角色是在上面滑动的基本几何图形。除了可忽略的厚度，平面世界的居民没有对三维或更高维度的感知（就像我们没有对更高维度的感知一样）。艾勃特的书激发了一系列续作，它们描绘了想象中的二维世界的特征，例如物理定律、新技术的使用，以及游戏的玩法等等。其中一本续作由英国数学家查尔斯·霍华德·辛顿（1853—1907）撰写。在书中，辛顿巧妙地延伸了艾勃特的想法。

想象一下二维世界的智慧外星人吧，他们的身体及感官都被限制在平面国中——他们没有能力去感知他们表面世界以外的任何东西。在一场十万年一遇的事件中，一个巨大的三维二十面体陨石撞上并穿过了平面国。你能想象并描述平面国居民视角下的这场浩劫吗？

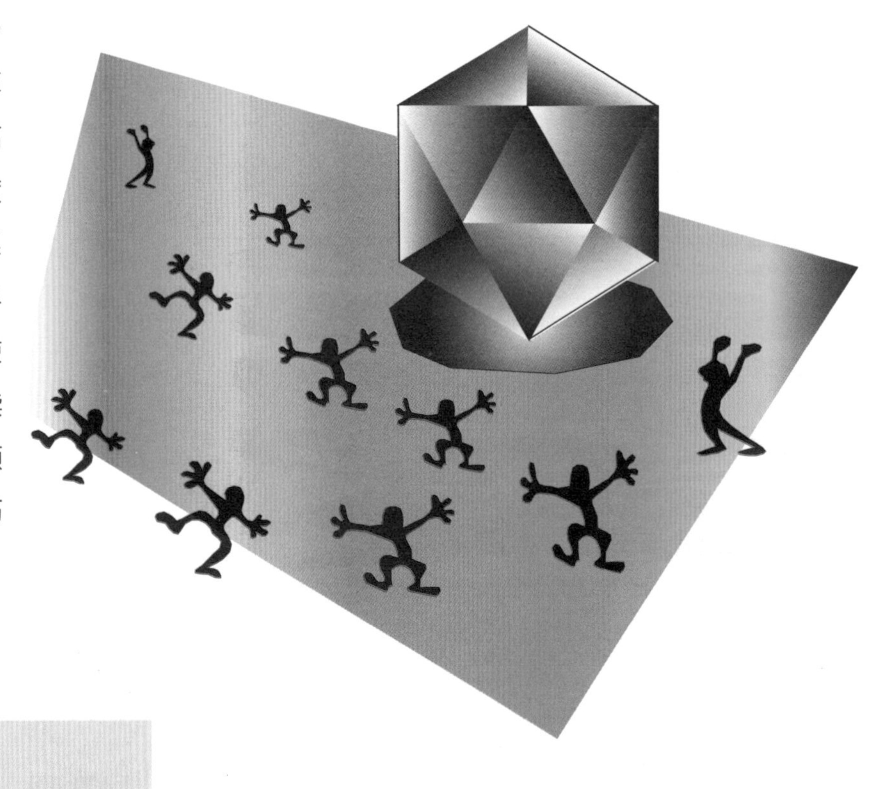

94

挑战度 ●●●●●○

完 成 □

时 间 00:00

平面国的闲暇时光

平面国的居民可以玩游戏吗？

平面国跳棋在二维棋盘上进行，每位玩家有3个棋子，棋子的初始位置如图所示。棋子仅能朝一个方向移动：黑棋向右，黄棋向左。如果移动方向上的下一个格子是空的，棋子可以移动一格来到该处，如果此格被占用，则棋子可以跳过它移至下一个格子，被跳过的棋子被移除。

一步棋可以包括一系列跳跃。只要可以跳就必须跳跃。黑棋先走。请问哪位玩家在平面国跳棋中占优势？

平面国象棋在同一个游戏棋盘上进行，每个玩家有三枚棋子——国王、骑士和车，棋子的初始位置如图所示。所有棋子都可以朝任意方向移动。移动至一个空格或者一个被敌方占用的格子为一步，且敌方的棋子将被移除。车可以在未被占用的格子上移动任意格数。国王一次只能移动一格。骑士需跳过相邻格子来移动，无论邻格是空格还是被占用。游戏的结局可以是“平局”或一方被“将死”。

哪位玩家能获胜或达到平局？

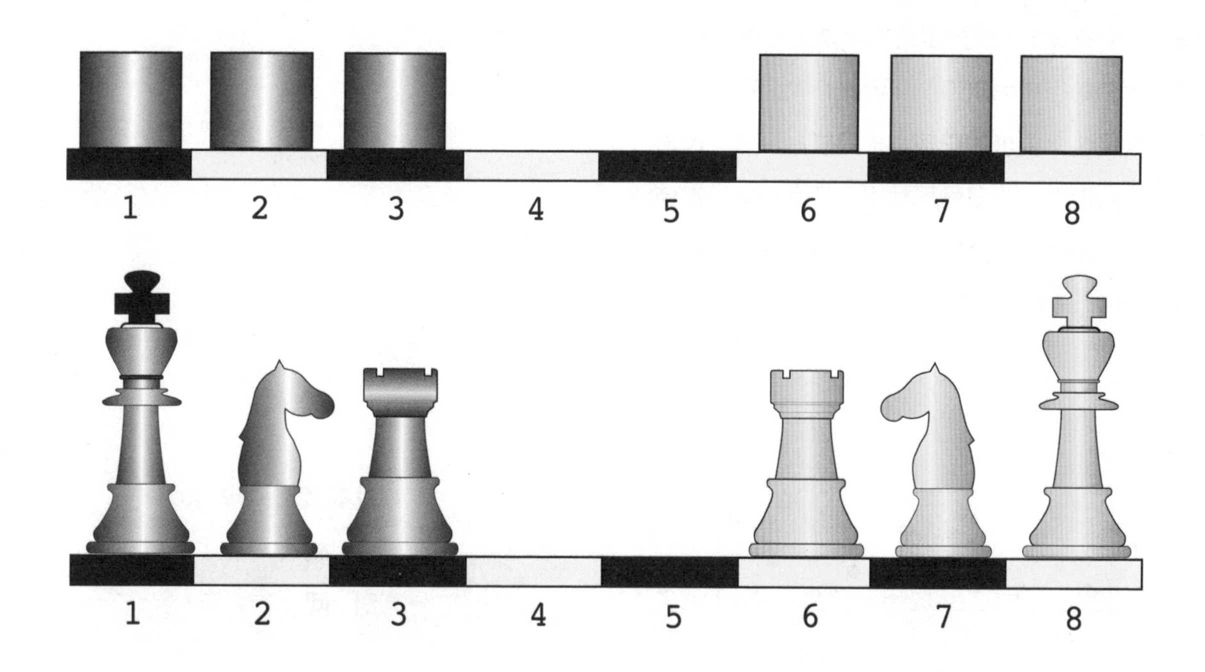

普拉托问题与最短路径

肥皂膜可以用来演示微积分的规律，因为它几乎可以在一瞬间伸展至线框上，形成连接到线框的单个最小表面，且该表面拥有可能的最小表面积。

一旦物理模型证明了这种表面的存在，就有可能完成极其复杂的数学分析，这就是所谓的普拉托问题。

该问题的目的是找到空间中一个给定轮廓围起来的最小区域的表面。这个问题由意大利数学家、天文学家约瑟夫 · 路易斯 · 拉格朗日（1736—1813）提出。它以比利时物理学家约瑟夫 · 普拉托（1801—1883）的名字命名，普拉托曾尝试用肥皂膜进行实验。

为什么蜜蜂会以正六边形建造蜂窝？

蜂窝的六边形构造在使用蜂蜡最少的情况下可以储存最多的蜂蜜，并且蜜蜂筑窝所需的能量也最少。蜂房的形状必须使3个或更多的蜂房能够在角上衔接在一起，且各个角相加为360°。因此，我们可以得出结论，能够满足这个要求的正多边形只能是等边三角形、正方形或正六边形。这三种形状中，正六边形是最佳选择，因为它能保证在蜡壁之间储存最多的蜂蜜。它是一种最小的结构，一种完美的建筑形式。

许多现代建筑都采用了六边形结构，这种结构既牢固又经济。美国建筑师、设计师巴克敏斯特 · 富勒（1895—1983）的革命性网格穹顶让这种结构为大众所熟知。

在许多点之间找到最小路线非常困难。肥皂膜似乎“知道”其中所涉及的原理。将简单的金属丝模型浸入肥皂溶液中，通常可以立即获得一个复杂的答案。在进行这样简单的试验时，我们应该意识到我们正在处理变分法的微积分领域的问题——这是一个深奥的数学领域。

你能猜出连接2点、3点、4点、5点和6点的最短路径是怎样的吗?

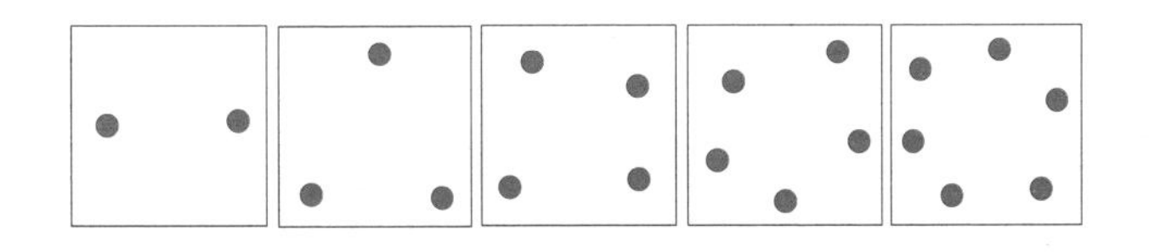

错觉轮盘

下图中有12条长度相等的线段被点、箭头和半圆分成了几段。使用相同元素进行分隔的线段每种有4根，形成3组。在这3组线段中，4根线段中有1条被精准地一分为二。仅凭观察，你能分辨出每组中被等分的线吗？

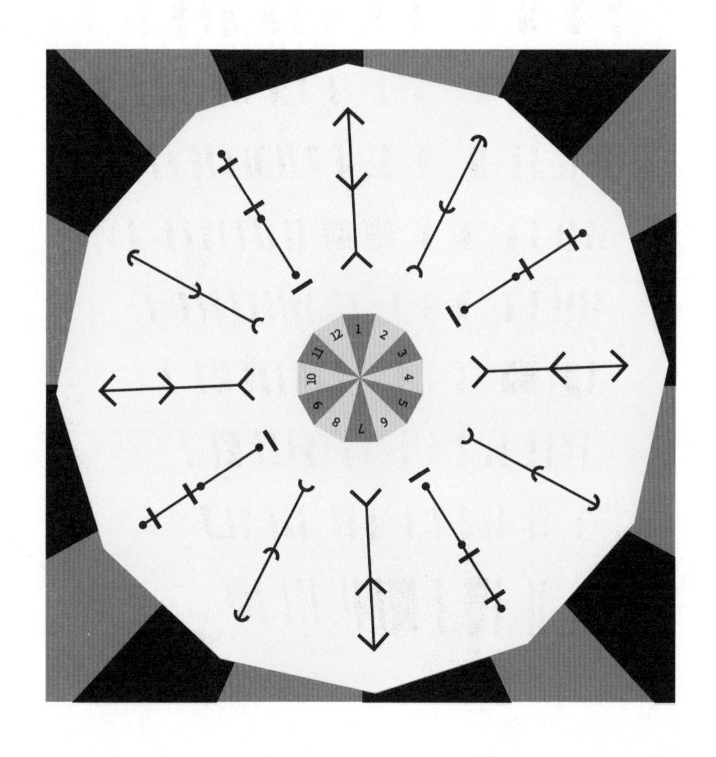

97
挑战度 ●●●●○○
完 成 ■
时 间 00:00

分解正方形

一个给定的正方形可以被分解成n个大小不一定相同的正方形。当n=4、n=6和n=8时，答案如图所示。你能找到一直到n=20时的解吗？请注意，其中有一个n没有解。请问这个n是多少？

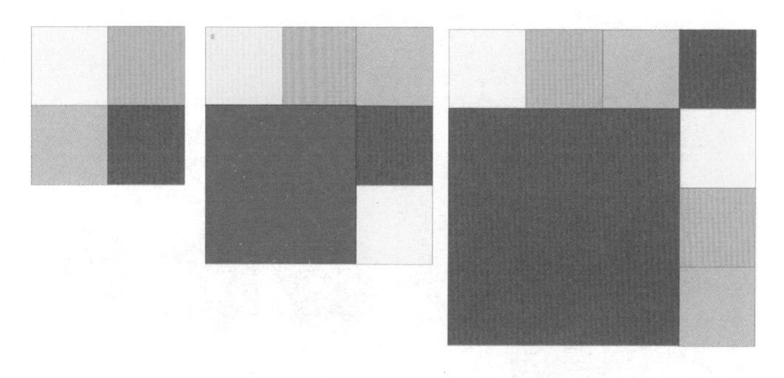

98
挑战度 ●●●●●○
完 成 ■
时 间 00:00

折叠立方体

下面是立方体A、B、C的展开图，其中有些面上有图案。右边是立方体的四个等角图。请你为它们配对，使每个立方体的展开图都匹配图案正确的等角立方体图。

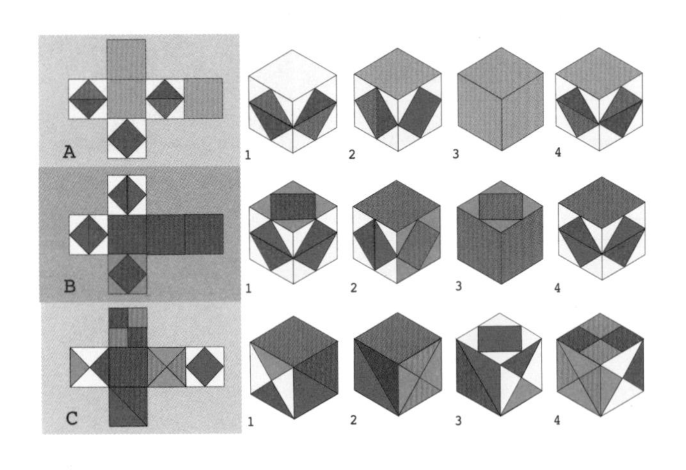

99

挑战度 ●●●●●●

完 成 □

时 间 00:00

阻断

你能破解图中隐藏的单词吗？

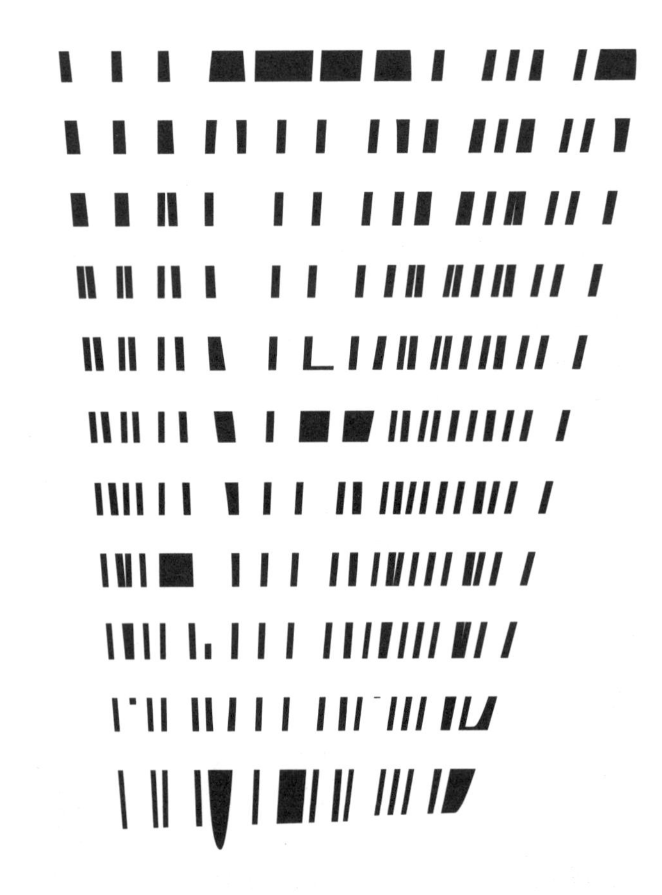

100

挑战度 ●●●○○○

完 成 □

时 间 00:00

PART 3 决策力

迷　人　的　数　学　2

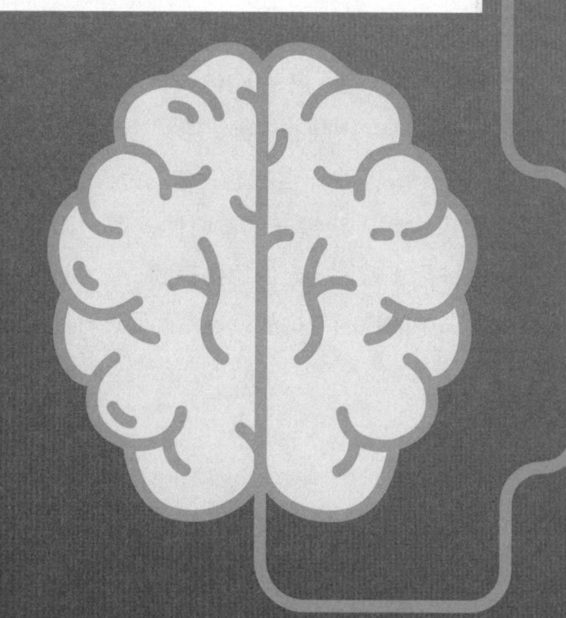

欢 迎！

你也许会发现，如今在工作中，你的价值更多地取决于你的思考，而非你知道的信息。任何人都可以在网上查找事实，所以更重要的技能是知道如何妥善使用这些信息！

在日常生活中，尤其在面对“假新闻”和“另一些事实”时，我们也需要绞尽脑汁解决问题并做出正确的选择。

现在，解决问题和做出决策是创造力的两个重要方面，我在书里收集了一些有趣的谜题和游戏，正是为了发展创造性思维的这些方面。

我把这些题目称为“益智游戏”。无论是拼图、谜语、错觉图、谈话片段，还是3D结构，我的益智游戏都能有效地促使你转变大脑的思维状态，让你同时进行思考、游戏，以及解决问题，由此优化你的大脑。

我深知乐趣对自我提升的重要性。智力游戏很好玩，还可以被用于锻炼特定的思维模式——《迷人的数学》系列图书中的趣题与挑战就是为此而设计的。我想教给你一种有趣的优化思维的方式。我希望你能看到自己的改变，相信自己能够设计出通往更加光明的未来的道路。

——伊凡·莫斯科维奇

CHAPTER

1

辨　识

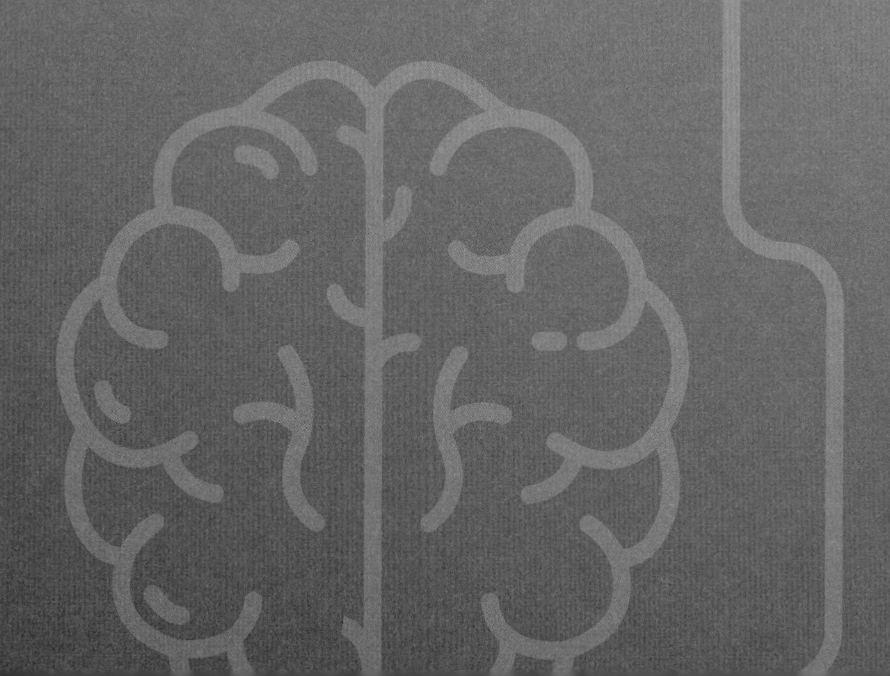

判断哪些事应该鼓励
哪些事应该绕开

在心理学家迪安 · 西蒙顿的创造力模型中，人的心理过程分为两个阶段。首先，人们“盲目地”生成并杂糅一些想法——尚不构成有意识的思考。接着，人们开始有意识地处理这些想法，判断它们的质量并对其进行打磨。辨识力是创新的关键品质，用于判断哪些想法应该被采用，哪些想法应该被抛弃，并决定如何将新想法付诸实践。这就是创造性决策的基础。

我们应该如何培养辨识力？在2016年出版的《哈佛中国哲学课》（*The Path*）一书中，哈佛大学教授迈克尔 · 普鸣和作家克里斯蒂娜 · 格罗斯-洛，讨论了如何在现代世界中自由且充满创造性地生活，借此将中国古代哲学中的见解带到现代思想的前沿。在将视线投向哲学家孟子（前372—前289）时，普鸣和格罗斯-洛注意到，汉语中的“心”既代表心灵也代表思想，他们将孟子的方法描述为“整合你的认知和情感”。方法是“留意你的情绪反应，并努力改善它们”。从小事做起，日复一日，人就可以养成孟子所理解的“性善”。

普鸣和格罗斯-洛继续说到世界的永恒变化与反复无常。我们很难做出一个长期的创造性决策。而前进的方法就像农民种地，仍在讨论孟子的两人如是说：把你的决定想象成一片田地，你必须先犁好地，作物才能生长，“为作物的生长打好基础，并利用我们现有的资源”。运用这种方法，通过整合我们的思维、信任我们内在的品质、利用现有资源，我们可以让自己越发具有辨识力。

培养辨识力的另一种方法是多加练习。马尔科姆 · 格拉德威尔在2008年出版的《异类》（*Outliers*）一书中有这样一句名言：“10000小时是个伟大的神奇数字。”无论哪个领域，你都需要进行大量的练习才能成就伟大。学者J. R. 海斯在1989年对古典音乐的研究中再次证明了练习的重要性。他发现在76位主要作曲家中，有73位在创作出传世之作前已有10年的音乐创作经验。

练习是如何帮我们提升创造性的辨识力的？首先，当你熟悉了一个思想领域或一类问题时，你会更加清楚其中的模式，进而优化你的思路。此外，练习还可以促使你重新思考问题——以一种有助于解决问题的方式，因为有时重构问题就足以把你带上解决问题的正途。研究还表明，如果你多多练习，你更有可能注意到那些失败的尝试之间的共同点——于是，你可以在寻找答案时排除掉这些因素。

外星人登陆

快给总统打电话！有22名外星人登陆了地球。它们长得一模一样，但它们真的很渴望与人类交流。为了便于区分，它们用4种颜色在头发、眼睛、鼻子和嘴巴上涂出不同的颜色组合。每名外星人都带着一部分来自外星首领的信息（一个字母）。这条英文信息可以借助色彩图表解码。请问外星人的加密信息是什么？

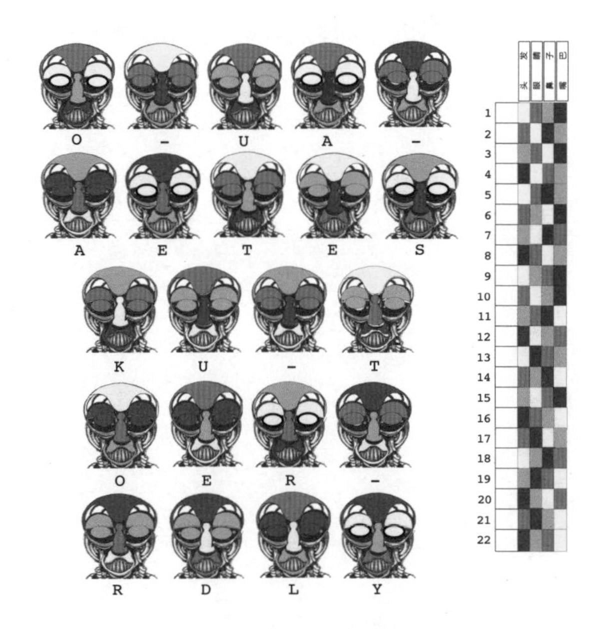

挑战度 ●●●●○○

完 成 □

时 间 00:00

1

令人吃惊的蚂蚁？

按照纽约大学计算机科学教授丹尼斯 · E. 萨沙（1955— ）的说法，如果在一个由多个符号组成的序列中，就符号X和Y而言，X以等距超过Y的情况不超过2次或更多次的话，那么这一符号序列是“令人吃惊的”。在我们的题目中，这些符号是一些正被蚂蚁搬到巢穴里的蛋。图中的第3列并不令人吃惊，因为有2只蚂蚁搬的红蛋都超过蓝蛋两格。其他的队列中，哪些是令人吃惊的，哪些不是？

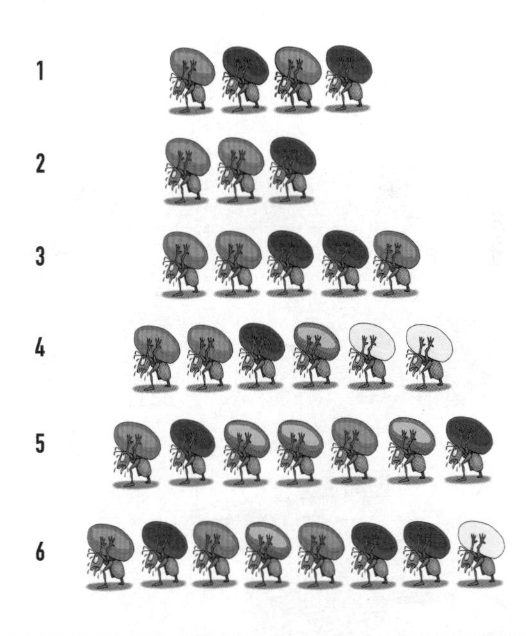

挑战度 ●●●●●●

完 成 □

时 间 00:00

2

杀鼠猫

莱因德纸草书是一幅长度超过16英尺（5米）的卷轴，现藏于伦敦大英博物馆，其来源可追溯至古埃及中王国时期（约前1650年），是已知最古老的数学文献之一。它得名于苏格兰古董收藏家亚历山大·亨利·莱因德。1858年，莱因德在埃及购买了这幅卷轴，并在去世后将它作为遗产捐赠给了博物馆。

莱因德纸草书是我们了解古埃及数学的主要来源。它由一位名叫阿默斯的书记官从现已遗失的更早期的文献中抄写、编纂而成。

它收集了84道数学题及其答案，致力于算术、面积计算和线性方程组的求解。它还显示了益智游戏在早期的埃及数学中占据的分量。其中的第79题，杀鼠猫（“房子—猫—老鼠—小麦”），就是一道不久前才出名的经典之作。它有时被称为阿默斯之谜。

这道题可能是与组合学有关的最早的谜题之一（另一个可能是公元前9世纪中国古代的《易经》）。在杀鼠猫这道题中有7座房子，每座房子里有7只猫。每只猫能杀死7只老鼠。每只老鼠都会吃掉7根麦穗。每根麦穗都能产出7单位的面粉。请问猫拯救了多少单位的面粉？

3

挑战度 ●●●●●○

完 成 □

时 间 __:__

发飙的将军

11个小组（红框）中的士兵数量均为x。如果将他们的指挥官“发飙将军”加到总人数中，士兵们和将军可以重新排列出一个完美方阵。你能算出每组最少有多少士兵吗？方阵中共有多少人（包括“发飙将军”）？

附加题：另一次，“发飙将军”想将他的士兵们排成8排，每排8人，这样他就可以将自己置于与每一排都距离相等的位置上。你可以根据将军的命令重新排列8排士兵吗？若要完成将军的命令，共需要多少名士兵？

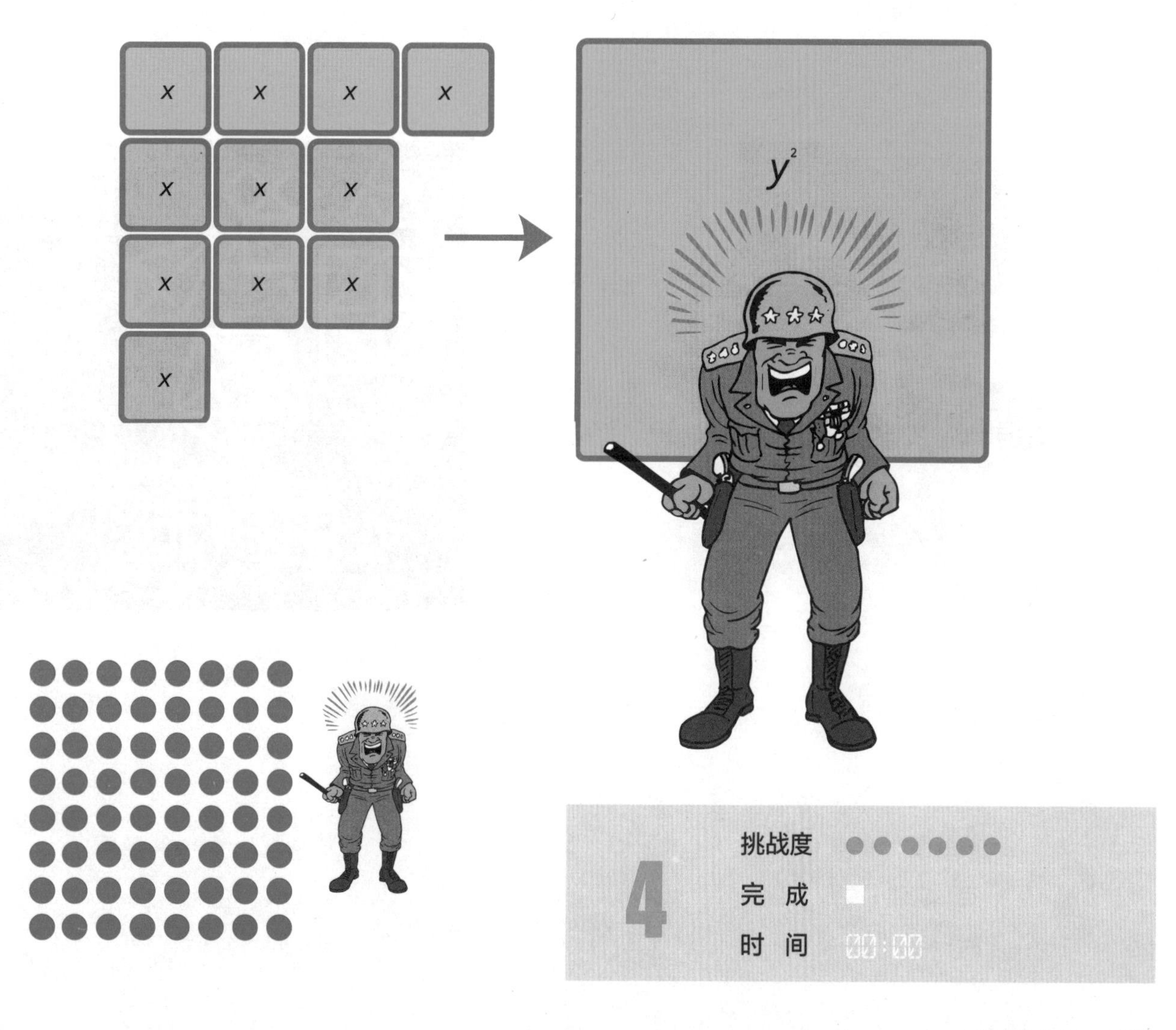

挑战度 ●●●●●●

4

完成 □

时间 00:00

空心立方体

想象你正从不同的角度和方向凝视一个空心立方体。立方体底部的7×7的彩色方格可以构成一幅图案。每次你只能看到图案的一部分。但根据6个不同的视图，你有足够多的信息可以在页面底部提供的空白网格中重建整个图案。

这个图案是什么样子的?

追踪

把你的笔放在图中任何一个你想开始追踪的地方。尽量沿线条画出整个图案，不要把笔从纸上拿开，也不要留下白色的轮廓。轨迹可以交叉，但不可以重复。请问以下哪两种图案不可追踪?

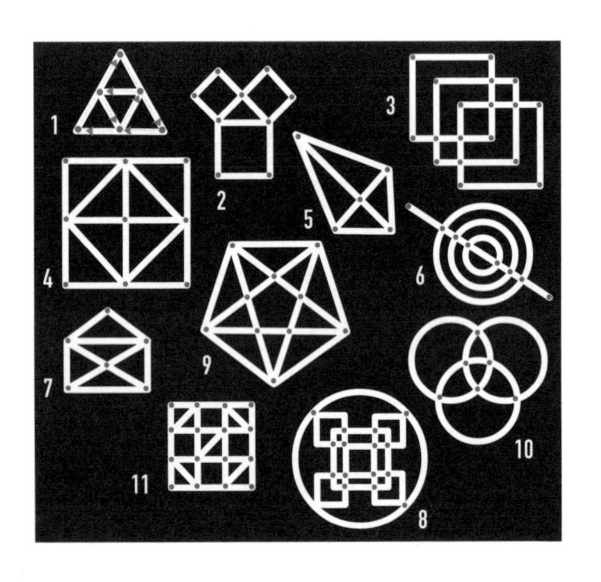

5
挑战度 ●●●●○○
完 成 ■
时 间 00:00

莫比乌斯环

19世纪的德国数学家奥古斯特 · 莫比乌斯（1790—1868）发现，有可能制造一个表面，它只有一条边、一个面，而且不像圆柱体、环面或球体，它没有“里面”与“外面”之分。虽然这样的物体似乎很难想象，制作一条莫比乌斯环却非常简单：取一条普通的纸条，扭曲其中一端，然后将两端黏合在一起。当然，纸张具有一定的厚度，在这里请忽略。

莫比乌斯环是许多结构和谜题的基础，它推动了拓扑结构的发展。你知道沿中心线和沿靠近边缘的一条线剪开莫比乌斯环后，会出现什么结果吗？如果一个旅行者戴着他的手表沿莫比乌斯环旅行，当他回到起点时会发生什么？

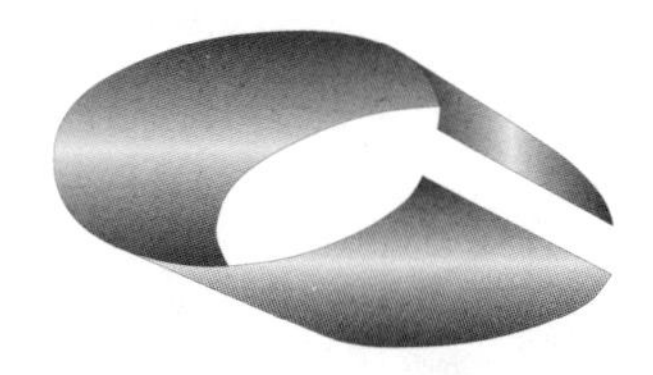

粘成圆环或圆柱体的纸条

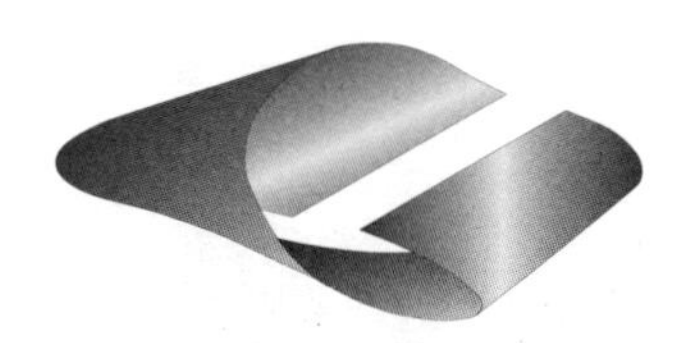

一半扭转后粘在一起的纸条—— 一条莫比乌斯环

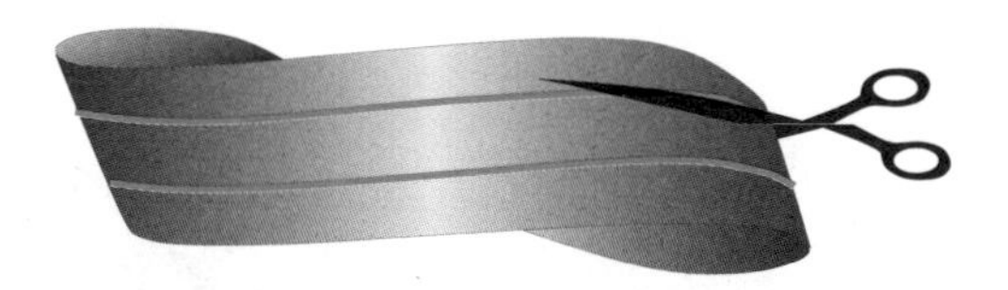

靠近边缘切割的莫比乌斯环

沿着靠近边缘的绿线剪开一条莫比乌斯环。会出现怎样的结果？

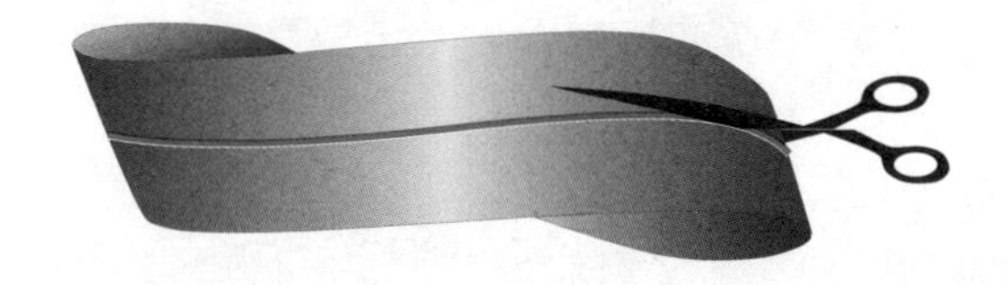

沿中心线切割的莫比乌斯环

沿着红色中心线剪开一条莫比乌斯环，直到回到起点。会出现怎样的结果？

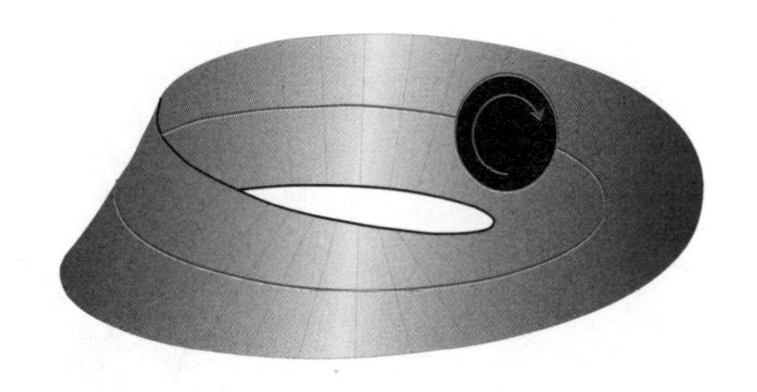

旅行者在莫比乌斯环上的旅途

一个旅行者戴着他的手表沿莫比乌斯环旅行，当他回到起点时会发生什么？快来试试吧！

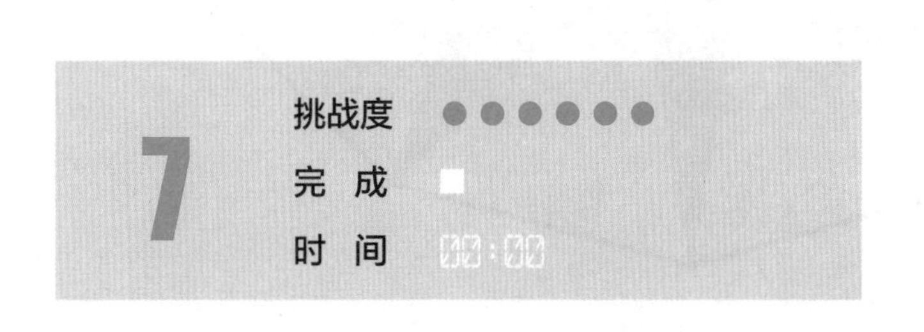

马尔科的楼梯

计算机艺术家马尔科从他居住的塔楼的顶层楼梯平台俯视盘旋的楼梯。光影的游戏激发了马尔科的灵感，让他创作出这个精确的多边形几何图案。马尔科问：你能计算出黄色多边形的红色区域和绿色区域的总面积之间的关系吗？

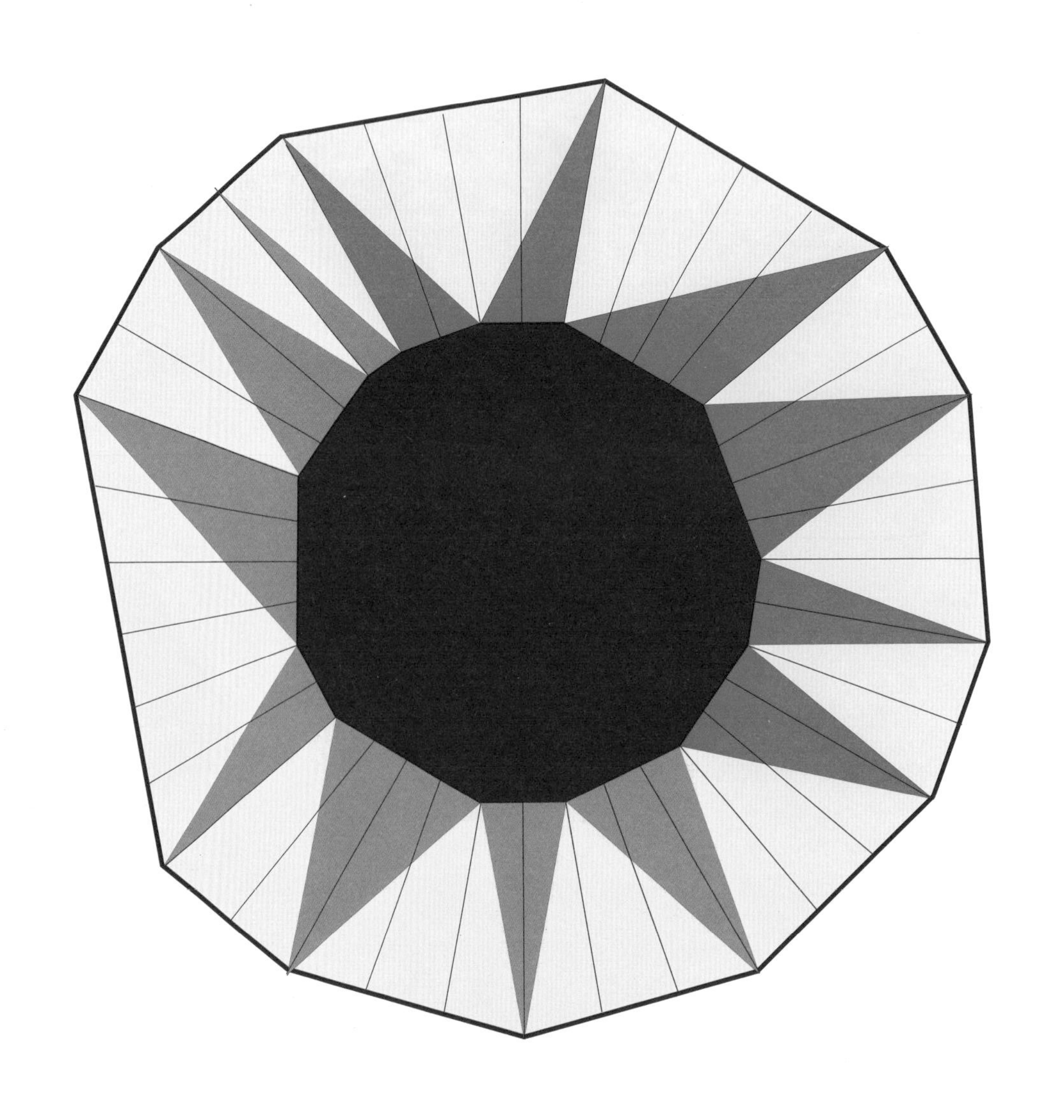

玫瑰花环

如图所示，经由大圆的圆心，画出10个半径相同的小圆，这些小圆构成了右下侧所示的黄色、绿色和蓝色的玫瑰花环。请问哪一个图形的周长更长——是各色玫瑰花环还是红色大圆圈？

9

挑战度 ●●●●●●

完 成 □

时 间 00:00

气象站

星期五上午9点，你将作为当地电视台天气预报的主持人接受采访。气象站站长斯坦利 · Q.布里克问你：“以下天气预报有多少是属实的？你认为其中一些只是迷信吗？”

1. 暴风雨来临前，你的关节更容易疼痛。
2. 暴风雨来临前，青蛙会呱呱叫。
3. 月晕意味着降雨。
4. 暴风雨来临前，鸟和蝙蝠会低飞。
5. 你可以通过听蟋蟀的声音来判断温度。
6. 暴风雨来临前，绳索会收紧。
7. 暴风雨来临前，鱼会浮出水面。
8. “嗡鸣”的电话线预示着天气变化。

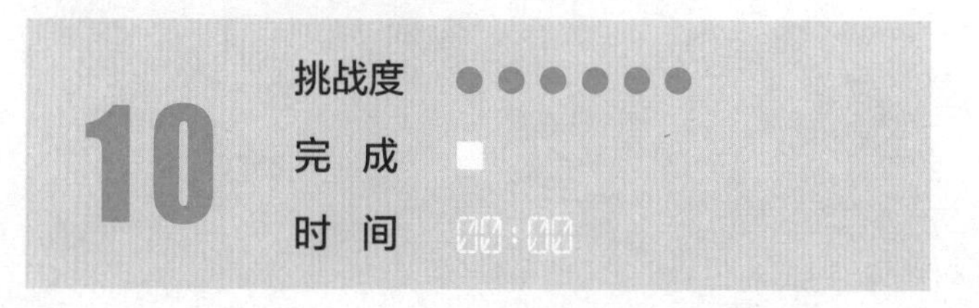

10

挑战度 ●●●●●●

完 成 □

时 间 00:00

CHAPTER

2

聚焦

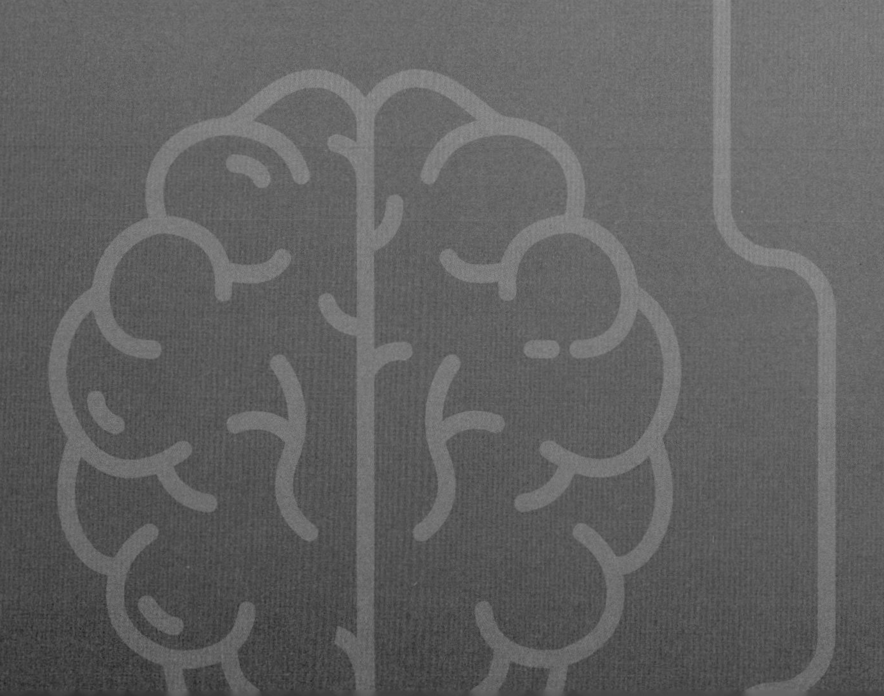

头脑风暴还是独自思考？又或者齐头并进？

当你想要变得有创造力时，你更喜欢独自工作，还是与他人一起工作？我们知道，与他人合作对创造力来说至关重要。团队合作可能成为生成创意和推动创新的关键。但有时候，创意人员也需要独自工作的时间——尤其是在发展洞察力或开发应用程序时。惠普首席执行官卡莉·菲奥莉娜在1999年分享了一系列关于创造力的法则，名为“车库法则”。其中一条便是“知道何时独自工作以及何时与人合作”。车库法则之所以得名，是因为它们是惠普公司的创始人比尔·休利特和戴维·帕卡德在1935年从斯坦福大学毕业后，在帕卡德位于加州帕洛阿尔托的车库里开始发展业务时提出的。

“知道何时独自工作”能为工作场所经常进行的“头脑风暴”会议带来有趣的见解。值得注意的是，有时一群人围着桌子坐并不是生成奇思妙想的最佳环境。如果你设置了一个创造性的任务，先让大家独自思考，再在头脑风暴会议上将各自的想法聚集在一起，这样思维就可以互相碰撞，头脑风暴便可以得到更好地运作——然后，大家回收想法并各自改进。

创造性聚焦的关键之一是保持目标意识。在创造性参与中，你真正想做的是什么？你很有可能因为细节走进死胡同，忽略了你试图解决的问题。在创作的过程中，请查看自己是否始终在正确的轨道上；测试一下你正在思考的方案是否真正回答和回应了你已确定的需求。有些对创造性的定义认为，实用性是其关键的三个方面之一。首先，创意应该是原创的或创新的。第二，它应该是高质量的，这一点应在第一点之后——创意并非平庸或熟悉之物。第三，它应该是有用的——适用于正在讨论的问题。有些创造性的想法突破了我们的知识和思想的边界，因为它们看起来如此新颖，可能无法立即派上用场。但随着时间的推移，它们的作用会变得清晰。

色彩入侵者

下面有5张编了号的正方形卡片，请问哪一张卡片上的彩色图案没有出现在大正方形图案中？

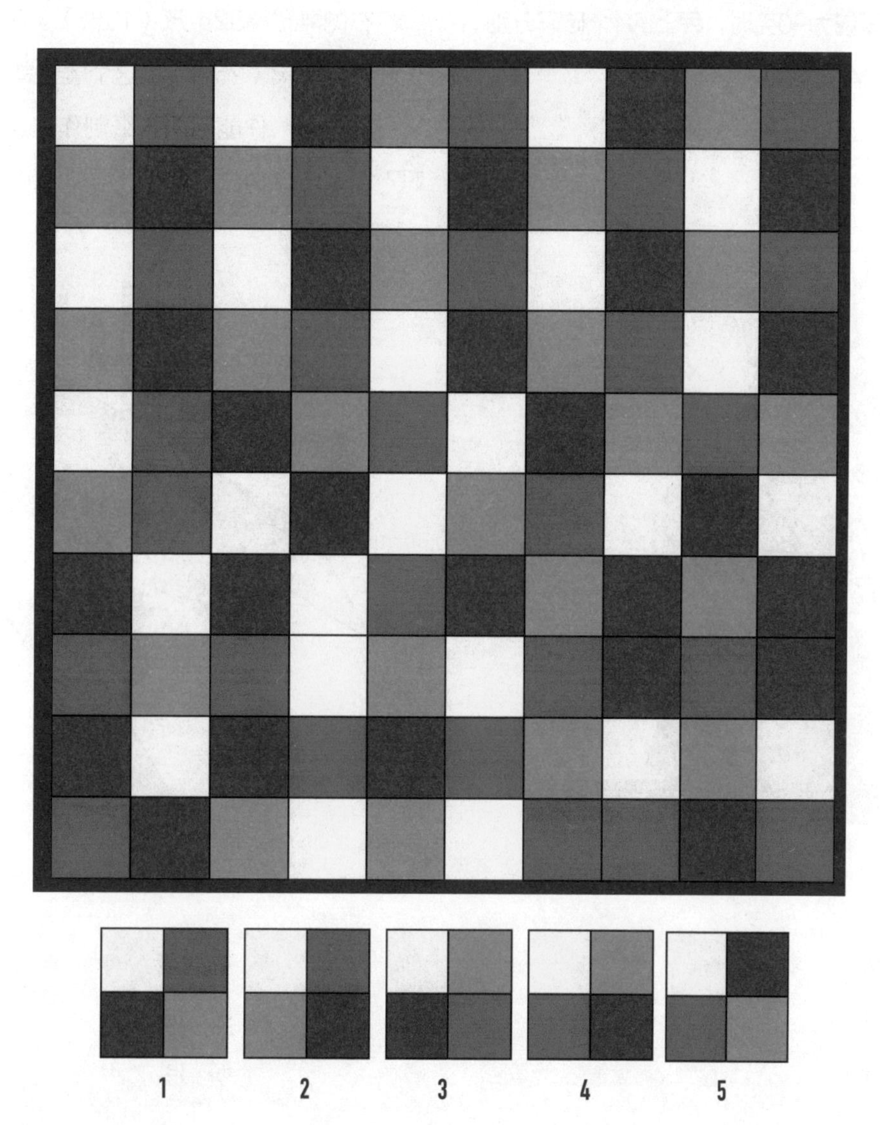

连续称重

数学系学生阿莉玛周末在面包店工作。安静之时，阿莉玛在思考：如果第一个秤上的砝码总重量为54克，那么，秤上的3个砝码分别有多重？砝码的重量为3个连续整数。

附加题： 砝码总重量为90克时，秤上的4个砝码分别有多重？砝码的重量为4个连续整数。

12

挑战度 ●●●●○○

完 成

时 间

不可能的艺术花园

为了庆祝西莉亚夫人50岁生日，托比·哈林顿爵士在即将到来的萨拉戈萨雕塑市集上为她订购了两件雕塑。这两件雕塑都是由一块薄薄的不锈钢板通过切割和折叠制作而成的。

右侧雕塑高32英尺（10米）。不锈钢板的最长可用长度为82英尺（25米）。这个雕塑是怎样制作而成的？

附加题： 你能用两张纸制作出这两种结构的小模型吗？

填充正方形

这个游戏考验你的专注力。和朋友一起来玩吧，选择红色或蓝色，然后轮流填充颜色。第一个用自己的颜色填充出任意大小正方形的全部四个部分的玩家为胜者。你也可以试一下单人版本，先涂红色再涂蓝色，交替完成。

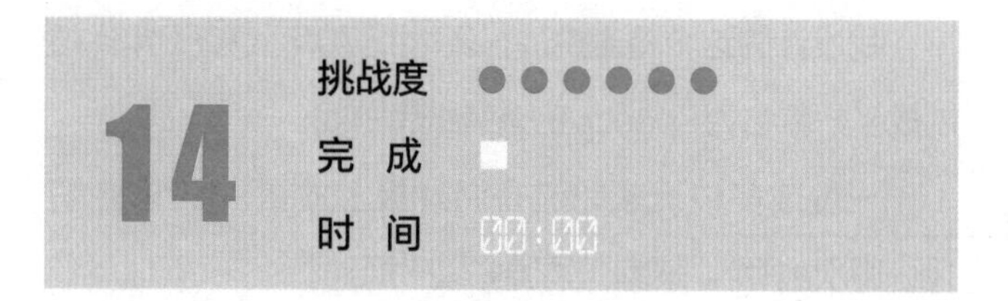

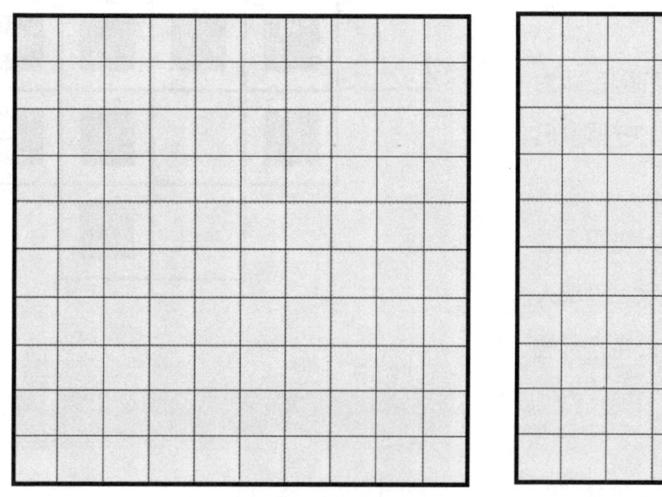

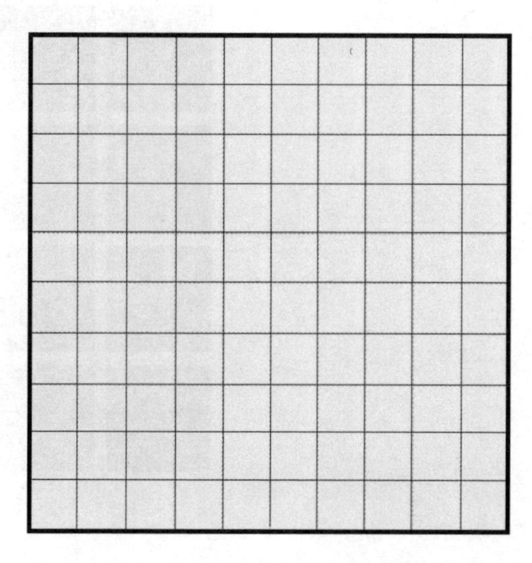

覆盖挑战

我设计的这个覆盖挑战在20世纪70年代和80年代被制成了一款名为Spectrix的盒装纸牌游戏。

一位或多位玩家轮流在游戏板上放置24片彩色瓷片，每次放1片。玩家们需遵守以下规则：

1. 不能将彩色瓷片放在相同颜色的正方形上或相同颜色的正方形旁边（"旁边"指上下左右相邻的4个正方形）。

2. 每放一片彩色瓷片，游戏板上正方形的颜色即为覆盖它的彩色瓷片的颜色，并且相邻颜色的有关规则1仍然适用。

3. 不允许在彩色瓷片上再放置彩色瓷片。在双人游戏中，第一位无法再放置彩色瓷片的玩家为输家，而单人游戏的目标是在满足上述条件的情况下将所有彩色瓷片放在游戏板上。

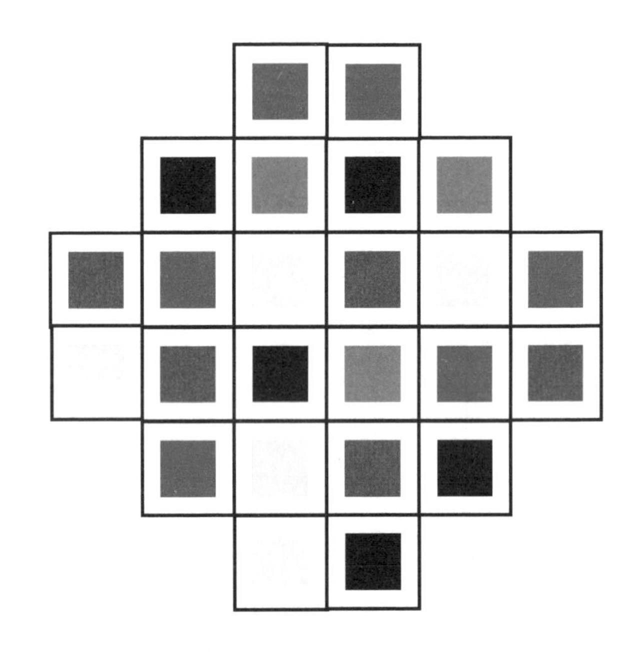

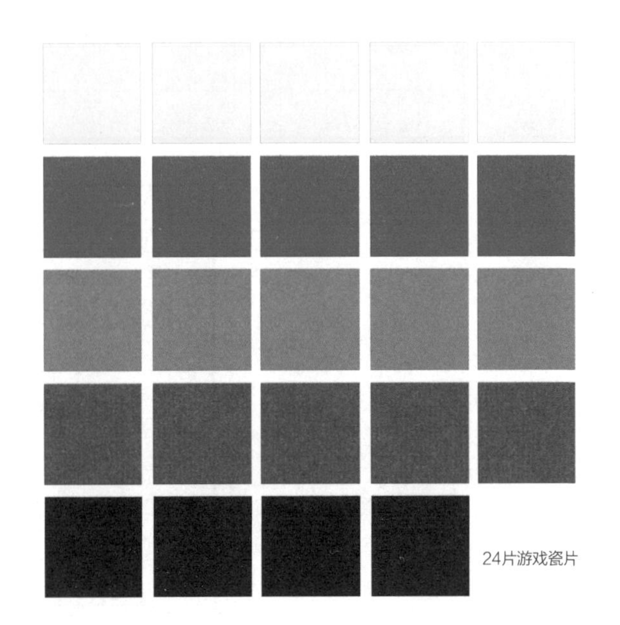

24片游戏瓷片

15

挑战度 ●●●○○○

完　成 □

时　间 00:00

平面切割

使用1到5条直线，将每个正方形划分为如图所示的几个区域。在解答这个问题后，你能否找出其中的一般规则,即用n条直线切割平面获得的闭合区域的数量最大是多少。

你是否还能想到关于闭合区域数量最少是多少的一般规则？

这是组合几何中最简单的问题之一。组合几何是一个美丽的数学分支，其中，图形、线条和数字相互作用，令人着迷。

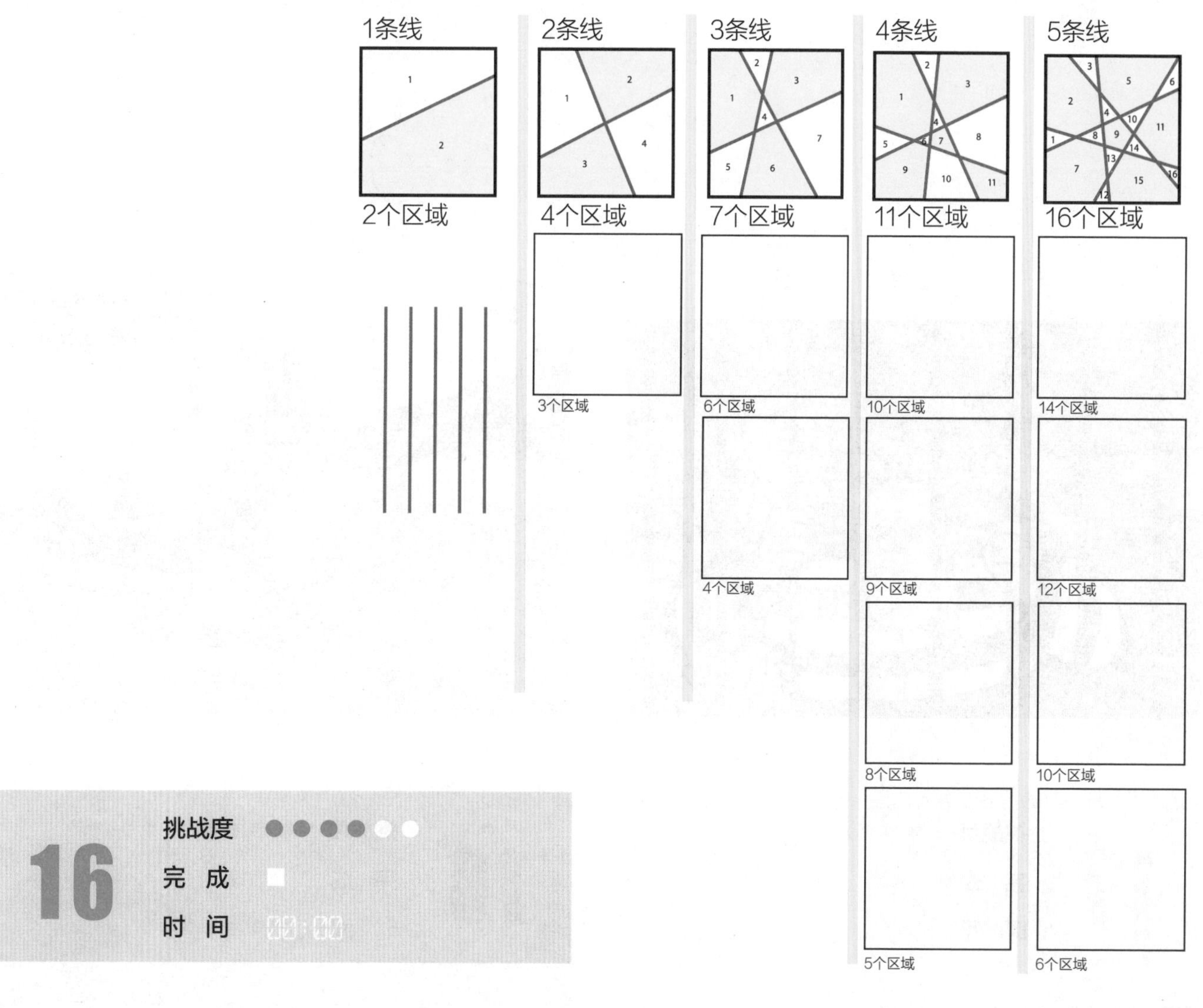

囚犯列队

开放式监狱早晨点名时，监狱长T先生让囚犯按照身高排列。

马克恰好位于队列中间，他的高个子同伴尼克在第13位，而他的运动场伙伴杰克则更高，排在第20位。

请问有多少名囚犯参加了列队？

17

挑战度 ●●●○○○

完 成 □

时 间 00:00

在阿伯丁运动会上

在阿伯丁运动会上，100码短跑的每一位选手均以匀速跑完全程。阿奇先于布鲁斯10码冲过终点线，布鲁斯先于卡梅伦10码冲过终点线。

请问阿奇比卡梅伦快多少？

18

挑战度 ●●●●●●

完 成 □

时 间 00:00

感知夜总会半圆链挑战

卡特刚刚在感知夜总会的游戏室里设下了这个半圆链挑战。你能用8个半圆挂在红色直线的16个图钉上，并使得半圆互不相交吗？

一个半圆被两个图钉钉住，且图钉不能共用。半圆可处在线的上下任意一侧。下面已给出一个解答示例。你能找出另一种解法吗？

挑战度 ●●●●●○
19
完 成

时 间 00:00

仙女座空间站的通道

驻扎在仙女座空间站的3个月里，时间过得很慢。这个空间站非常大：它由39个巨大的球形舱组成，球形舱由透明的圆柱形通道相互连接。

为了打发时间，船员和访客们开始尝试不走回头路地穿越整个空间站，访问每个球形舱。这是可能的吗？如果可能，他们该怎样走呢？

你需要从其中一个球形舱开始，在不抬起铅笔的情况下，访问每个球形舱至少一次，但不重复走任何一条通道。有些通道可以不用经过。

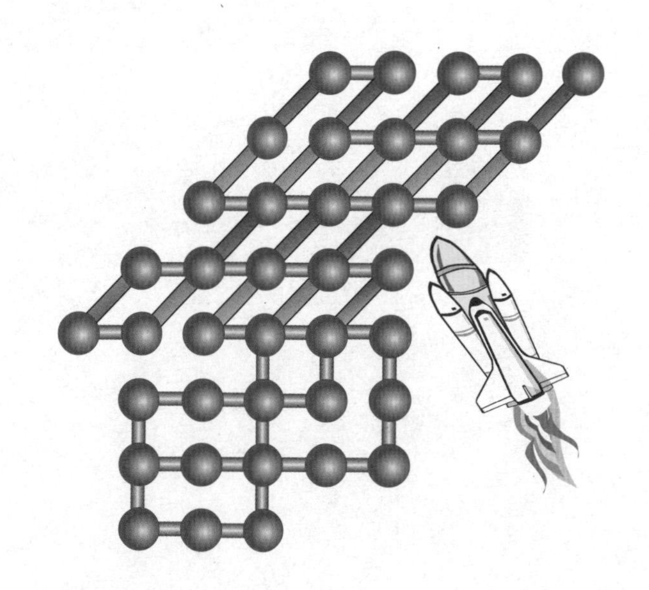

挑战度 ●●●○○○
20
完 成

时 间 00:00

CHAPTER

3

重 构

发现问题的艺术

我们倾向于从解决问题的角度来思考创造力。富有创造力的人寻求赢得挑战、走出困局的方法。他们寻求他们所提出的问题的答案：我们能找到一种新的营销方式吗？或者在创意实验中，你能想出建房子的砖头有多少种用途？或者在本章中，你是否可以重新排列结构相同的9个十边形，使得所有相接的边颜色相同？

但还有另一种思考方法，即从发现问题的角度进行思考。一名画家为自己找到了在创作艺术作品时所解决的有趣问题。在进行这项工作的过程中，她遇到了自己没有预料到的问题，并通过尝试找到了创造性的解决方法。20世纪70年代，雅各布·格策尔斯和米哈里·契克森米哈赖专注于研究创造力的这一方面，即发现问题。在1976年的一篇论文中，他们研究了31名美术生，发现更有创造力的学生会更频繁地摆弄他们的绘画对象，并在下笔时做出更多的调整。在1989年的后续研究中，他们表明这些更有创造力的学生均取得了更大的成功。

这个发人深省的角度重新定义了一个问题："我如何变得更富有创造力？"也许答案应通过"寻求问题"而非"寻找答案"来获得。着手工作并解决遇到的问题。迎接挑战。对重新定义问题的方法和现实生活中的困难保持警惕。一个全新的视角可以使挑战变得明晰，使你看到前进的方向——或将一个看似不可能的难题转化为机遇。书中的益智游戏提供了许多练习转变视角和重新构造的机会。

阿波罗尼奥斯问题

古希腊数学家、佩尔吉的阿波罗尼奥斯（约前262—约前190）因其数学著作《论切触》被尊称为“伟大的几何学家”，即便此书已遗失。阿波罗尼奥斯提出的最著名的问题之一在今天被称为“阿波罗尼奥斯问题”：平面上已给定3个圆，你可以用多少种不同的方式画出第四个圆，使它与3个圆都相切（在一个点上接触）？第一个示例（左上角）中已画出第四个圆。你可以在余下的图中画出第四个圆吗？

此问题还涉及平面上相互接触的圆的最大数量这一普遍性问题。

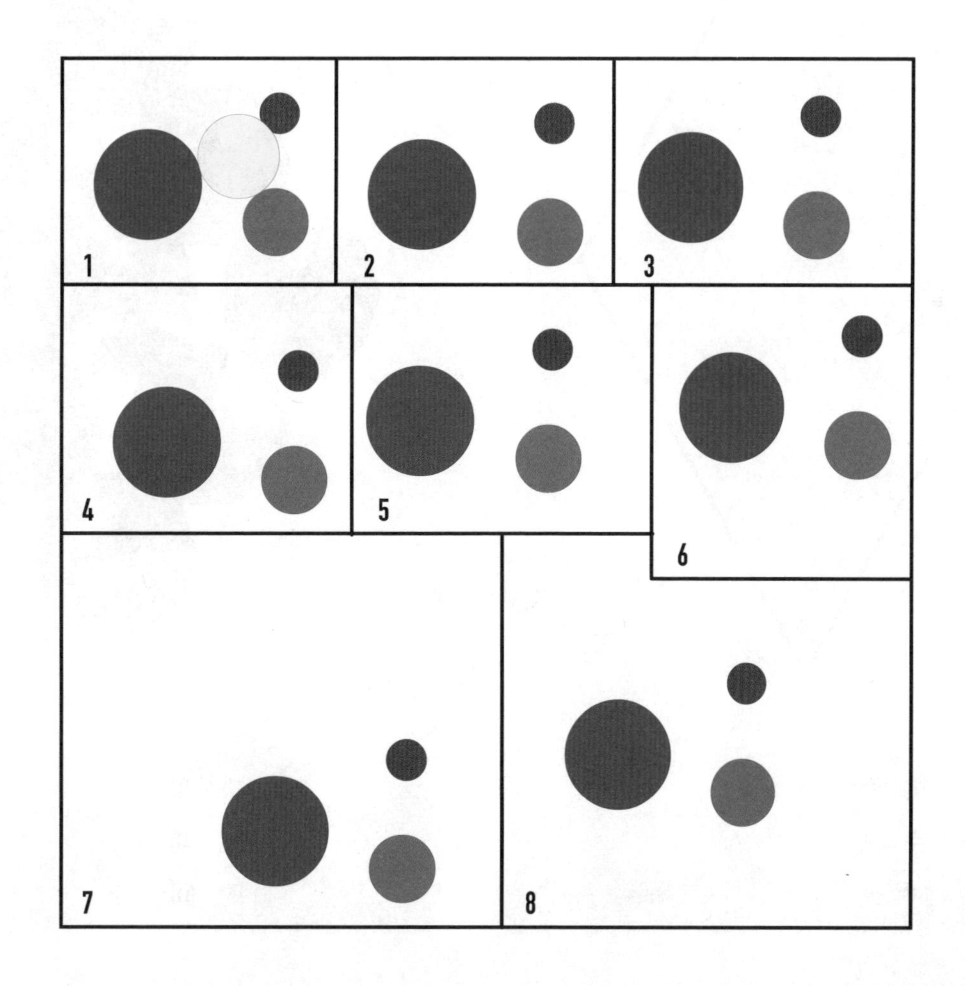

13个三角形

你能把19×20的平行四边形沿网格线细分成13个等边三角形吗？其中有2个或以上的等边三角形大小相同。

22

挑战度 ●●●○○○

完 成 □

时 间 00:00

德卡普兹酒店

哎呀，好热啊！从德卡普兹酒店的阳台上往下看，格申看到泳池边的露台上有9把色彩鲜艳的十面阳伞。这样的景象让格申开始思考，你能否将9把十面阳伞按同样的布局重新排列，使得所有相接触的面颜色相同？

六联骨牌和立方体

六联骨牌是由6个单元正方形沿整条边连接而成的多联骨牌。如图所示，题目给出了35种不同的六联骨牌。

请想象这里有一块15×15的游戏板，板中央有一个3×5的小洞。你能用这35个六联骨牌覆盖游戏板吗？

附加题：在这35个六联骨牌中，有11个可以折叠成完美立方体。你能找到它们吗？

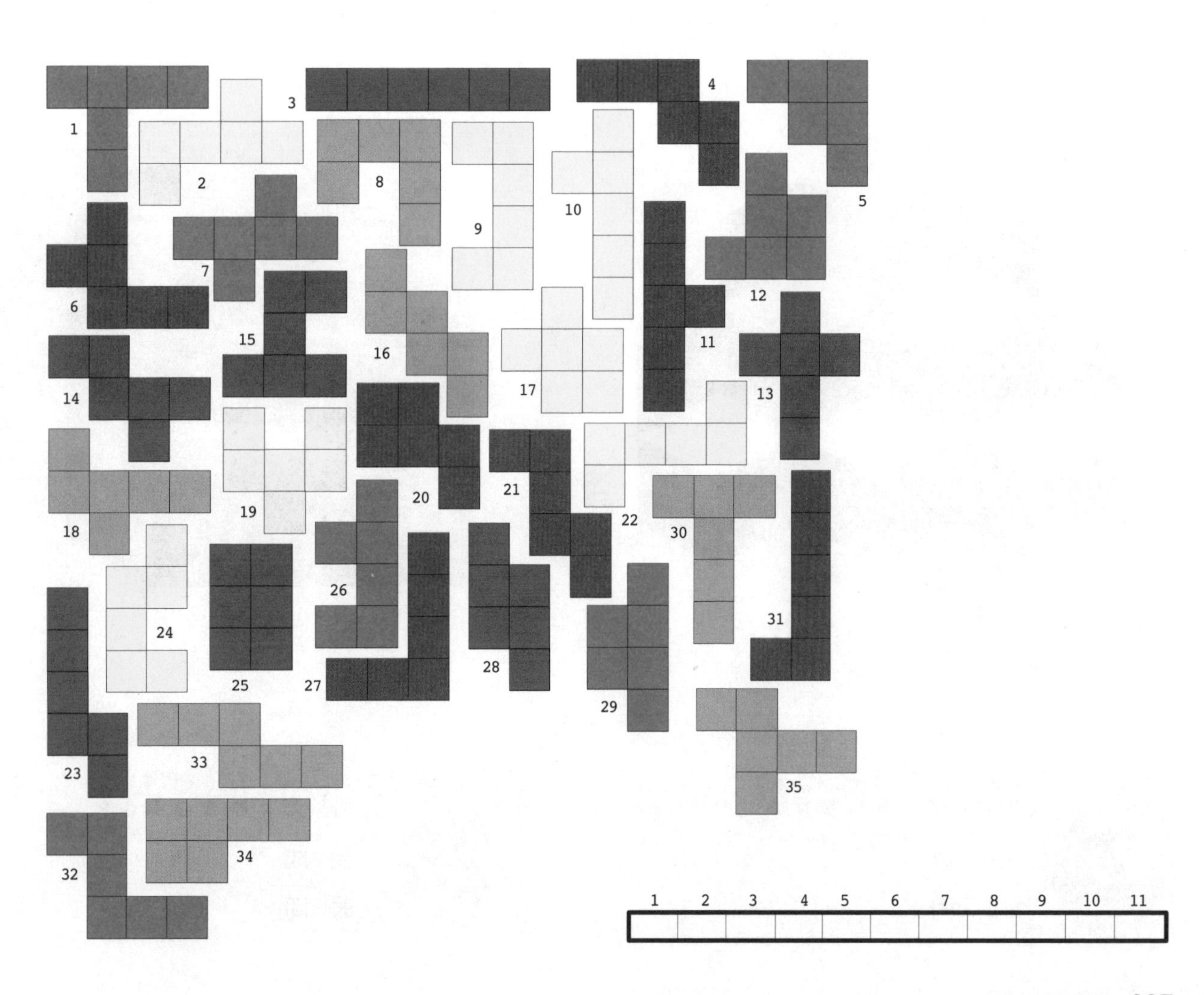

有多少个立方体？

你能看到多少个完整立方体？你能想出看到7个完整立方体的方法吗？

25

挑战度 ●●●●●○

完 成 □

时 间 00:00

彩绘立方体

美术老师杰登将数学引入混色搭配问题中，重新组织了关于色彩管理的讨论。他为他的学生们设计了这个彩色立方体谜题：8个立方体被拼合成了一个2×2×2的大立方体，共有24个外表面，请你用最少数量的颜色使每一个正方形都与相接触的其他正方形颜色不同。学生们需要多少种颜色？

26

挑战度 ●●●●●●

完 成 □

时 间 00:00

保罗的问题

三色咖啡馆的棋盘被分割成了15条，总共使用了8种颜色。

阿尔贝托为保罗设置了一个挑战：请在8 × 8的棋盘上重新排列这15条棋盘，使一种颜色在每一行和每一列上仅出现一次。

附加题： 用彩条拼出一个7 × 7的正方形，使得一种颜色在每一行和每一列最多出现一次，且在主对角线上至少出现一次。

27	挑战度	●●●●●●
	完　成	■
	时　间	00:00

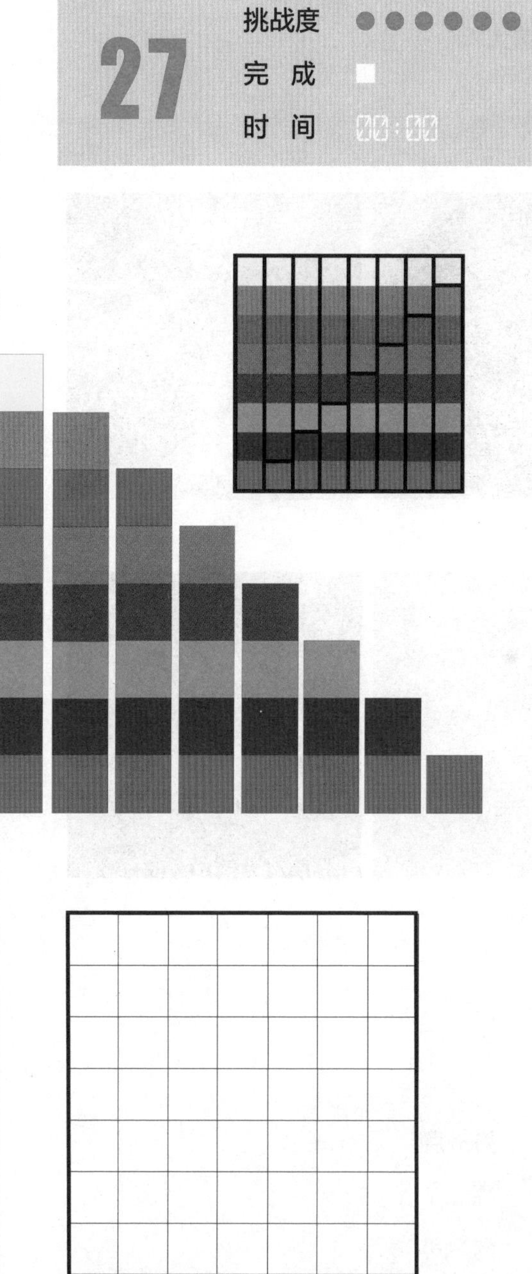

内部的圆

四个大小相等的正方形，边长均为2*r*。哪个正方形内部的黑色区域最大？

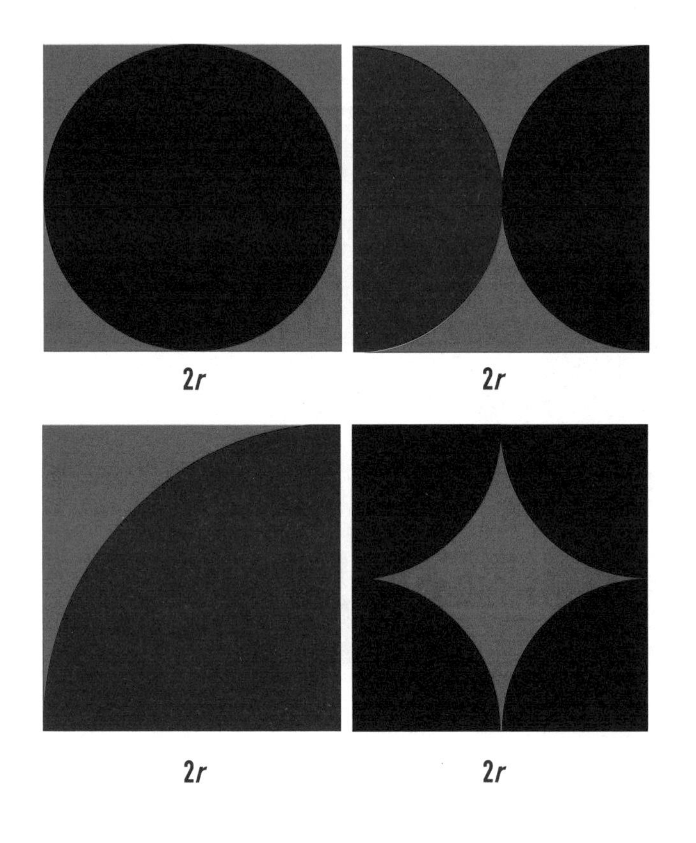

28
挑战度 ●●●●○○
完 成 □
时 间

星星的拼图

请复印下面的三个十二角小星星，将它们小心地剪成24个部分。你能重新排列所有部件，将它们拼成一个大的十二角星吗？

29
挑战度 ●●●●●●
完 成 □
时 间

杜德尼的3切6

如图所示，这里有3个正方形，其中2个正方形被切割成了总共5个部分。你可以重新排列这6个部分，把它们拼成一个完美大正方形吗？

英国作家亨利·杜德尼（1857—1930）将3个正方形的6个部分重新拼接成了一个大正方形——他仍然保持着这一记录。你能拼出这个大正方形吗？

CHAPTER

4

解 谜

语言游戏
即思维游戏

1964年，匈牙利裔英籍作家阿瑟·凯斯特勒出版了一本对创造力理论影响深远的著作《创造的行为》（*The Act of Creation*）。他将创造的关键过程定义为“异类联想”——将不相关的元素或思想框架结合或并置在一起，以创造出新意义。他将这些思想框架称为矩阵，并就创造力的不同方面提出了一些迷人的见解。他说，例如在喜剧中，一个矩阵会突然切换或与另一个矩阵相交。而当科学家取得创造性突破时，他所做的是将两个矩阵融合成一个新矩阵，一个综合体。而另一方面，在艺术领域中，两个原始矩阵通常是并置而非融合的。当你欣赏一件艺术品时，你就是在品味这种并置，或为其感到困扰。

凯斯特勒谈到了喜剧——要记住，有趣、嬉戏的感觉往往是创造力的重要元素。文字游戏，比如解谜，可以创造出令人惊讶的并置，激起创意的火花。在绰号、同韵俚语或网络恶搞中，使用的有趣语言通常是协作的、叛逆的、反独裁的，甚至是变革性的。语言是我们思考方式的核心部分。语言天赋对于设计和表达创造性的突破至关重要。要积极地去突破语言的界限。正如哲学家路德维希·维特根斯坦所说的：“语言的局限性……意味着世界的极限性。”

凯斯特勒也提出了一个重要观点，即我们都是具有创造性的，创造力不是少数人的所有物。只有像罗西尼或鲍勃·迪伦这样的有天赋的人才有创造力，而我们其他人都没有——这样的观点是错的。英国埃克塞特大学的一项研究发现，让人富有创造力的关键要素不是与生俱来的才能，第一是机会，你要去尝试；第二是鼓励，可以来自同事、老板、家长和老师；第三是训练——良好的知识和技能基础可以使你在某个领域自由地发挥创造力；第四是动力——动力可能是天生的，但也可以后天培育；第五是练习。

身份危机

公元2999年。外星人已经登陆地球，并在地球上安顿了下来。你在除夕晚会上遇到的三人组中的每一个成员要么是外星人，要么是伪装成外星人的人类。你知道外星人不会说谎，而人类不会说真话。左边的人（1）向中间的人（2）表明身份，中间的人告诉右边的人（3）：“他说他是外星人。”然后（3）回答：“不，他不是外星人，他是人类。”

你能分辨出外星人比较多，还是人类比较多吗？

挑战度 ●●●●●●

完 成 ■

时 间 00:00

31

威斯敏斯特教授的字母汤

语言教授沃尔多·威斯敏斯特对他的学生们说：你们需要将所有蓝色大写字母放入图中左下方圆圈中的三个字母组中的一组，使它们的分组符合逻辑拓扑规则。此外，在每个圆圈中，你们必须找到1个不属于该组的字母。

附加题：你能说出教授黑板上三组大写字母中的红色字母和蓝色字母之间的区别吗？每组都缺少两个字母，如图所示，缺失的字母位于黑板下方。你能把这些字母放回它们所属的组吗？

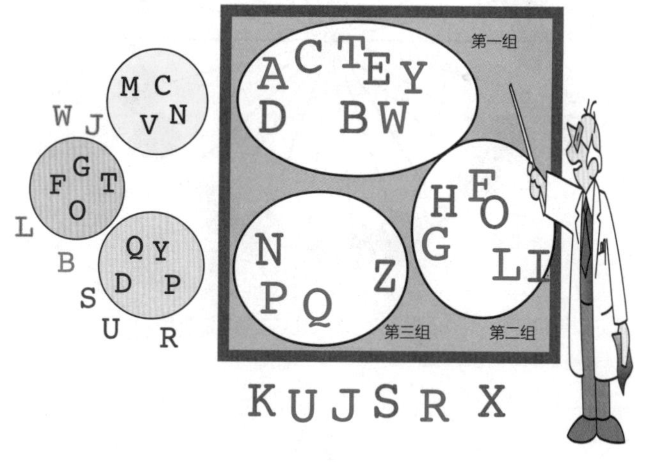

挑战度 ●●●●●●

完 成 ■

时 间 00:00

32

字母顺序

又是一个字母挑战。你能帮帮年轻的阿尔弗雷多吗？从A开始，字母表圆圈中任意三个连续字母的和均为16。如果B等于9，F等于2，你能确定每个圆的值吗？

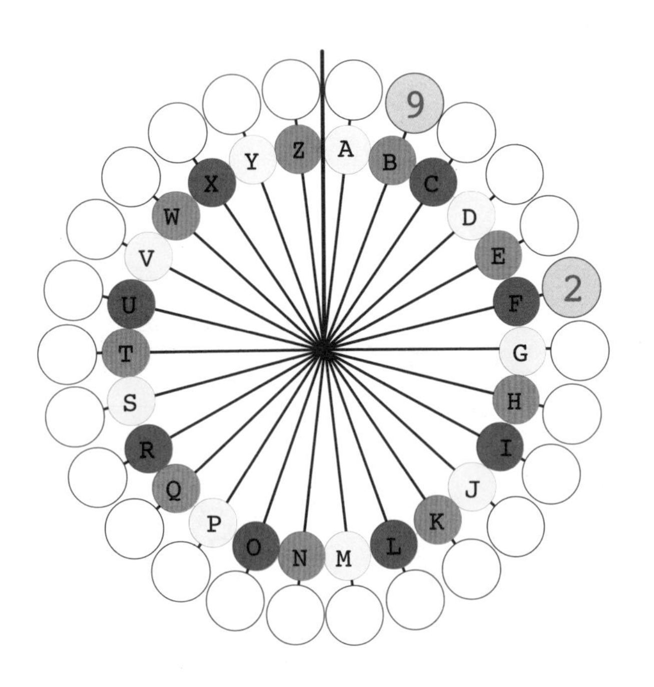

挑战度 ●●●●●●

33

完 成 □

时 间 00:00

多边形的螺旋推进

黑色区域是多边形的一部分。你能计算出每个多边形中黑色区域的面积占比吗？

挑战度 ●●●●○○

34

完 成 □

时 间 00:00

刮了胡子的费加罗？

这是一道逻辑题，灵感可能来自焦阿基诺·罗西尼的《塞维利亚的理发师》的美妙旋律。

在一个小镇上，只有一位理发师，他的名字叫费加罗。有些小镇居民留了胡子且不刮胡子，其他人则自己刮胡子。然而，在那些不留胡子的人中，费加罗给所有不自己刮胡子的人刮了胡子。费加罗从不给那些自己刮胡子的人刮胡子，因为每个人要么自己刮胡子，要么由费加罗刮胡子，没有人同时使用这两种方法。问题是：费加罗留胡子吗？

35 挑战度 ●●●●●●
完 成 ■
时 间 00:00

马戏团逻辑题

帽子颜色逻辑推理题是基于数学归纳诞生的，它是休闲数学领域的宝石，并拥有无限多的变体。

大帐篷已经支起。马戏团正在滨海贝亨演出。4名小丑一个接一个地站在同伴身前，其中，小丑A在最后面，小丑D在最前面。有2名小丑戴着红色帽子，有2名小丑戴着绿色帽子。他们都不知道自己帽子的颜色，也不可以转身回头看。他们当中谁会首先推断出自己帽子的颜色并大声喊出来？

注意：其他小丑看不到小丑D帽子的颜色，因为他和另外3名小丑之间隔着一张马戏团海报。

36 挑战度 ●●●●●●
完 成 ■
时 间 00:00

数弹珠

哈尼和所罗门一开始拥有同样数量的弹珠。后来哈尼又买了35颗弹珠，而所罗门丢了15颗，他们总共有100颗弹珠。请问最开始他们各自有多少颗弹珠？

37

挑战度 ●●●●●●

完 成 ■

时 间 00:00

“爱因斯坦”和他的学生们

数学老师艾伯特·“爱因斯坦”·约克说：在一组20名男孩中，有14名男孩是蓝眼睛，有12名男孩是黑头发，有11名超重，有10名个子高。他问：有多少名男孩同时拥有这四种特征？

38

挑战度 ●●●●●●

完 成 ■

时 间 00:00

两位父亲

在超市里，一位叫威利斯的父亲对另一位名叫阿尔比的父亲说："如果你把我的四个孩子的年龄相乘，你会得到39。"请问威利斯的孩子们都多大了？

39

挑战度 ●●●●●●

完 成 ■

时 间 00:00

谁在过第一百万个生日？

一群人正在庆祝他们的第100万个生日。有一个人活了100万小时，另一个人活了100万分钟，第三个人活了100万秒。图中哪个人看起来很奇怪？你能辨认出每个过生日的人吗？

40

挑战度 ●●●●●●

完 成 ■

时 间 00:00

CHAPTER

5

策略

先了解自己的风格
再选择策略

研究表明，创造的过程充满了错误的开始和错误的实验。创新者一旦完成一项工作，他们几乎完全无法控制其反响是好是坏。最成功的创新者往往是那些产出最多的人——他们的工作时而备受好评，时而甚至不被理解。过度关注人们对你的工作或想法的反馈，会让人束手束脚：最好的策略是投入到创造性的问题中，做好自己的工作，然后放手。培养一种超脱感。

另一个有趣的见解是，富有创造力的人通常不是自己成果的最佳评判者。当参与一项有创造性的工作时，务必要关掉批判的、自我怀疑的声音，因为它们会逐渐侵蚀你的思维和原创性。

在具有创造力的人当中，有些人是追寻者，有些人则是发现者。追寻者是试验者。他们往往没有清晰的目标，通过反复的试验和试错得出成果。对他们来说，每个决定都很艰难。他们经常发现很难估算一项工作需要多少时间。而发现者是创新者。他们通常有明确的目标，并在开始工作之前就做了细致的准备。

戴维·加伦森在2006年的一项研究中探索了伟大的艺术家们的职业生涯。他发现试验者/追寻者往往在职业生涯的尾声时创作出最好的作品——他们的成功靠的是掌握技能和努力。他们一生的工作通常是稳定的。但创新者/发现者常常在其职业生涯早期就取得了突破。他们一生的工作是不稳定的，有成就的高峰和低谷。创新者的工作往往是激进的，改变了他们所在领域的规则。这两种类型没有优劣之分。但这种对比提供了一种有趣的见解，让我们思考何为创造性地解决问题，何为原创性思维。

在进行创造性工作之前，你倾向于仔细准备并制订明确的目标吗？或者你可能更愿意边走边寻找自己的方向——只管开始去做，当问题和挑战出现时再寻找解决方案？了解自己的最佳工作方式，将有助于你制订自己的创造性策略。

麦克马洪的彩色方块

正方形被2条对角线分成了4个部分。请用4种不同的颜色给这些部分上色，每个正方形均使用相同的4种颜色。

下图中已给出一个上色样例。一共有24种不同的上色方案。你能发现漏掉的彩色正方形吗？假如有些正方形是通过旋转和镜像得到的，这24个正方形中有多少种不同的正方形？

如果复印并剪下这24个正方形，你就能解决一道经典谜题：用24个正方形组成一个4×6的矩形，要求相邻的边颜色相同，按多米诺骨牌的样式连接。再组成一个5×5的矩形，且中间有一个洞。

这一挑战以在马耳他出生的英国数学家珀西·麦克马洪（1854—1929）的名字命名，他的大名总与组合数学联系在一起。

矩形游戏

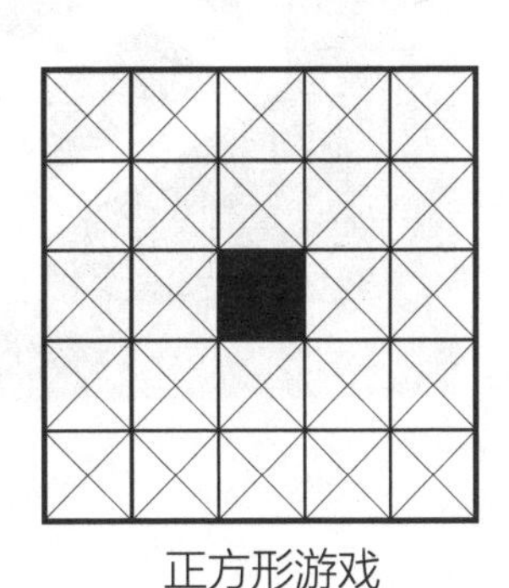

正方形游戏

41

挑战度 ●●●●●●

完　成 □

时　间 00:00

不同的路线

沿着箭头一直向下，从上到下共有多少条不同的路线？

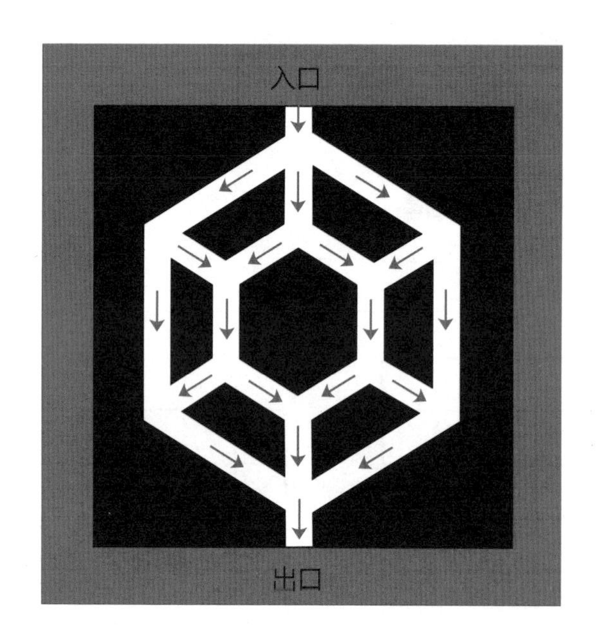

42

挑战度 ●●●●●○

完 成 □

时 间 00:00

从一朵花到另一朵花

桑德罗从博洛尼亚大学来到修道院。在博洛尼亚大学时，他是一位专职数学家。现在，桑德罗在修道院的花园里工作，小憩时，他思考着下面这个问题。

如图所示，花园里种满了鲜花。蜜蜂先生从右下角的花飞入。每朵花（仅连接处）他都至少访问一次，且从不飞离花朵，只沿着两朵花边界重叠的部分，以一条连续路线从一朵花飞到另一朵花上。

最后，在他旅程的终点，他将与停在一朵花上等待他的蜜蜂夫人相遇。你能找出他们相遇的那朵花吗？

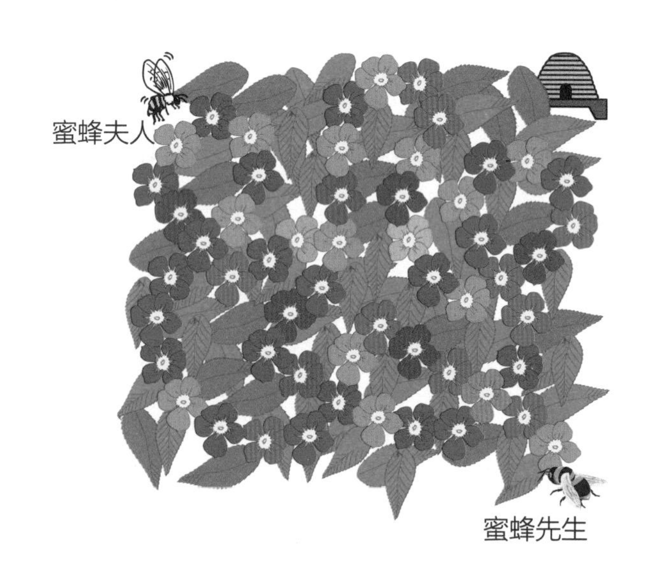

疯狂跳跃

有三只疯狂的青蛙——罗密欧（红色）、戈兰（绿色）和巴斯特（蓝色）——以一连串等距的跳跃穿越比赛场地。

罗密欧一次能跳1个单位，戈兰一次能跳2个单位，巴斯特一次能跳3个单位——长度如下表所示。

由于场地上有许多障碍物，青蛙们不得不曲折行进。它们跳跃时的落点为图中许多随机点中的一个。你能算出每只青蛙到达目的地需要经过多少次跳跃吗？

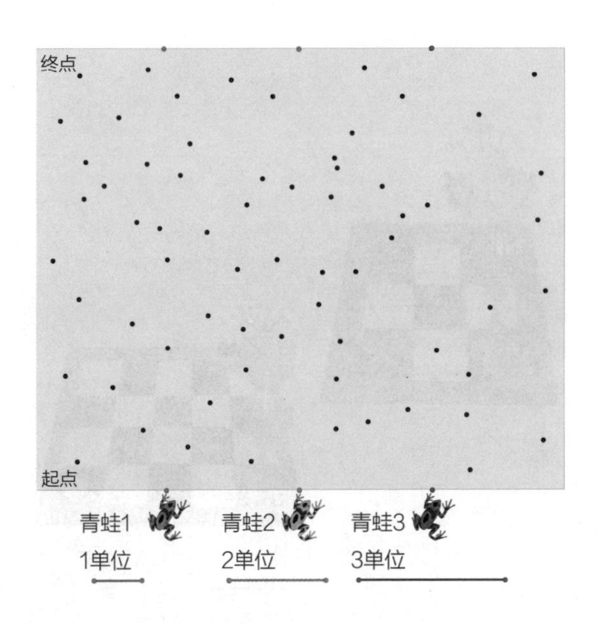

44

挑战度 ●●●●●●

完 成 ■

时 间 00:00

交换骑士

骑士们在棋盘上移动。若要交换2组3个骑士的位置，请问最少需要移动多少次？（骑士的走棋规则为：走日字格；可以越子。）

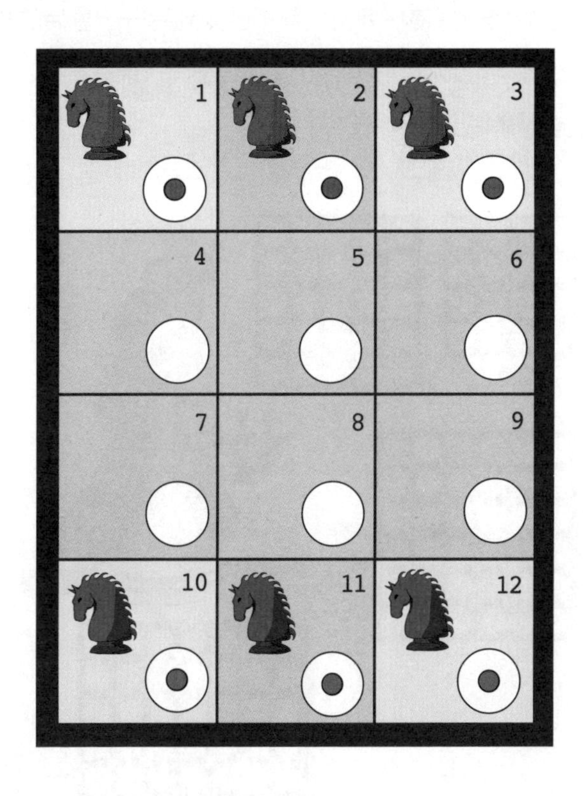

皇后的小小对峙

在数学城堡里，佩内洛普皇后将漫长的午后消磨在了棋盘问题上。

下面有4个棋盘，请问你可以在4个棋盘上各放置多少个皇后棋，并使任何皇后都不会受到另一个皇后的攻击？或者换句话说，没有两个皇后位于同一条垂直线、水平线或对角线上。

46
挑战度 ●●●●●●
完 成 □
时 间

皇室血统

佩内洛普皇后问：在3×3的棋盘上，国王若想从点1（左下角）移动到点2（右上角），他有多少种不同的移动方式？国王仅可以向上、向右和向右上角移动到相邻棋格。

附加题： 在5×4的棋盘上，国王若想从点1（左下角）移动到点2（右下角），他有多少种不同的移动方式？国王仅可以向右、向右上角和右下角移动到相邻棋格。

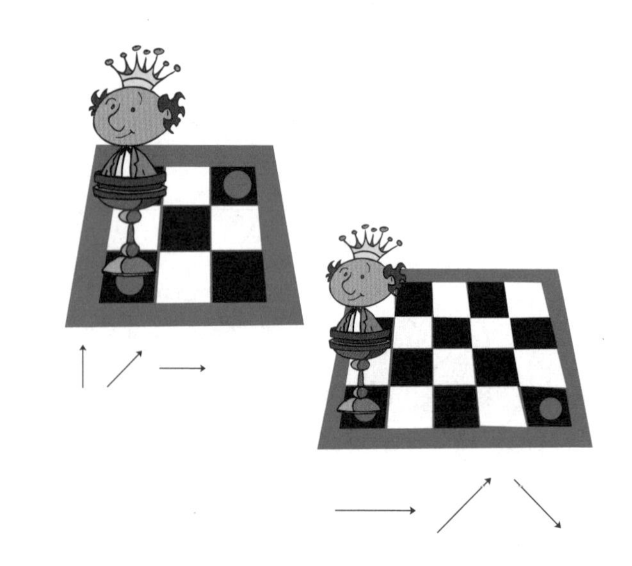

47
挑战度 ●●●●●●
完 成 □
时 间

星际旅行

你是“沉思号”飞船的船长。你能沿着一条不间断的线路连续访问14颗星星吗？每颗星星只能访问一次，且最后需要返回到出发的位置。

请逐一擦除16条带有黄色编号的连接路线，使之变成16道题目。

在每道题中，在其中一条路线被擦除的情况下，你能否像从前一样访问14颗星星？

提示：有两道题不存在满足条件的路线。你能找出擦除哪两条连接线时，题目无解吗？

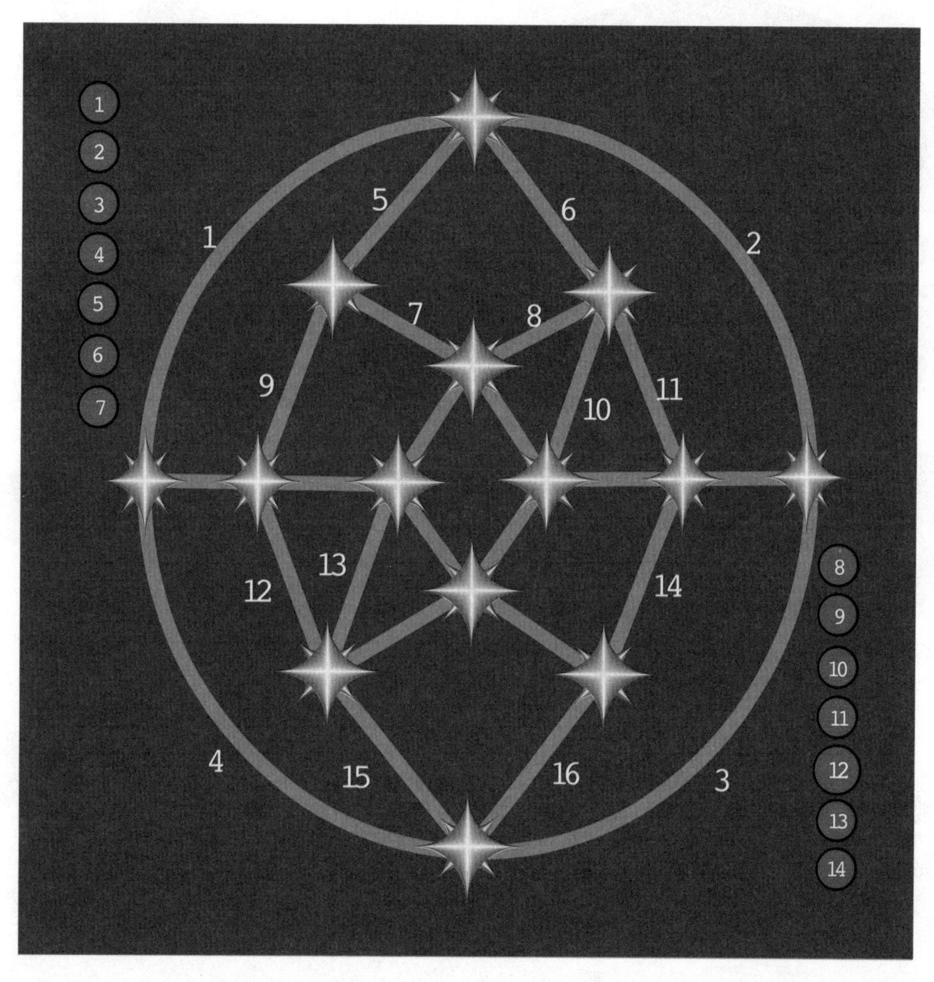

在阿夫拉姆的花园里

数学老师阿夫拉姆在退休后建造了一个五角形的花园。他邀请我们去他的花园里散步。

我们只能走在白色小径上，接连参观15个圆圈。

只有在我们从某一圆圈沿小径到达另一个圆圈时，这个圆圈才会被计为已访问并被标记。然而，在我们沿着小径前进但不改变方向时，所经过的圆圈则不被计为已访问且不会被标记。这个谜题要求我们访问每个圆圈，且沿着一条小径散步的次数不超过一次。但不要求走遍每条小径。

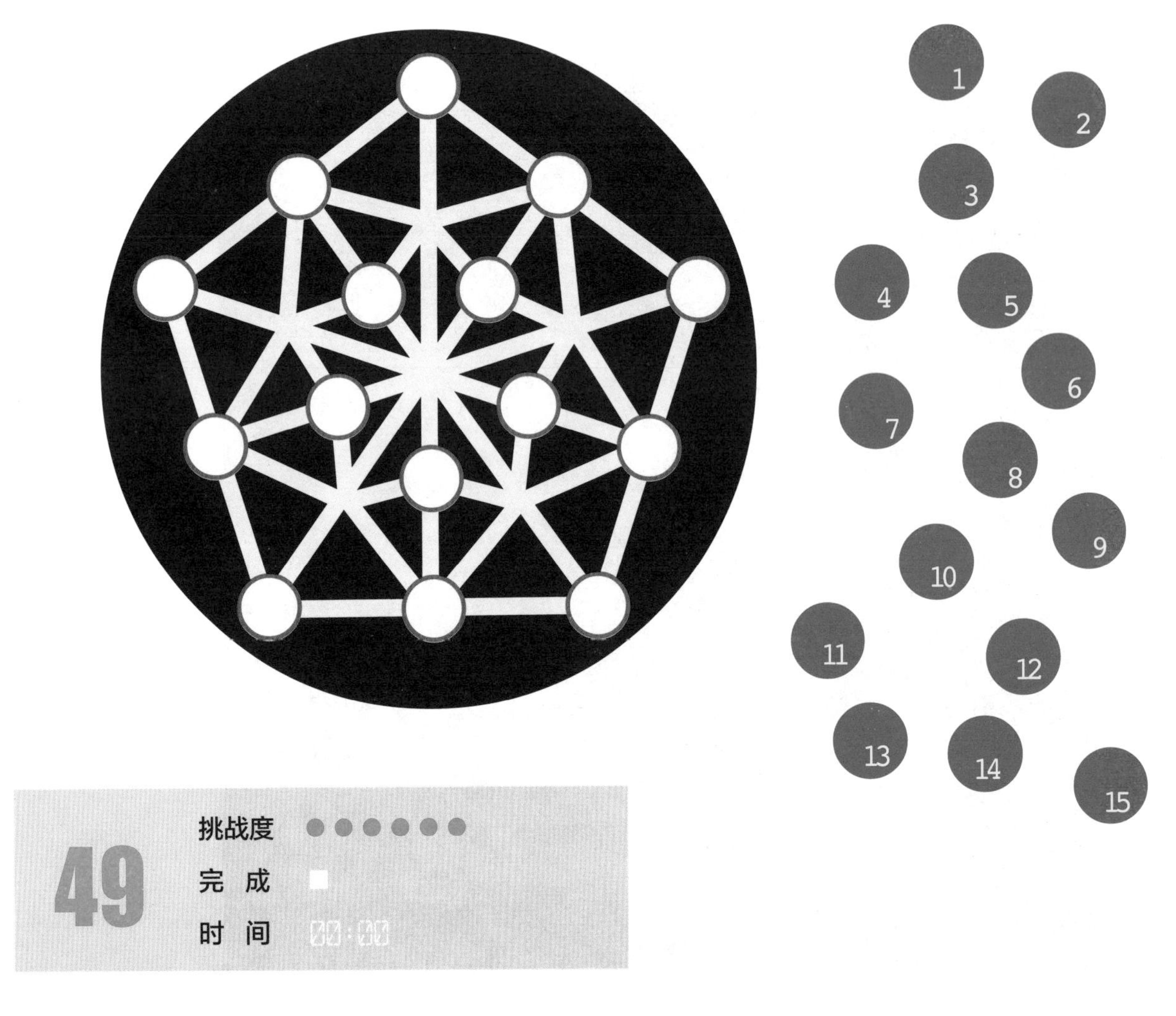

笔迹

你可以用你的铅笔沿着正方形图案中所有白色路径画出一条连续的线吗？从任意红点开始，在不抬起铅笔的情况下，每个红点需至少访问一次，但每条白色路径只能走一次。

你可以多次访问红点，也可以越过路径，但一旦越过就不可以折返！

莱昂哈德·欧拉是有史以来最高产的数学家之一。这条路径以他的名字被命名为欧拉路径。如果路径在起点结束，则被称为欧拉回路。因此，我们的问题是找到正方形中的欧拉路径或回路。

CHAPTER

6

反 思

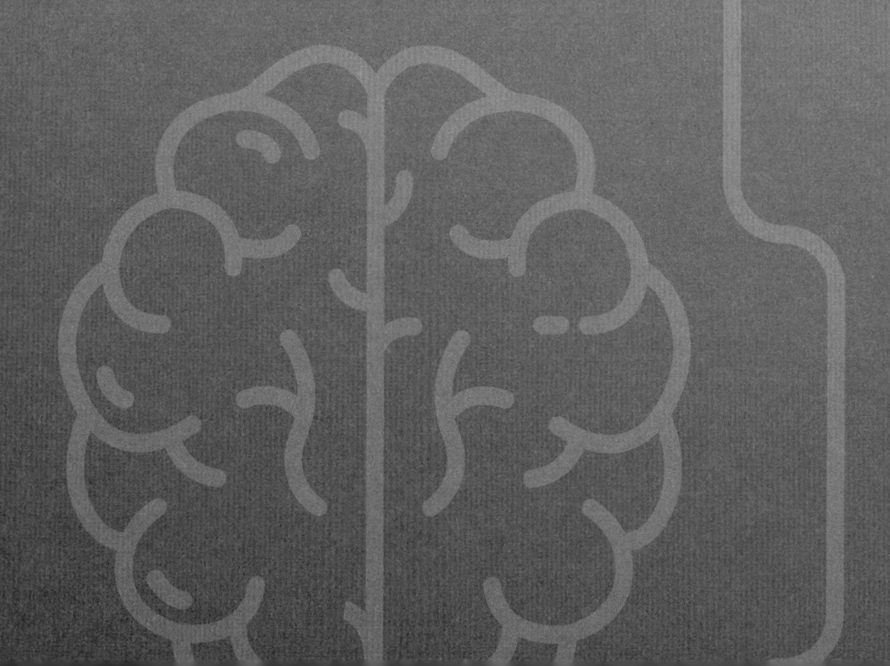

任想法跳跃
再做思考

人们有时会认为，创造性是一种孤独的追求——一位小说家坐在她的书房里，等待着灵感降临。但正如史蒂文·约翰逊在其2011年出版的《好主意来自哪里：创新的七种模式》（*Where Good Ideas Come From: The Seven Patterns of Innovation*）一书中所论证的，创造力往往是在人与人之间的联结中无意中产生的。当人们聚集在一起，想法一个接一个蹦出来，甚至人们也会基于旧观念提出新想法。通过共同工作，你可以从同事那里获得他们的见解和热情的反馈——但通常不会像浴室镜子那样直接；他们的反馈很有可能被怪异地、创造性地扭曲了，更像是在哈哈镜中的样子。

戴维·布尔库什在2013年出版的《创造力的神话》（*The Myths of Creativity*）一书中写道，创造力是一种“团队运动”。如果你在工作中想提高创造力，给你的工作环境带来创新，你能设计一个实际的项目，让不同的团队和小组可以分享想法和共同工作吗？如果你正想要提高思维的创造性，请寻找结识新朋友的办法，或者重新联系不同学科的旧友。令自己惊奇，刺激你的创造力……推动你自己。

但创造力也需要另一种反思：对你的工作深思熟虑。你需要在哪些领域更加努力？你需要在哪里控制住本性的冲动？试着对你自认为的弱点保持积极态度——想办法强化你的薄弱之处。这些益智游戏对此很有助益。在自己不够强大的领域去寻找问题和谜题。它们为你提供了机会，让你识别和练习关键的创新技能。这是一个独一无二的机会，来开发你最需要的才能，助你成功。

开着或关着?

斯宾诺莎旅馆共有10扇门，编号为1～10，门全都关着。

早上，清洁女工罗莎走过去打开每扇门。

下午，清洁工换班后，海伦重新关上所有偶数门。

随后，修理工波特先生走到门口，改变了每个编号为3的倍数的门的开关状态。

另一个人又改变了每个编号为4的倍数的门的状态。依此类推，直到有10个人来过门口。

在这10个人来过之后，哪些门还开着？如果对100个门按同一流程操作，你还可以聪明地猜出哪些门开着吗?

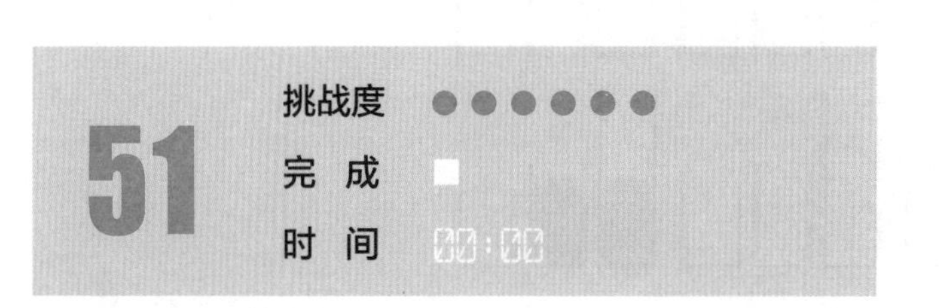

桑德罗的倒酒问题

三个酒壶的倒酒问题是15世纪的经典之作。我们来自修道院花园的朋友桑德罗和马尔科在餐厅里讨论了这个问题。

起初，8升酒壶里装满了红酒，另有2个分别能容纳5升和3升的酒壶是空的。我们需要将红葡萄酒分成两等份（这将使最小的酒壶空置）。由于酒壶没有刻度，我们只能将酒壶完全倒空或完全灌满。

请问达成目标至少需要倾倒多少次?

你可以用少于7次的倾倒达成目标吗?

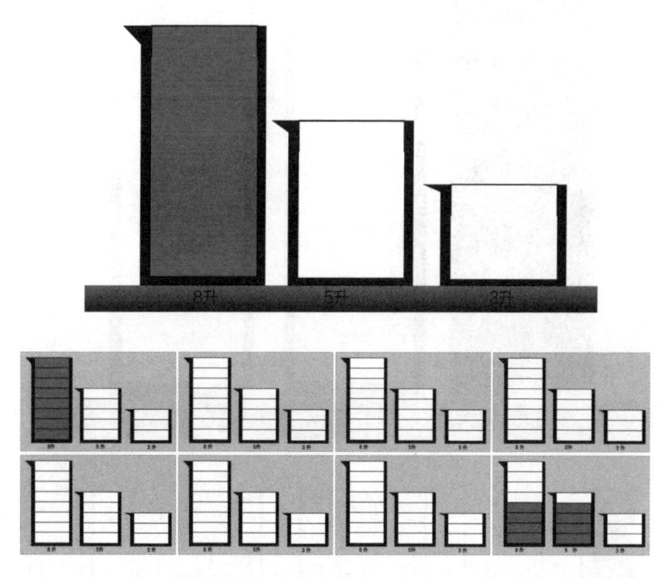

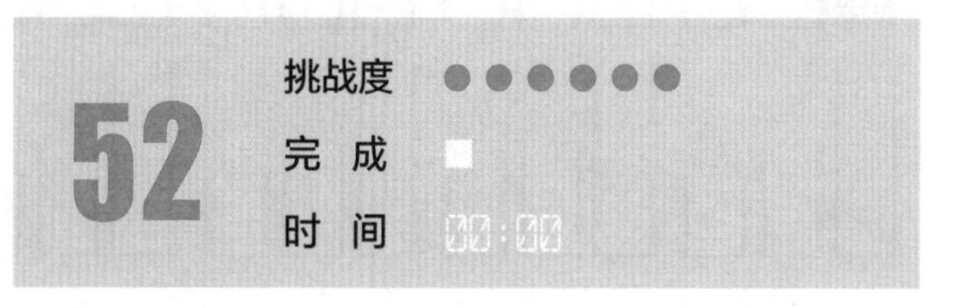

马尔科的倒酒挑战

同样的问题，挑战略微不同，由马尔科提出。起初，12升酒壶里装满了红酒，另有2个分别能容纳7升和5升的酒壶是空的。

12升 7升 5升

和上题一样，我们需要将红葡萄酒分成两等份（这将使最小的酒壶空置）。由于酒壶没有刻度，我们只能将酒壶完全倒空或完全灌满。

请问达成目标至少需要倾倒多少次？你可以用少于11次的倾倒达成目标吗？

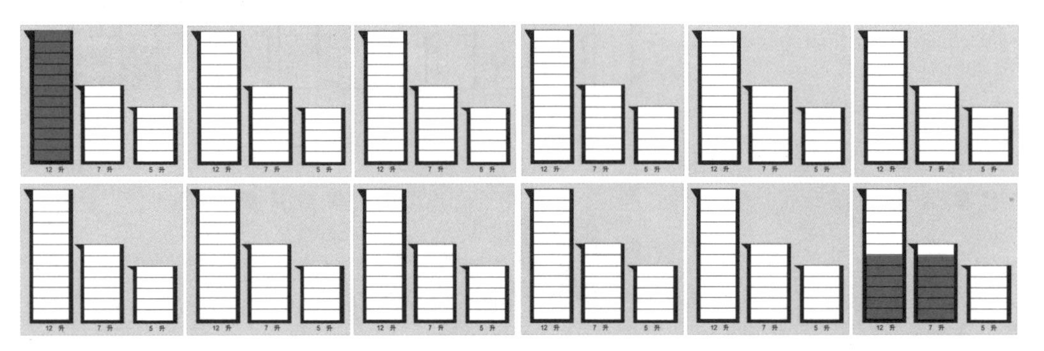

查尔斯国王的头像

查尔斯国王已下令为纪念庆典定制一枚他面部侧影的金头像。侧面头像一共有3种不同的大小，周长比例为5:12:13。这三枚头像的厚度都一样。为了使用最少量的黄金，查尔斯国王应该选择一枚大的金头像还是两枚小的金头像？

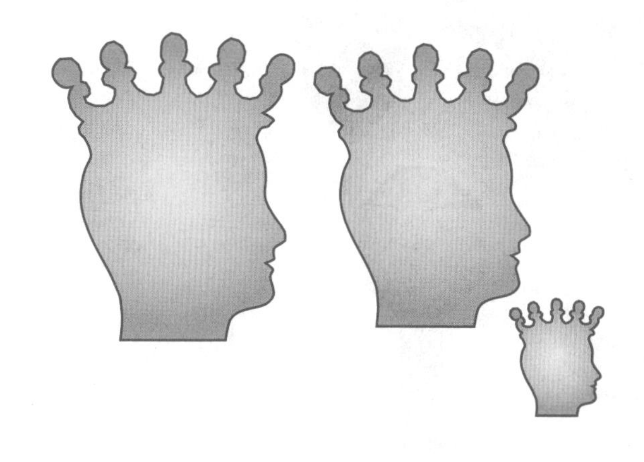

装水的玻璃球

你有一个装满水的薄壁玻璃球，玻璃球能正好装在一个立方体盒子里，立方体的棱长与玻璃体的直径相等。如果你打碎玻璃球，水就会流入立方体，请问立方体里有多少体积的水？

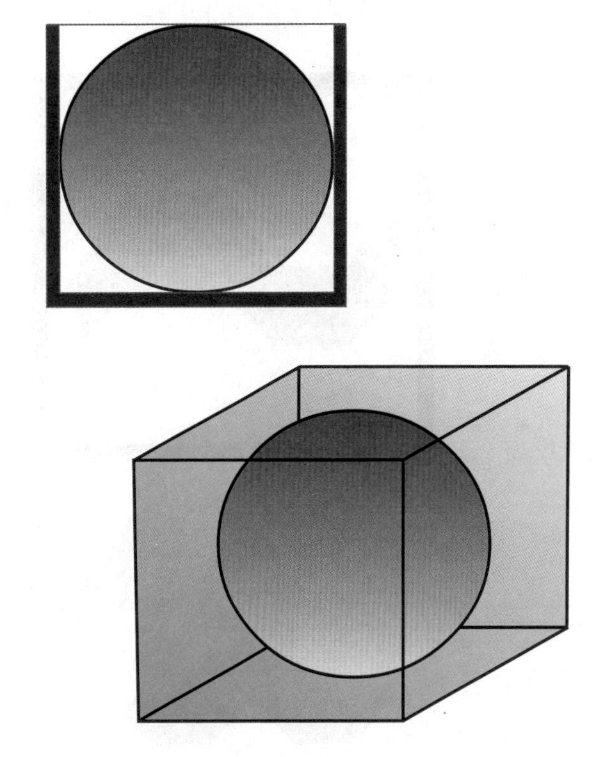

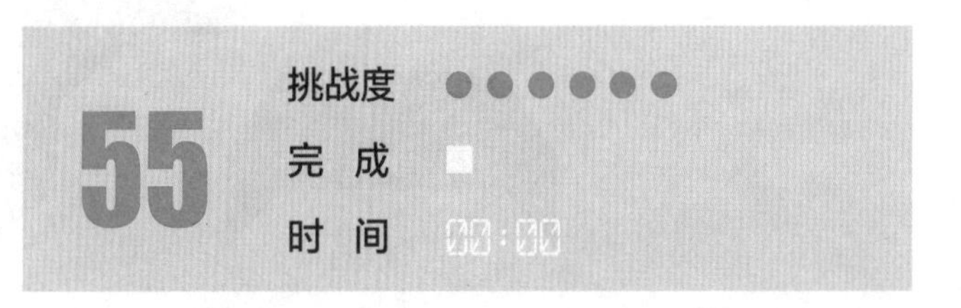

马克思的镜面图形

马克思·马尔克思老师为他的数学题集设计了这个挑战。想象一下，你有一个平面镜，你将它放在主图案（左上）的一条编号线上。每次放置镜子时，主图案未被覆盖的部分和镜子中反射的图像都会以镜子为对称轴，形成一个对称图案。

下面这8种图案是将镜子放在7条对称线中的一条上获得的。你能分辨出创造每个图案的对称线吗？

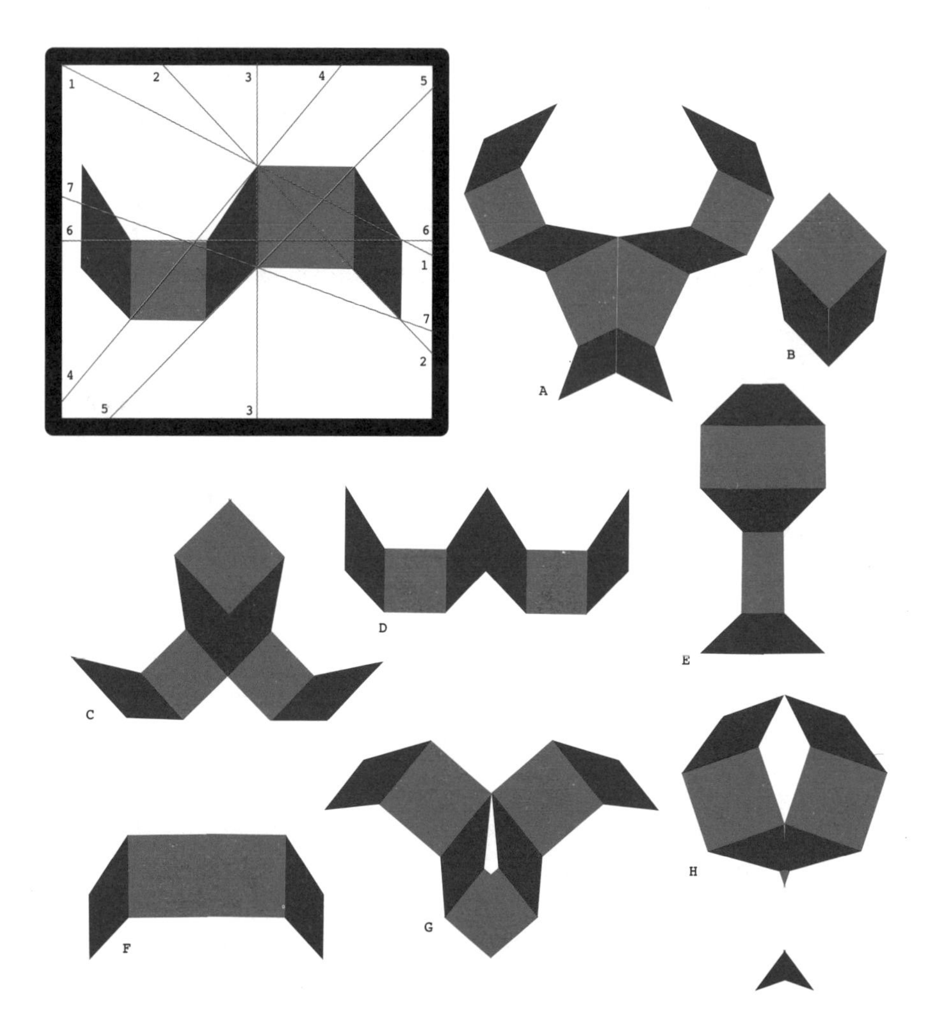

辛西娅的对称线

马克思的同事为她与马克思教授的高级班学生设计了后续的对称挑战。想象一下，你有一个平面镜，你将它垂直放在主图案（左上）的一条编号线上。

每次放置镜子时，主图案未被覆盖的部分和镜子中反射的图像都会以镜子为对称轴，形成一个对称图案。

下面10种图案是将镜子放在5条对称线中的一条上获得的。你能分辨出创造每个图案的对称线吗？

20个零件的正方形

如图所示，这是一个完美的正方形，由16个一模一样的直角三角形组成。如果再增加4个直角三角形，你可以重新排列三角形并拼出一个更大的正方形吗？

58 挑战度 ●●●●●● 完成 □ 时间 00:00

有多少个三角形？

在这些三角形图案中，你能数出多少个大小不同的三角形？

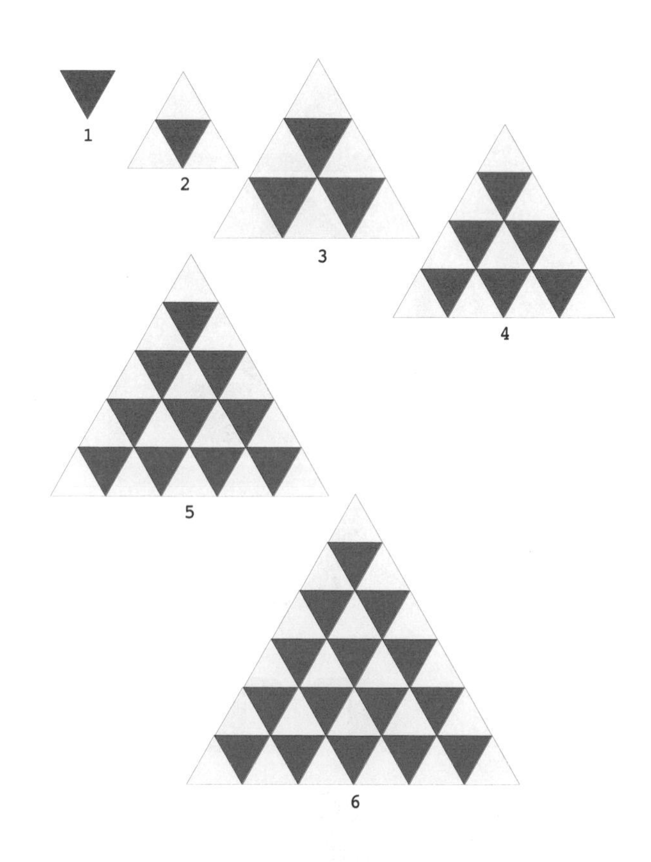

59 挑战度 ●●●●●● 完成 □ 时间 00:00

字母表的拓扑学

如果一个图形可以通过连续变形，变成另一个图形，那么这两个图形在拓扑学上是等价的。对拓扑学家来说，三角形等于正方形，甚至等于圆形。字母E在拓扑学上等价于使用给定字体的其他5个字母。你能挑出这些等价字母吗？

ABCDE
FGHIJ
KLMNO
PQRST
UVWXYZ

60

挑战度 ●●●●●●

完 成 □

时 间 00:00

CHAPTER

7

尝试横向思考

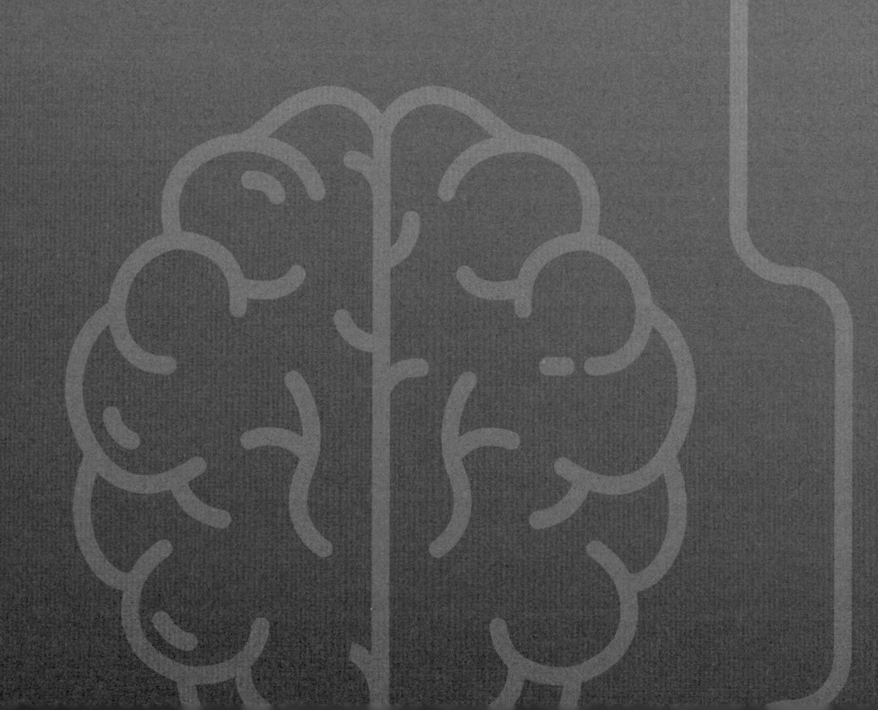

横向思考和反向思考

通常来说，看待问题的方式不止一种，并且构想答案的途径也不止一种。从新的或不寻常的角度看待问题，我们可以受益颇丰。或者问一问为什么会这样？为什么是现在？甚至也许可以从回答一个完全不同的问题开始。

不是简单地接受你被告知的事情，而是质疑权威并独立思考，这是创造力的一个重要方面。创造力和打破规则之间的联系也很有趣。行为经济学家丹·艾瑞里认为，有创造力的人可能会冒惹上麻烦的风险，因为他们发现小过失很容易被合理化，从而做出破坏规则的举动。在丹·艾瑞里2012年出版的《不诚实的诚实真相》（*The (Honest) Truth about Dishonesty*），和与弗朗西丝卡·吉诺合著并发表在《人格与社会心理学杂志》（*Journal of Personality and Social Psychology*）上的文章《创造力的黑暗面：原创的思考者可能更不诚实》（*The Dark Side of Creativity: Original Thinkers Can Be More Dishonest*）中，丹·艾瑞里团队通过一项研究测试了个人的创造力，并发现更有创造力的小组成员在数学考试中作弊的次数更多。他表示，当规则具有灵活性且与人们存在利益冲突，或者在是非观上略有偏差时，创造者可能会走上歪路。因此，他们应该仔细考量扭曲或违反规则的后果，以及微小的轻率行为造成失控的可能。

横向思考是一种转换性策略，可以改变我们看待问题和解决问题的方式。英国心理学家、作家爱德华·德·波诺在20世纪60年代提出了这个概念。德·波诺将思考与国际象棋比赛进行类比。国际象棋比赛遵循的规则历史悠久，使用骑士、象、车等棋子。但德·波诺说，我们应大胆地忽视规则并改变棋子。跳出问题，以不同的方式看待它：问问自己，我们使用的概念是唯一相关的吗？思考我们正面对的问题是否最恰当。甚至考虑一下：这个问题真的是问题吗？

横向思考使我们摆脱了僵硬的直线思考模式。横向思考的关键问题是：这些词是不是它们看上去的意思？这个问题或图像从另一个角度来看会大不一样吗？我们能用更简单的或更新颖的方式表述吗？这个复杂的解释是否真的回答了简单的问题？我可以简化这个过程或以不同方式组合这些元素吗？这通常是一个既轻松又好玩的自我质疑活动。

这也向我们展示了开发创造力的好方法：遵循我们的兴趣，构建我们的喜爱之物。大脑研究发现，当我们投入并享受乐趣时，我们的表现会达到最佳状态。

奥斯卡溺水的结局

你听说过可怜的奥斯卡吗？这位身高5英尺的男孩不会游泳，淹死在了平均水深为2英尺的浅水湖里。如此不幸的事故为什么会发生？

61

挑战度 ●●●●●●

完 成 ■

时 间 00:00

月球、水星和恒星

莱特洛·莱恩既是一位天文学家，也是一位成功的画家。2005年3月，他观察到了月球、水星和几颗恒星的位置，绘制并重现了当时的情况。

水星在左下角附近。但他犯了一个错误。你能发现这个错误吗？

62

挑战度 ●●●●●○

完 成 ■

时 间 00:00

母亲和孩子

索菲亚比她的孩子大21岁。再过6年，索菲亚的年龄将是她孩子的5倍。问题是：孩子多大了？

相似数列

下图是一个数列的连续8代，很有意思。你能找到数列的逻辑，并写出第9代和第10代吗？

代	数列
1	1
2	11
3	21
4	1211
5	111221
6	312211
7	13112221
8	1113213211
9	?
10	?

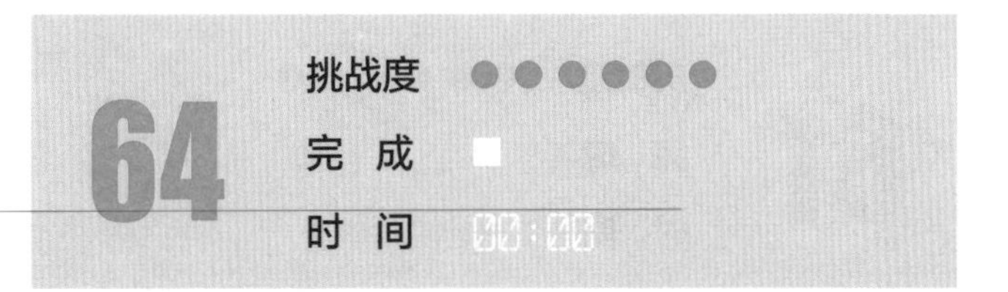

等距种树

托比爵士和西莉亚夫人有一个规模宏大的景观花园。他们最多能等距种植多少棵树？等距种树的意思是，每棵树到所有其他树的距离都相等。

65

挑战度 ●●●●●○

完 成 □

时 间 00:00

数正方形

几何老师埃姆林向他的学生杜威展示了一张画有正方形的纸，问："图中有多少个正方形？"

"6个。"杜威说。

"正确！"

接着，埃姆林再次拿起同一张纸，问另一个学生西恩，图中有多少个正方形。

"8个。"西恩说。

"完全正确。"埃姆林说。

你能解释这个情况吗？纸上到底有多少个正方形？

66

挑战度 ●●●●○○

完 成 □

时 间 00:00

总和

这两个和都是由1到9位数相加所得。请问哪个和更大?

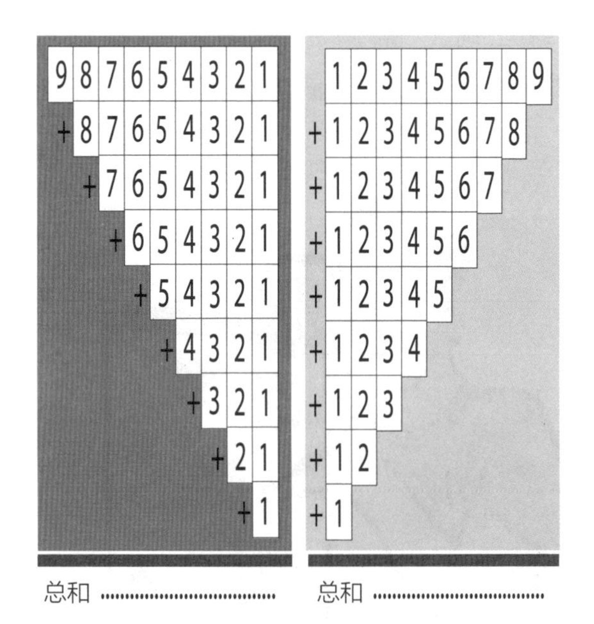

67

挑战度 ●●●●●○

完 成

时 间

卡米洛特危机

凯爵士、贝德维尔爵士和杰兰特爵士正从剑鞘中拔出剑来准备战斗。其中一把剑是完全笔直的,第二把剑是弯曲的,第三把剑——如图所示——呈三维螺旋状。这是一场公平的战斗吗?

68

挑战度 ●●●○○○

完 成

时 间

三处错误

句子中有三处错误，你能找出来吗?

69

挑战度 ●●●○○○

完 成 □

时 间 00:00

下一个是?

What is the next number in the following sequence?

（在下图的数列中，下一个数字是什么？）

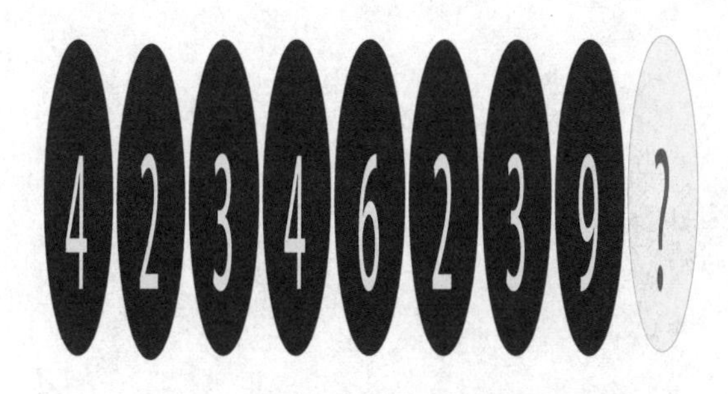

70

挑战度 ●●●○○○

完 成 □

时 间 00:00

CHAPTER

8

思维清晰

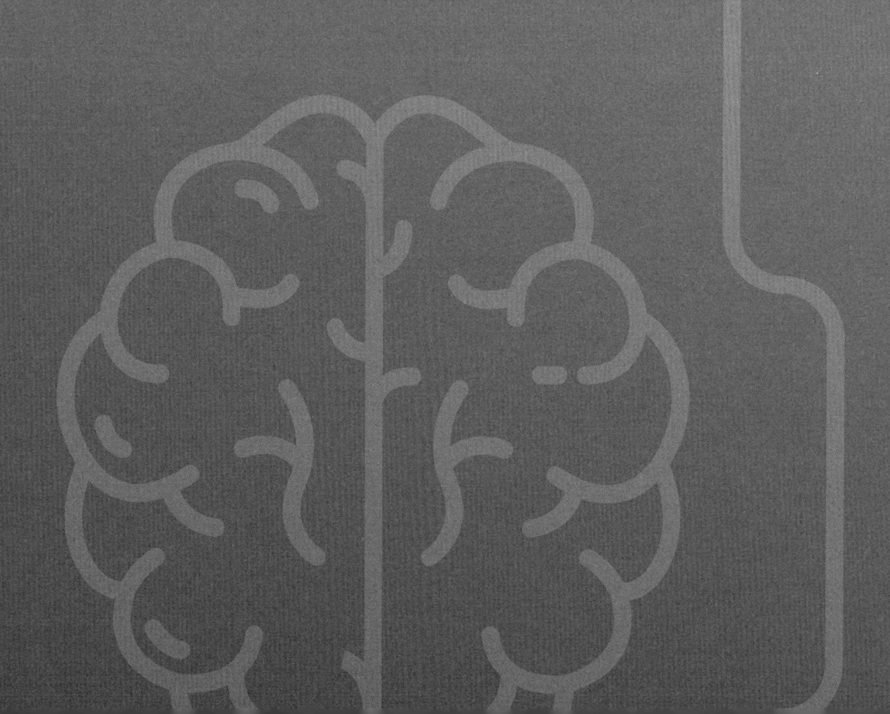

跳过缺口，关注细节

丹尼尔·卡尼曼在2011年出版的《思考，快与慢》中区分了他称之为系统1和系统2的两种模式或思维系统。他说，第一种系统快速、自动地运作——你无须耗费任何思考和精力。第二种是你用来做计算的那种思维系统，比如：你有意识地选择聚焦你的心力，通过专注于问题来让答案变得清晰。系统1运作速度很快，系统2则慢一点。卡尼曼认为，创造力和直觉尤其与系统1有关。但是，尽管你更具创造性和直觉，你也更有可能在系统1的思考模式中犯下逻辑错误。

你需要将系统2的思考方式——洞察力、判断力——运用到系统1的处理对象上。创造力要求表述和思考上的清晰。找到表达想法的正确方式或把问题的答案考虑清楚，对你会很有帮助。在你的创造力结晶尚未完全成型时，你需要发挥智力的作用。但是，如果你全神贯注于逻辑和系统2，你的系统1的直觉创造力会受到影响。创造力依赖于想象力，阿尔伯特·爱因斯坦有“想象力比知识更重要”这样的名言。“因为知识是有限的，”爱因斯坦在1929年的报纸采访中解释道，“而想象力拥抱整个世界，刺激进步，催生变革。”

让思维更清晰的方法之一是限制信息的摄取。有时，不了解问题的背景反而更好。优步（Uber）是一个常被援引的例子：新的服务是由不熟悉出租车业务的人构想出来的——他们放弃了业务惯例，开发了一种前所未有的服务方式。忽视惯例是有价值的，但它并不是让思维清晰的全部；寻找“不清晰”的点，这个方法也很有帮助。找出创造性的受阻之处——未经过深思熟虑或未能清晰表达的因素会阻碍创造性过程以及问题的解决。

给三角形上色

使用如图所示的4种颜色的组合给三角形的3个部分上色，请问三角形可以有多少种不同的颜色变化？你能确认出未被上色的三角形的颜色吗？

现在，请复印并剪下这24个彩色三角形，将它们放入六角形游戏板中，并且使相接边缘的颜色相同。

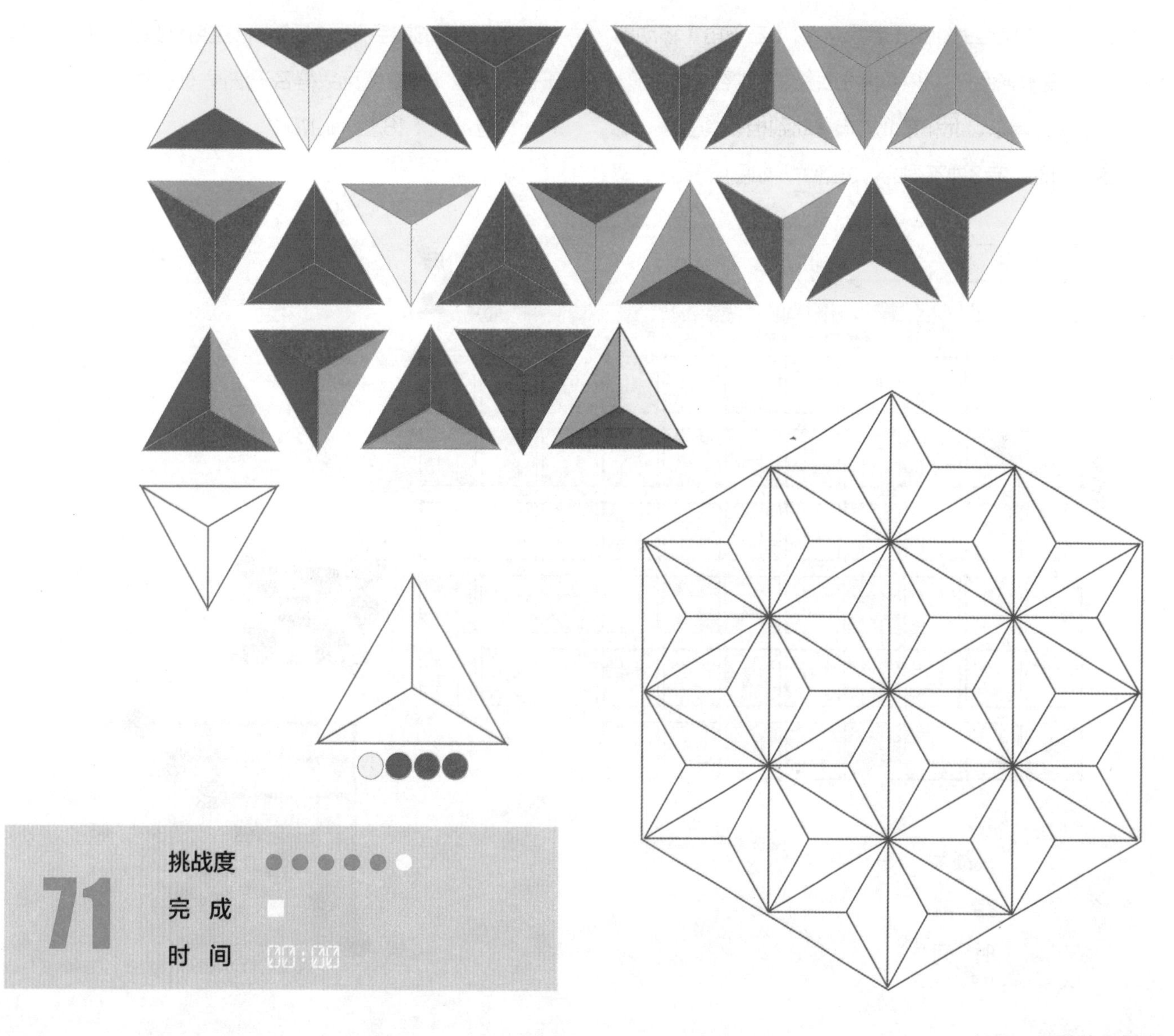

71

挑战度 ●●●●●○

完 成 □

时 间 00:00

国王行进问题

回到数学城堡里，佩内洛普皇后仍沉浸在国王行进问题中。

对比第5章第47题。佩内洛普正在思考该问题的一般形式：

在$n\times m$的棋盘上，国王若想从点1（左下角）移动到点2（右上角），他有多少种不同的移动方式？

国王仅可向东、北和东北方向移动到相邻棋格。

当$n=1$时，有3种不同的行进路线，如图所示。

当$n=2$时，有13种不同的行进路线：你能在网格中将它们全部画出来吗？

当$n=3$时，有63种行进路线。你能在网格中画出多少种？

n值不同的数字序列被称为德拉努瓦数，它阐明了国王行进问题。德拉努瓦数得名于法国休闲数学家、军官亨利·德拉努瓦（1833—1915）。

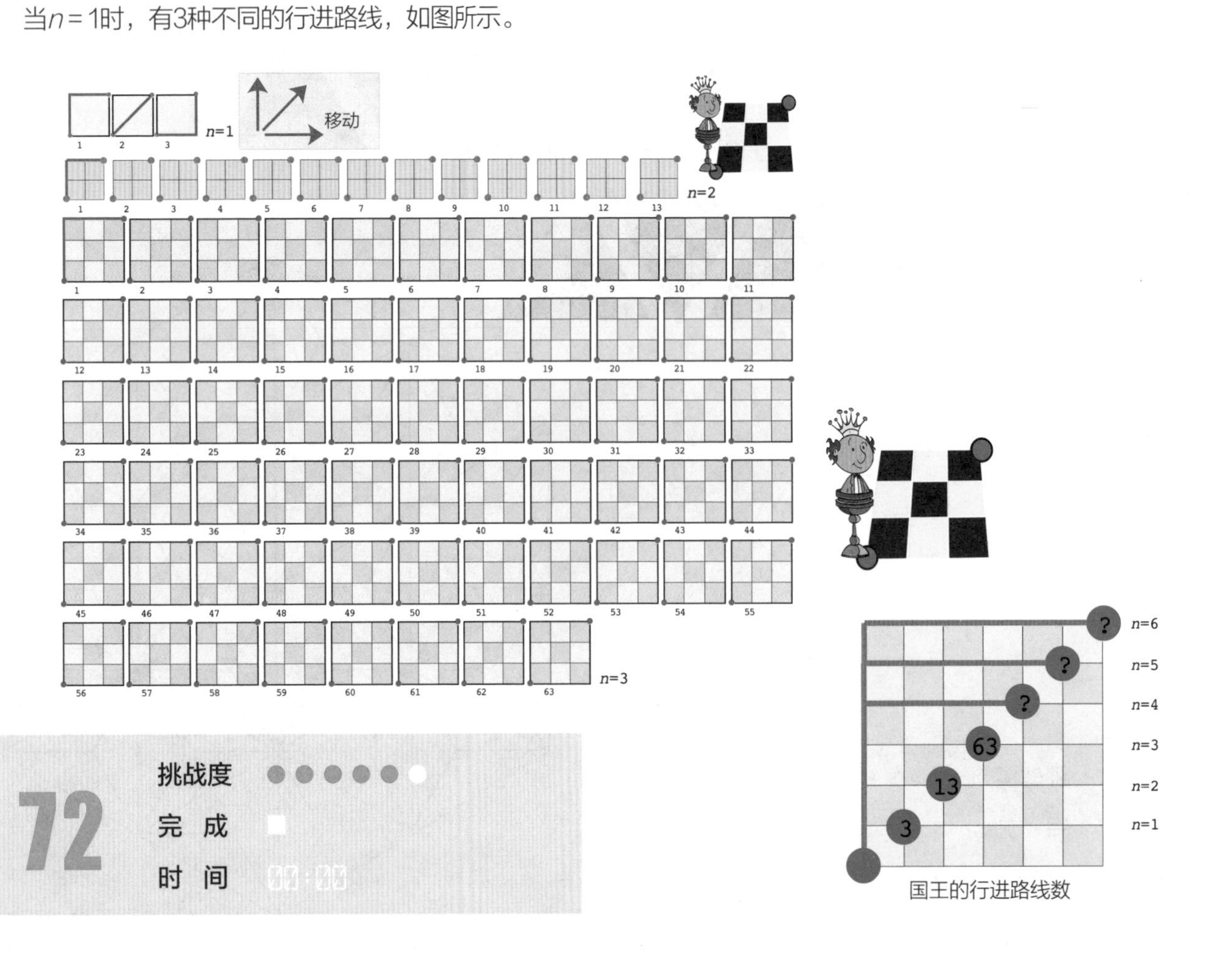

72

挑战度

完 成

时 间

星状多边形

非凸五边形被划分成24个相同的三角形，共有4种颜色。

你能用这些三角形重新排列出一个相同的五边形，并让每种颜色构成的形状相同吗？

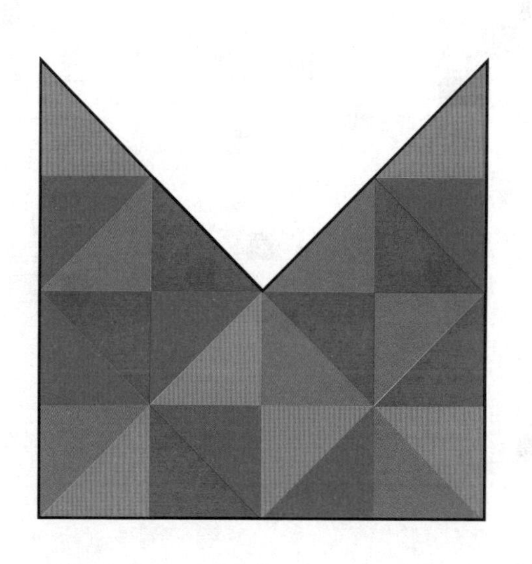

挑战度 ●●●●●●

完 成 □

时 间 00:00

73

切割五角星

复印图中的五角星并小心地将其剪成17个部分。你能重新排列这17个部分，并拼出4个大小相同的小十边形吗？

星形的切割变换可能是所有几何解剖问题中最漂亮、最有趣的。当它们数量最少（需要分为尽可能少的部分）时，它们通常具有显著的对称性与美感。此题由普渡大学的计算机科学教授格雷格·N. 弗雷德里克森提供。

挑战度 ●●●●●●

完 成 □

时 间 00:00

74

杰里·法雷尔的蜘蛛

在蜘蛛网的圆圈中填入连续数字1到18，并使3个六边形和每条对角线上的数字加起来等于神奇的常数57。

附加题： 请填入组成单词SPIDER（蜘蛛）的6个字母，使它们在3个六边形和3条对角线上不会重复出现。

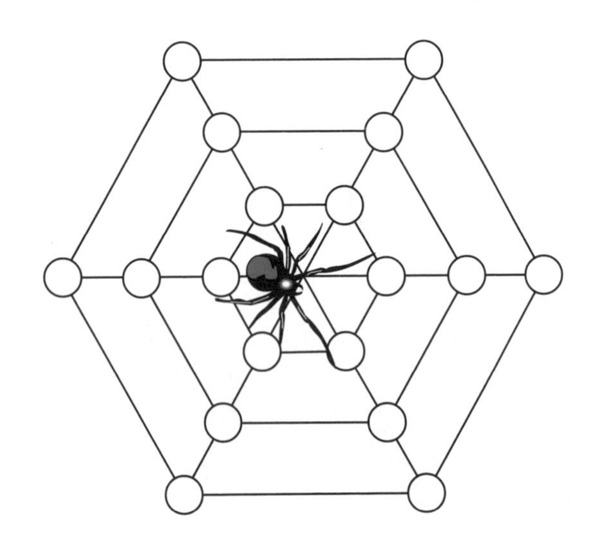

75 挑战度 ●●●●●● 完成 □ 时间 00:00

多联骨牌对称

复印并剪下图中的单体骨牌、T形四联骨牌和L形三联骨牌，将它们组合成镜像对称或旋转对称的图形。

一共能组合出17种这样的对称图形。我把单体骨牌放在了每种组合中适当的位置。你能放好其余的骨牌吗?

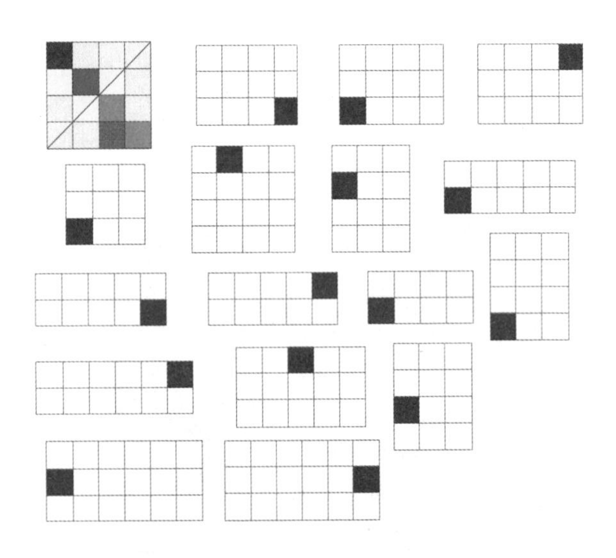

76 挑战度 ●●●●●● 完成 □ 时间 00:00

可以开始点餐了吗？

“围坐问题”是一道休闲数学题，题目如下：3对已婚夫妇男女交替围坐在桌边，请问有多少种不同的排座方案，且使得每对夫妇不相邻？这个问题由法国数学家爱德华·卢卡斯（1842—1891）于1891年提出，更早一点的时候，苏格兰物理学家彼得·格思里·泰特（1831—1901）也独立提出过这个问题。

你能找到至少一种排座方案吗？

77 挑战度 ●●●●●● 完 成 时 间

凯伦的生日蛋糕

生日快乐，凯伦！凯伦最爱的4个人来参加她的生日聚会了。现在，凯伦必须把她的方形生日蛋糕切成大小相等、糖霜量也相等的5块。糖霜装饰在方形蛋糕的顶部和4个侧面。

如果没有糖霜装饰，按4条平行线切蛋糕会很简单。但在这里，事情有点麻烦，因为那样做会使其中的2块蛋糕上有更多的红色糖霜。

弯折的词意

在尤里卡咖啡厅，这是“快乐与消遣”房间的一个挑战题。出题人尤瑟夫说，请想象这些字母被串联在可移动的连杆上，在这个绿色游戏板上，连杆可被弯折和操纵。唯一的固定点是中间的字母“Y”，连杆可以围绕着它弯折和旋转。在游戏板上安排25个字母，由此拼出一条重要信息。你能发现这条信息吗？

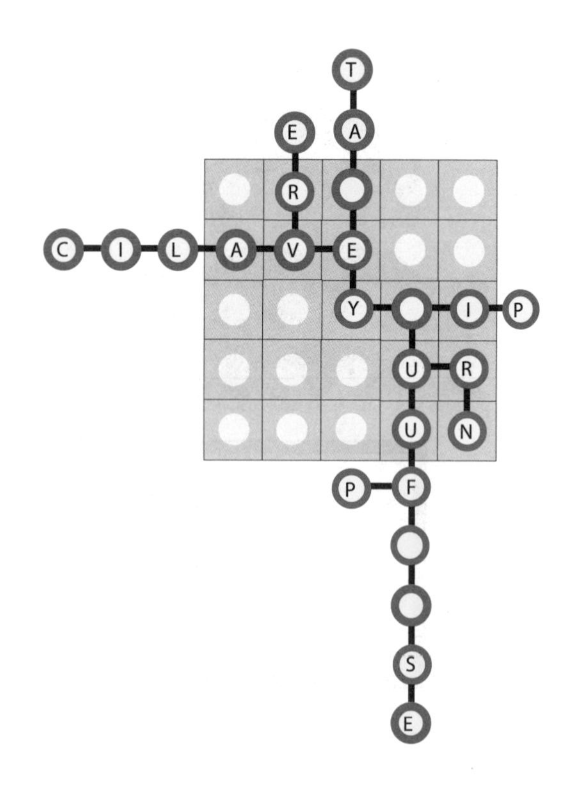

对称–镶嵌上色挑战

对称性可以说是自然界中最基本的概念。它描述了一种模式。对我们常说的图形之美而言，几何对称至关重要。有美好比例的事物让人感官愉悦。美与数学之间往往存在一种可衡量的关系，这种关系既适用于自然美，也适用于人造物。

运动几何的一个研究分支是等距变换，即将任何图形进行全等变换。

下面的图案有三条作为镜像对称线和旋转对称线的红线，图案中的大部分彩片已被移除。即便如此，我们仍有足够的信息重建原始图像，遵循对称规则，使用适当的颜色为图案上色。你能否完成这个图案？

此题摘自我在20世纪70年代创作的“镶嵌–艺术–工艺活动”游戏。

CHAPTER

9

勇敢

勇敢地跨出
创造性的一步

2005年，作者丹尼尔·平克在《全新思维》（*A Whole New Mind*）一书中将“跨越边界”视为创造力的一个关键问题。他说，我们生活在一个多任务、多媒体、多元文化的充满“多元”的时代。在这种背景下，开创性的思想或行为往往跨越了界限。富有创造力的人通常可以在不止一个领域开展业务。他是一位数学家和戏剧家；而她是计算机高手和音乐家。平克说，有创意的人会看到其他人未能看到的联系。“跨越边界的人，”他写道，“拒绝任何二选一，而是寻求多元选择并糅合解决方案。”

在某些时候，你需要一定程度的勇敢和自信来实现这一飞跃。你觉得你自己没能力这么做吗？值得注意的是，有时，在某个领域接受的培训或对某个主题的了解会让我们倾向于遵守规则，而我们需要的是以创造性的方式打破这些规则。

有时，跨越边界需要去尝试超越那些我们熟悉的、将其视为理所当然的事物。禅宗修行者谈到要获得“初心”，你应抛却所有熟悉的方法和你所知道的一切，通过热切的关注发现事物全新的一面。在1970年出版的《禅者的初心》（*Zen Mind*）一书中，禅师铃木俊隆说，初学者的心中存在很多可能性，而专家可能仅看到少数可能性。维克多·奥塔蒂教授2015年发表在《实验心理学杂志》（*Journal of Experimental Psychology*）上的一篇论文中指出，那些自认为是专家的人比他人更容易固执己见、封闭思想。我的益智游戏有许多是特意为了练习一些技巧而设计的，用来帮助你转换视角，以全新的方式看待事物，勇敢地跨出创造性的一步。

无限大酒店

无限大酒店拥有无限量的客房。无论酒店有多么满，总会有足够的空间留给下一波来宾。为了腾出空间，酒店经理只需将1号房间的客人调整到2号房间，2号房间的客人调整到3号房间，依此类推。

在这个过程结束时——可能需要很长时间！——1号房间对新客人来说是空置的。

但当数学公交车公司的客车在午夜抵达，有无限多的新客人入住时，酒店经理该如何应对呢？

81

挑战度 ●●●●●●

完 成 □

时 间 00:00

岛与桥

伊万群岛由6个岛屿组成。这里总是阳光明媚。

为了使人们从每个岛屿都可以抵达其他岛屿，你有多少种不同的方案可以将6个岛屿用桥连接起来？方案需满足以下条件：

3个岛屿有3座桥

2个岛屿有2座桥

1个岛屿仅有1座桥

由其他方案180度旋转（或镜像）而得到的方案不计算在内。

82

挑战度 ●●●●●●

完 成 □

时 间 00:00

区分钥匙的关键

酒店门卫山姆·贝克特有个疑惑。圆形钥匙圈上有10把钥匙，所有钥匙都按他记下的特定顺序排列。

每把钥匙都对应10把不同的锁之一。但有一天晚上停电了。山姆看不清钥匙圈——他只能靠手指触摸。他想："如果我有办法在黑暗中分清钥匙就好了，那么我想找到任何一把钥匙都不会花很长时间。"

因此在第二天，为了防止这种情况再次发生，山姆决定给一些钥匙贴上不同形状的标签。他需要10种不同的标签吗？

山姆至少需要多少种不同的标签，可以确保他只要摸到这些标签，就能确定钥匙在环上的位置？

提示：钥匙顶部排列的对称性没有任何帮助：山姆仍不能确定他手握的钥匙圈的方向。

警察捉小偷

警察格蕾塔·格林（绿色）正在追捕小偷龙尼·雷德（红色）。两人轮流移动，格林首先从所在圆圈移动到任何相邻的圆圈。绿色赶上红色算作格林抓住雷德。如果格林能在10轮内抓住雷德，那么她就胜利了。格林能赢得这场游戏吗？

84

挑战度 ●●●●●●

完 成 ■

时 间 00:00

方格旗

方格旗中红色区域的占比是多少？

85

挑战度 ●●●●●●

完 成 ■

时 间 00:00

蜗牛赛跑

三只训练有素的蜗牛正在进行一场百米赛跑：1号蜗牛的速度为3米/时，2号蜗牛的速度为5米/时，而3号蜗牛的速度为7米/时。

赛跑的规则很奇怪：每小时评估一次哪只蜗牛领先。然后领先的蜗牛需要停下来并等待1小时，其他2只蜗牛则继续前进。下一个小时同样如此，领先的蜗牛将停下来而其他蜗牛继续前进。当有2只蜗牛同时领先时，这两只蜗牛必须停下来并让第三只蜗牛继续前进，依此类推。

哪只蜗牛会成为百米赛跑的冠军？

附加题：第二场赛跑。3号蜗牛对自己在第一场赛跑中的表现感到失望。于是它换了一名新教练，将速度提高到8米/时。3号蜗牛的表现会在第二场赛跑中有所改善吗？

提图斯的三联骨牌

提图斯设计了一套新的多米诺骨牌——1个正方形（单体骨牌）、2个正方形（二联骨牌）和3个正方形（三联骨牌）。

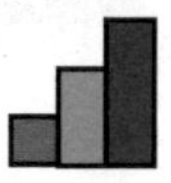

他向他的朋友奥古斯发起挑战：遵循以下规则和限制，你可以用一块单体骨牌、一块二联骨牌和一块直的三联骨牌创造出多少种不同的图形?

1. 骨牌的方向必须垂直。

2. 两块骨牌相邻时，较短的骨牌不能超出较长骨牌的边缘。

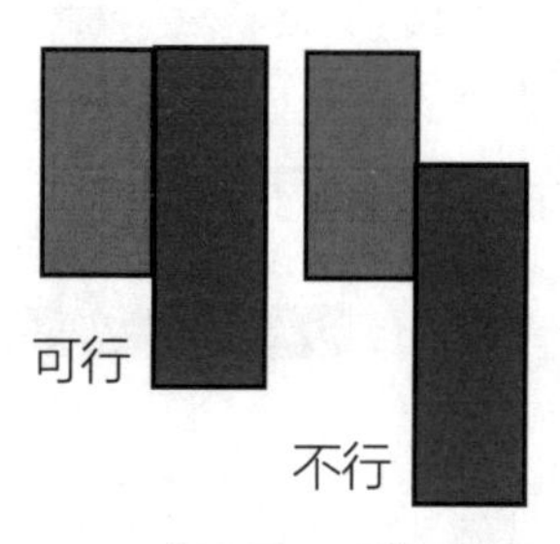

3. 镜像反转的图形被视为不同的图形。

4. 骨牌必须沿着假想的网格放置，每个网格的大小与单体骨牌的大小相同。

5. 三块骨牌必须连在一起。

布莱恩的穿越

从黑点开始，你能沿着这个坚固物体的边缘找出蜗牛布莱恩的爬行路线吗？布莱恩会访问每个角且只会访问一次，每条边也仅能通行一次。

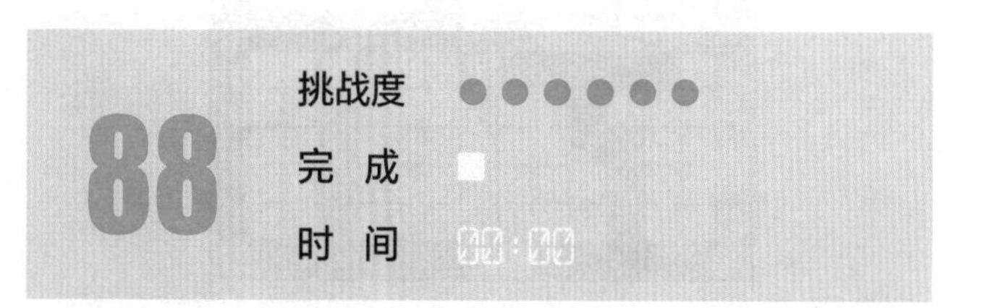

T形片

单位正方形的边与边相连组成对称的T形片。最小的T形片由4个单位正方形构成，如图所示（右），已给出前12个不同的T形片集合。

你可以将它们全部不重叠地放入15×15的游戏板的网格中吗?

其中一种放置方案如图所示，除了13个正方形组成的T形片，其他T形片都能放进去。你能想出更好的方案吗?

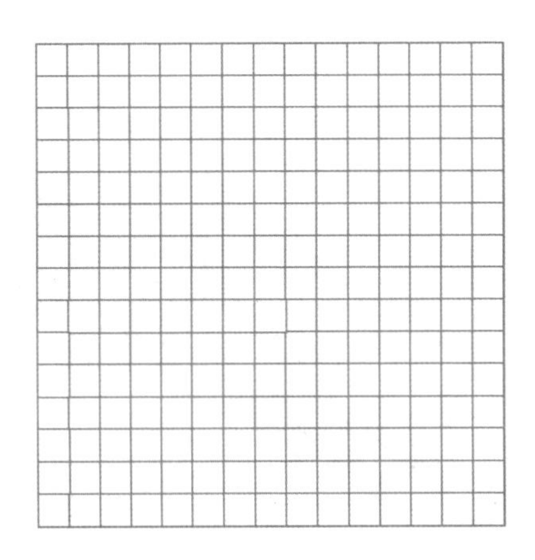

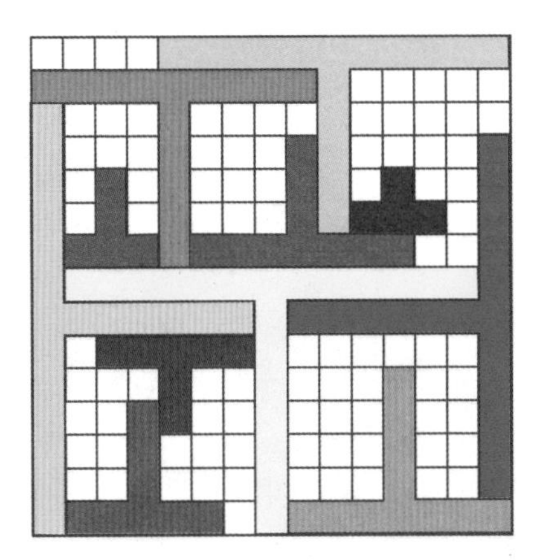

分开的问候语

想象一下，将下面两个圆盘叠在一起。你能破译出隐藏在这2张光盘中的信息吗？

90

挑战度 ●●●●●●

完 成 □

时 间 00:00

CHAPTER

10

探 索

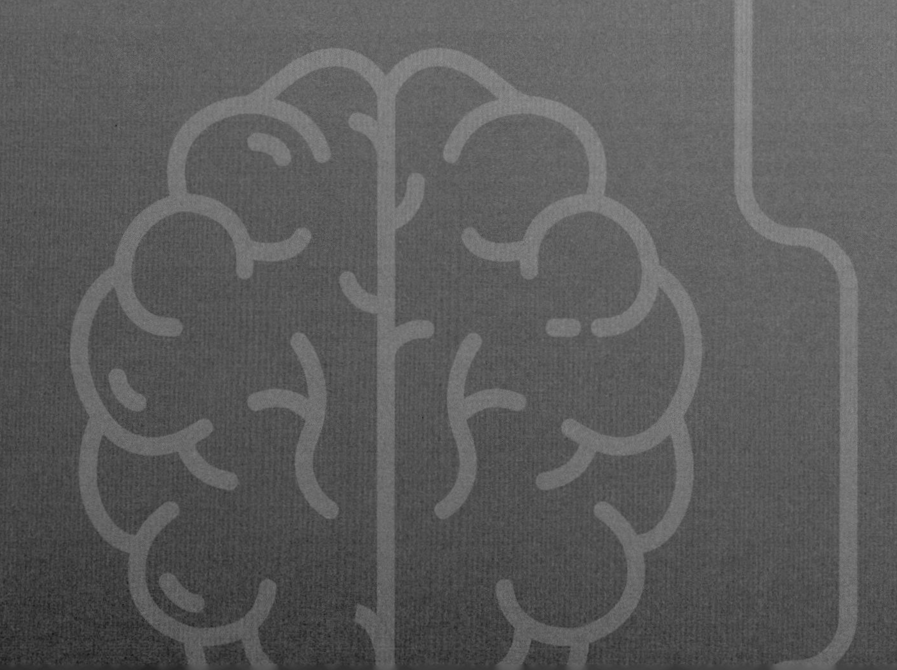

游戏性：

探索性创造力的核心

2011年，克莱顿·克里斯坦森、赫尔·葛瑞格森和杰夫·戴尔出版了《创新者的基因：掌握五种发现技能》（*The Innovator's DNA: Mastering the FiveSkills of Disruptive Innovators*）一书。正如书名所示，此书重点阐述了活跃大脑、激发创造力的五种行为，史蒂夫·乔布斯、杰夫·贝索斯和皮埃尔·奥米迪亚等商界开创性人物接受了作者的采访。书中列出的这五种行为是：（1）联系——将看似不相关的问题或想法联系起来；（2）质疑——挑战既定的做事方式；（3）观察——观察竞争对手和客户的行为；（4）交际——与人交流，获得新的视角；（5）试验——以不同的方式尝试事物，迸发新见解。作者强调，创造力并非与生俱来，也无法对你是否拥有创造力下定论；而这五种行为，可以让你变成一位思维活跃的人，提升你的创造力。

当下对探索性创造力的理解是一种“黑客”的概念。它并不指向计算机黑客一词的原意——闯入计算机系统以证明其加密上的弱点，而是提炼了黑客行为中切割和重组的这一面。从这个意义上来说，黑客把问题分解成碎片，或者发现了现有碎片新的自由组合方式，他们是伟大的系统完善者，经常通过微调使之臻于完善。史密瑟瑞（Smithery）设计部的创始人约翰·威尔希尔说：“黑客总是觉得某个部分有问题。”脸书首席执行官马克·扎克伯格认为：“黑客相信某件事总是可以做得更好，没有事情是完美的。”达妮埃莱·菲安达卡提供了下面这个激发你创造力的黑客式小技巧：避免重复使用上一次的方法；问自己如何才能将方法优化2%。想想你需要做出哪些改变，接着马上付诸行动。

思考一下建筑师按设计图建造大楼，和雕刻家在黏土、金属或岩石中发现形状，这两者之间的区别。我们可以把第一种称为被规训的创造力，把第二种称为探索性的创造力。最重要的是，探索性创造力的培养依赖于游戏，依赖于让人乐在其中的方式。正如匈牙利裔心理学家米哈伊·契克森米哈顿写于1996年的论文《创造性人格》（*The Creative Personality*）中所说的：“轻松愉快的态度正是创造性个体的特征。”

尤里卡的座右铭

让我们回到尤里卡咖啡馆（见PART3第79题）。你能根据颜色把小圆片放入下图空缺处吗？图中会出现一条关于创意生活的座右铭。

91
挑战度 ●●●●●●
完 成 ■
时 间 00:00

太空动物园

仙女座空间站里的动物园空间十分紧张（见PART3第20题）。如图所示，动物园是一个7×5平方单位的矩形，用围栏划分出了8个区域来分类饲养动物。你能算出这些区域各自的面积吗？

92
挑战度 ●●●●●●
完 成 ■
时 间 00:00

藏起来的多边形

你能在圆中找出多少个正多边形和星形？

93

挑战度 ●●●●●●

完 成 □

时 间 00:00

命运和盘子

在一家名为“命运与盘子”的餐具店里，曾经的数学神童、如今的店老板西蒙正在思考盘子上放置物体的问题。

带标签的盘子

西蒙想，如果我们有很多盘子，用不同的颜色（或以其他方式）打上“标签”，那么，有多少种放置方式可以使得每个盘子上有且仅有一个物体？

思考片刻，西蒙发现这只是“物体有多少种不同的排列方式”的另一种问法，因此答案即物体排列组合的个数。但是我们可以改变游戏规则：假设我们允许任意数量的物体放置在任意一个盘子上。

这样的话，可以有多少种不同的放置方式呢？

1个物体，1个盘子：1种方法。这很简单。不难看出2个物体和2个盘子有4种放置方法。在继续阅读之前，试着列出3个盘子与3个物体的所有可能结果。

答案是27。你全部找到了吗？让我们探究一下这些结果。我们有：$1=1^1$种在一个盘子上放置一个物体的方法；$4=2^2$种在2个盘子上放置2个物体的方法。$27=3^3$种把3个物体放在3个盘子上的方法……这也许只是巧合，但可以有一个合理的猜测：在n个盘子上会有n^n种方法。也就是说，4个盘子上放置4个物体的方法有$4^4=256$种，5个盘子上放5个物体的方法有$5^5=3125$种。这个猜测是对的。英国数学家阿瑟·凯莱（1821—

1825）已经证明了这一点。如果物体比盘子少，假设物体有n个、盘子有k个，那么有k^n种方法将物体放在盘子上。

不带标签的盘子

相反，假设所有的盘子都是一样的颜色——即“无标签”，这样就没有办法区分盘子了。

那么现在数字的分布模式是怎样的?

当n分别等于1、2、3时，请试着找出把n个物体放在n个无标签的盘子上的所有方法。这是一个很现实的问题。假设我们要把一对夫妇安置在两张床上，则一共有两种不同的方式：两个人睡一起或每人一张床。在这种情境下，人们大多觉得睡哪张床并不重要。所以对于n=2，答案是2。3人3张床，则有5种方法（与在3个无标签的盘子上放3个物体相同）。或者，举一个不那么危险的例子：请考虑3个国家之间的结盟关系。同理，他们之间有5种结盟方式。现在，让我们回到谜题上来。

当n=4时，有15种方法；n=5时，则有52种。其中的数字规律自然比一目了然的k^n隐晦。其结果产生的数列为：1，2，5，15，52，203，877，…。这一数列在组合理论中有很强的实用性，被命名为贝尔数，以纪念埃里克·坦普尔·贝尔（1883—1960）。它们也与卡特兰数密切相关。卡特兰数是一种常用于组合数学的数列，以法国-比利时数学家欧仁·查尔斯·卡特兰（1814—1894）的名字命名。计算第n个贝尔数的公式复杂且困难。

问题：假设所有的盘子都是同一种颜色，没有标签且无法区分。你能用多少种方法把3个物体（用不同颜色表示）放在3个无标签的盘子上?

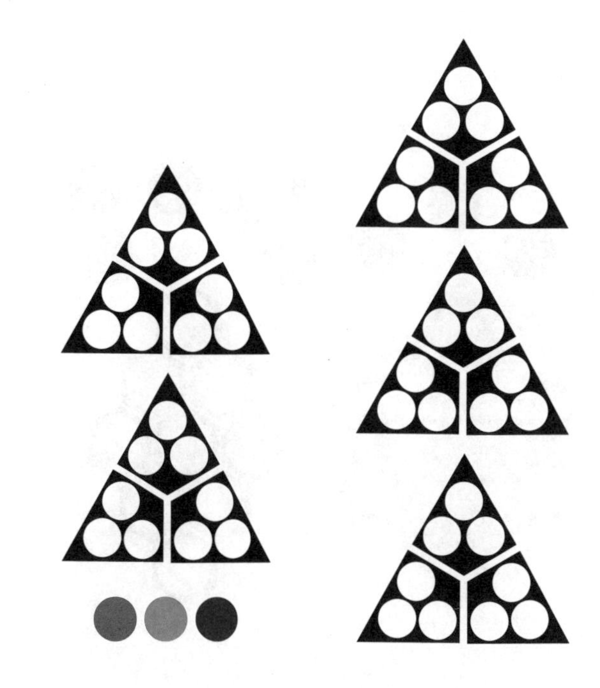

94

挑战度 ●●●●●●

完 成 ■

时 间 00:00

数字蜂巢

你能把数字1到8填入圆圈中，使得任意两个连续数字在下面的游戏面板上不相邻吗？

附加题：请尝试把数字1到9填入第二个游戏面板，使得与任一六边形相邻的所有六边形中的数字之和，是该六边形中的数字的倍数。

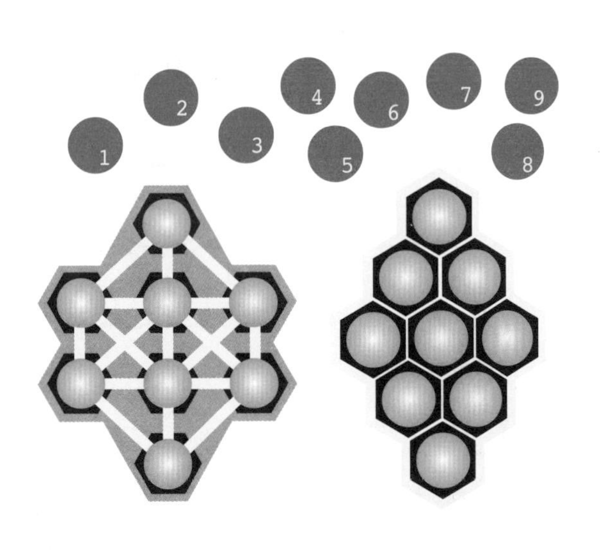

挑战度 ●●●●●●

95

完 成 ■

时 间 00:00

皇后的覆盖问题

皇后的覆盖问题无疑是数学家们最感兴趣的休闲数学问题之一。这道难题至今仍未被完全解决。

总共有4860种方法可以使5枚皇后覆盖整个棋盘。这里已经给出3种方案。

你能再找出一种方案吗？在这个方案中，5枚皇后均放置在主对角线上。

（皇后的走棋规则：横、直、斜都可以走，步数不受限制。）

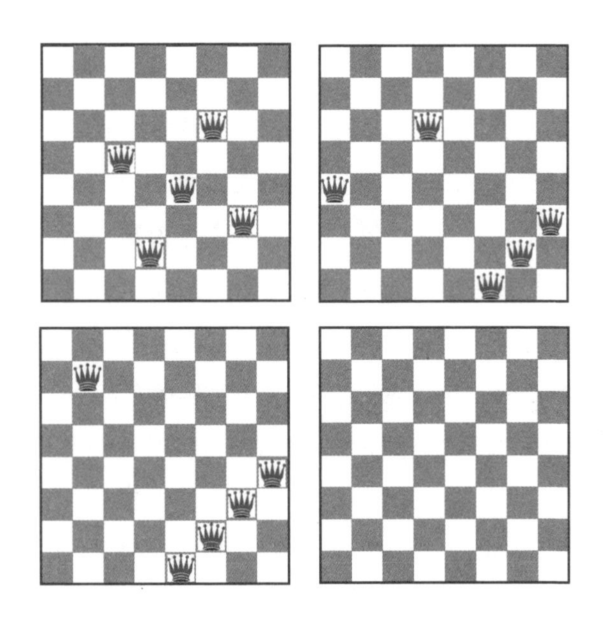

挑战度 ●●●●●●

96

完 成 ■

时 间 00:00

布卢门达尔的绳索表演

大帐篷已经支起。马戏团沿海岸线从滨海贝亨（见PART3第36题）来到了布卢门达尔。右边的小丑正在拉绳子。挂在绳子上的7个杂技演员会如何运动？谁会上升，谁会下降？

七巧板数字

下图中缺少数字8和0。用7块七巧板重现下面的数字后，请尝试拼出你能组合出的最好的8和0。

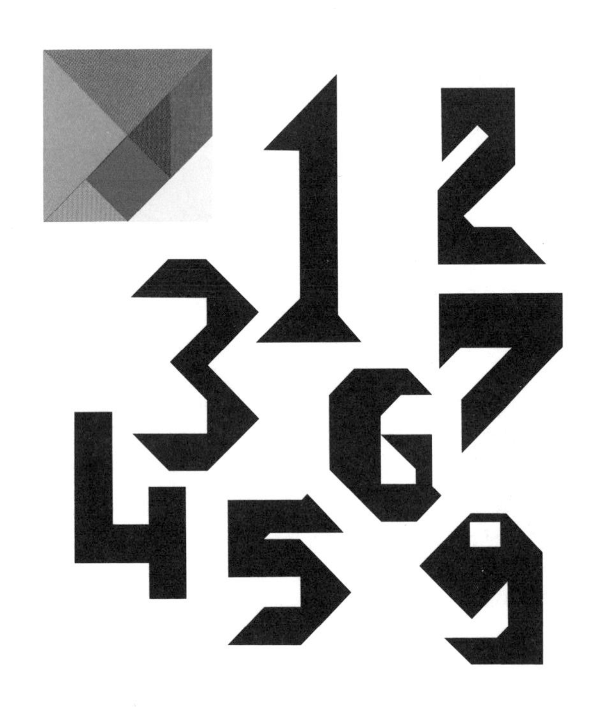

98

挑战度 ●●●●●●

完 成 □

时 间 00:00

给顶点上色

请为下面图形中的每个顶点上色，使每条边连接的2个顶点颜色不同。最少需要多少种颜色？

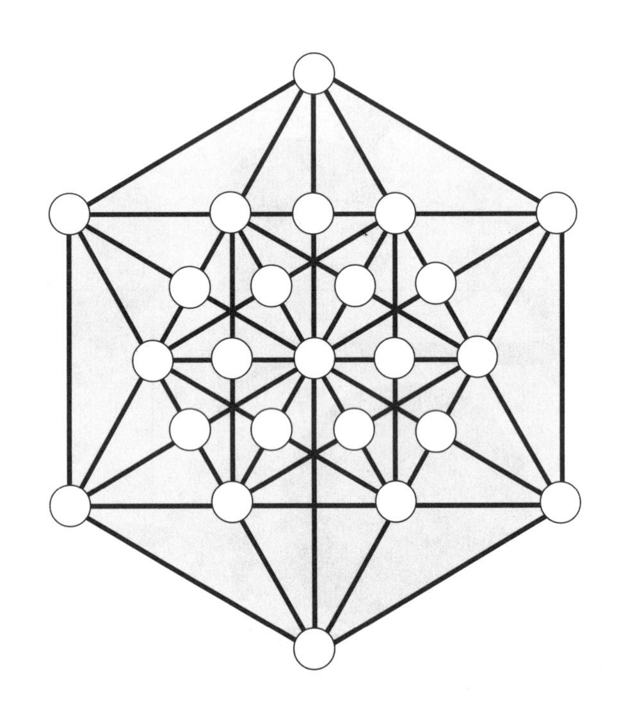

99

挑战度 ●●●●●●

完 成 □

时 间 00:00

维恩图难题

在莫斯科维奇庄园学校，马拉默德博士在他的数学课上出了这道维恩图挑战。

学期内的周末

有25名学生参加国际象棋社

有30名学生参加音乐社

有50名学生参加戏剧社

有12名学生同时参加国际象棋社和音乐社。

有15名学生同时参加音乐社和戏剧社。

有10名学生同时参加戏剧社和国际象棋社。

有9名学生参加所有三个俱乐部。

使用空白的维恩图来得出答案：参加这些活动的学生总共有多少人？

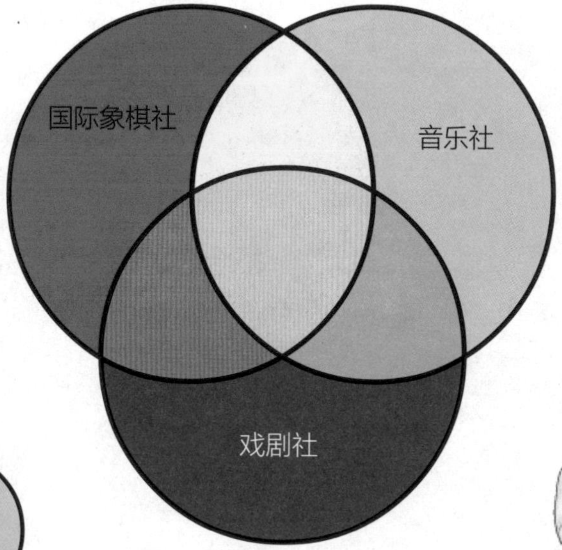

国际象棋社

音乐社

戏剧社

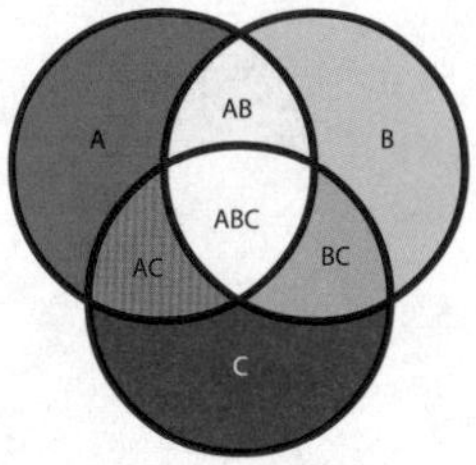

A

AB

B

ABC

AC

BC

C

100

挑战度 ●●●●●●

完　成 ■

时　间 00:00

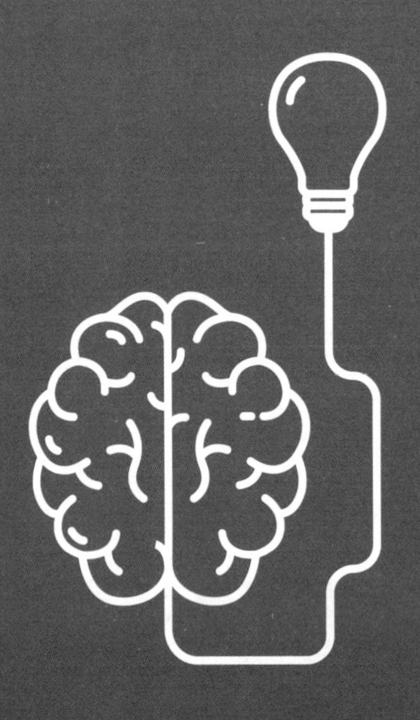

答案

PART1 创造力

1

如下图所示，让所有的红球在中央。

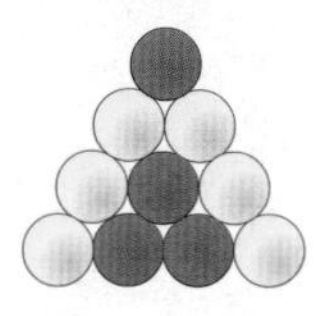

（答案不唯一）

2

对于第一个图案，3种颜色就够了；
第二个图案也需要3种颜色。

3

他最多需尝试的次数（即最坏的情况）为
8＋7＋6＋5＋4＋3＋2＋1=36（次）。

4

马丁·加德纳找到了两种解法，分别以46（如图所示）和54为常数。

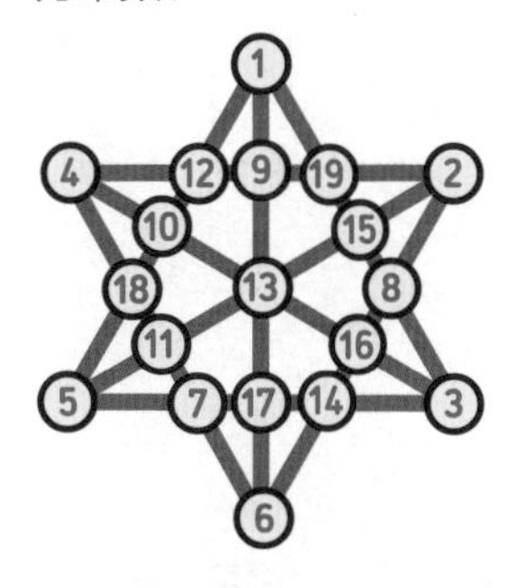

5

最后的符号如下图所示。卢将8种符号按下述顺序在水平方向上逐行排列：1；1-2； 1-2-3；1-2-3-4；1-2-3-4-5；直到1-2-3-4-5-6-7-8，然后重新从头开始。

6

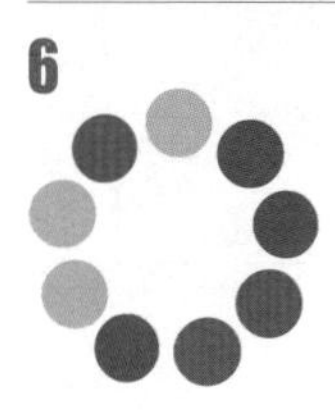

（答案不唯一）

7

第19号六边形落单了。

8

下图为一种设计方案。在9！（9的阶乘），即362,880种排列方式中，有84种符合要求。

附加题：不行。当加入第10座摩天大楼时，无论怎么放置，都会有4座大楼以升序或降序排列。

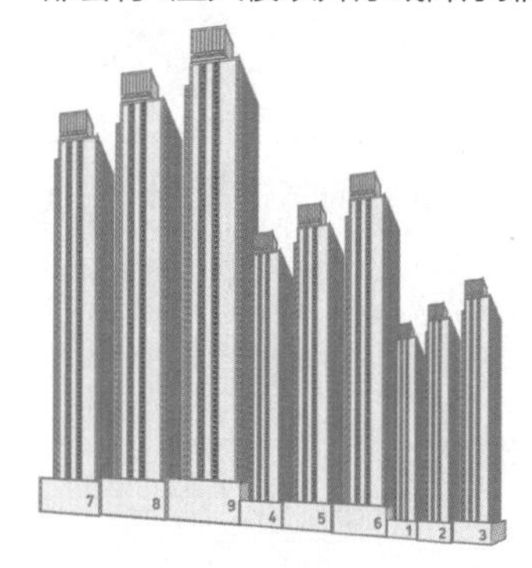

9

你所求的是——LOVE（All You Need Is Love，披头士歌曲名）。是的，因为我是在1967年“爱之夏”音乐会的后一年，也就是披头士乐队那首著名歌曲发行的后一年创作出这个谜题的。

10

六角星如下图所示。

11

下图为一种解法。还有一些其他解法。

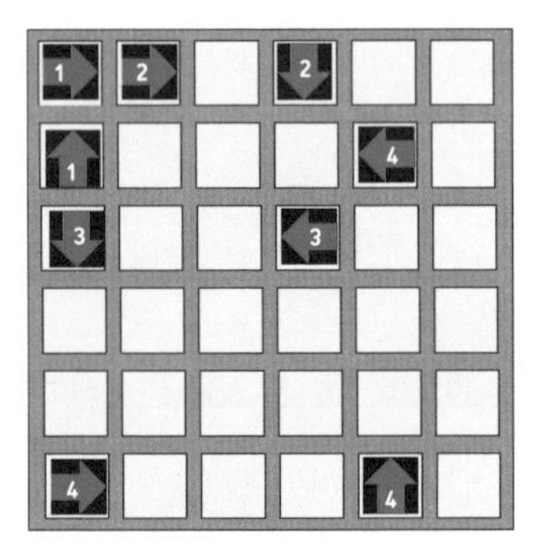

12

图案中有一个奇怪的部分——一个水平放置的黑色实心正方形，不能由给定的四个小方块组合而成。你能找到它吗？（在第七列第十六行）

13

可能得到的横截面有三角形、四边形、五边形、六边形和十边形，如图所示。

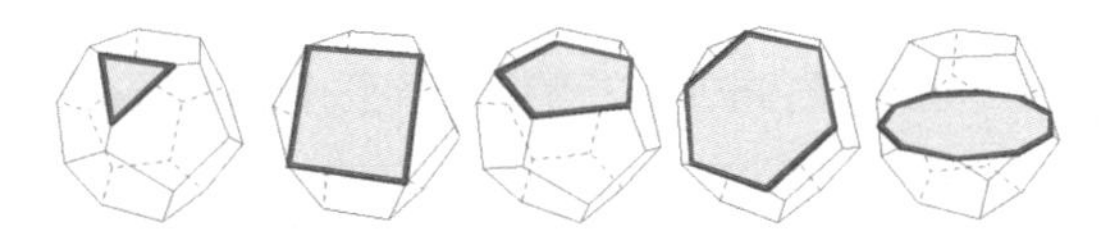

14

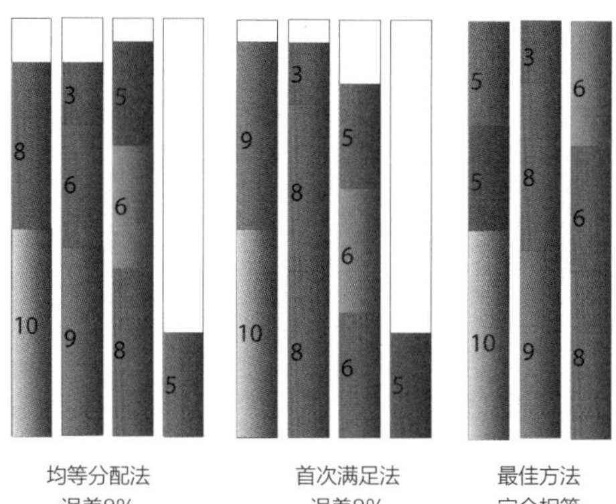

均等分配法
误差8%

首次满足法
误差8%

最佳方法
完全相等

15

9种正确的摆法如图所示。

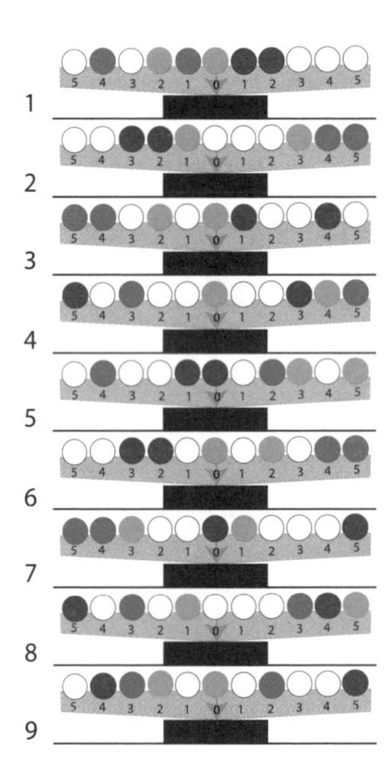

16

你无须逐一数出有多少条线，计算线条的总数很容易。在神秘玫瑰中，若有n个点，则从此点延伸出的线条数量为$n-1$，所以直线总数为$n\times(n-1)$。但是，每一条直线都由两点共享，即被计算了两次，因此正确的直线数量为$n\times(n-1)/2$。

我们的例子中有19个点：从每个点延伸出18条线，18×19=342。但由于重复计算，实际直线数量为这个数字的一半，即171。

神秘玫瑰可以被视为求给定边数的规则多边形中有多少条对角线和边这一类问题的答案。

你需要画不止一笔。1809年，法国数学家路易斯·波因索特提出了这个问题：绘制各种大小的神秘玫瑰最少需要多少条连续线？3点神秘玫瑰可以用一条连续线绘制，但用一条连续线绘制4点或更大的神秘玫瑰是不可能的。

17

18

头盘菜有2种选择。无论头盘选择哪一道菜，第二道菜都可以有3种选择。对于前两道菜的6种组合中的每一种，你都有2种甜点可以选择。因此，解决方案是多项选择的乘积：2×3×2=12（种）用餐选择。

19

1-1；2-4；3-4。

20

1-3；2-2；3-3。

21

下图为很多解法中的一种。

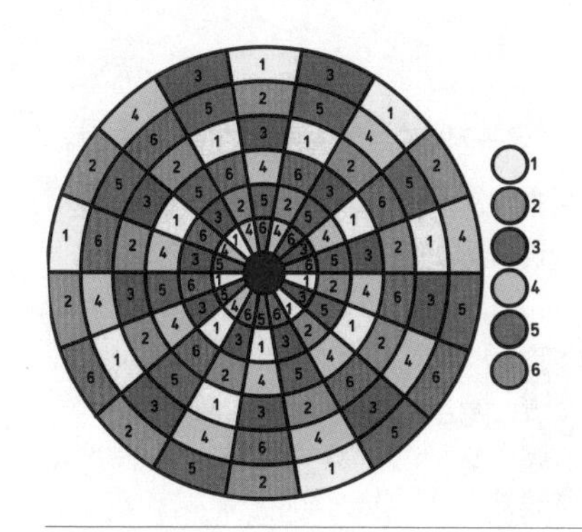

22

可能的车牌数量：

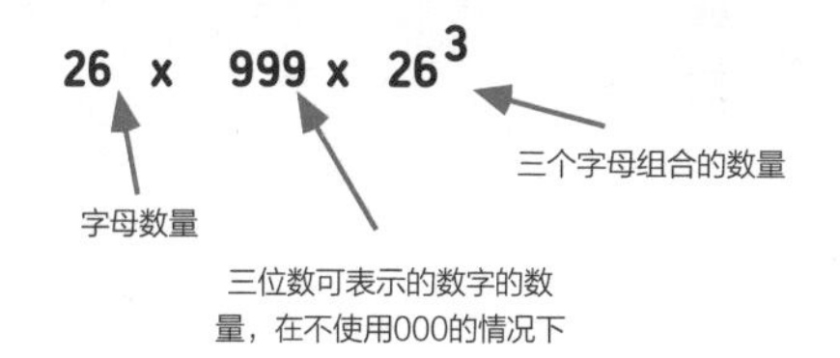

可以发放$26\times999\times26^3$=456,519,024（块）车牌。

23

百变小丑和她的家人们如图所示：

24

第一种解决方案如下所示。另一种解决办法是：在第二步时，由2号徒步者返回对岸起点，第四步时由1号徒步者返回对岸。4名徒步者共用时17分钟，刚好在桥倒塌之前全部过桥。

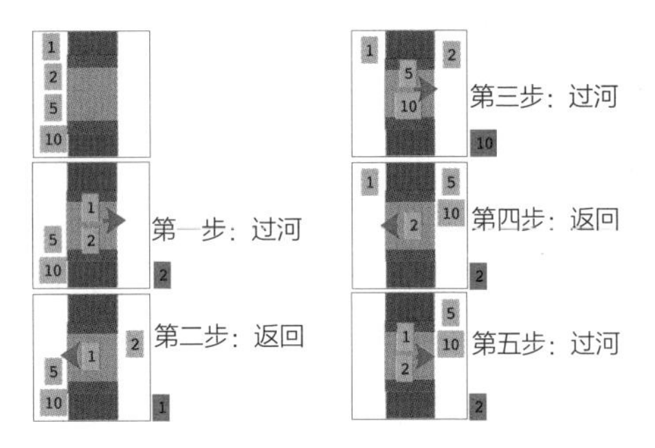

25

此题属于用直线分割封闭平面区域这一题型。用5条直线最多可划分16个区域,因此，如图所示，拉娜可以把第16只蝴蝶放入圆桌。

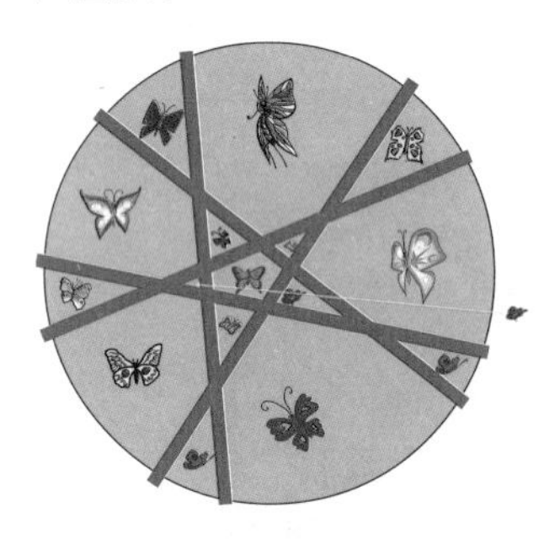

26

除非允许重叠，否则图案中不可能使用如图所示的第5块方砖。

27

对称轴如图所示。

平行四边形没有双边对称性。

圆有无数条对称轴。

28

根据对称轴或不对称性对字母表的大写字母进行分类：

1. 只有1条垂直对称轴的字母：A M T U V W Y
2. 只有1条水平对称轴的字母：B C D E K
3. 同时拥有垂直对称轴和水平对称轴的字母：H I O X
4. 旋转对称字母：N S Z
5. 不对称字母：F G J L P Q R

29

第二个涂色的孩子只要采取对称策略，就一定可以获胜。她应视棋盘为水平对称的两半，然后不管第一个孩子每一步在哪儿填涂，她都在棋盘的另一半上为对称的格子涂色即可。

30

别下注。你肯定会输得连衬衫都不剩。巧合发生的概率为94%。这个谜题是伪装的生日悖论（见《迷人的数学2》PART2第69题）。像这样惊人的违反直觉的巧合经常发生。结论：如果你想撞大运……学学概率是有好处的。

31

如果红圈顺时针旋转90°，一个连续的白色通路就会出现。

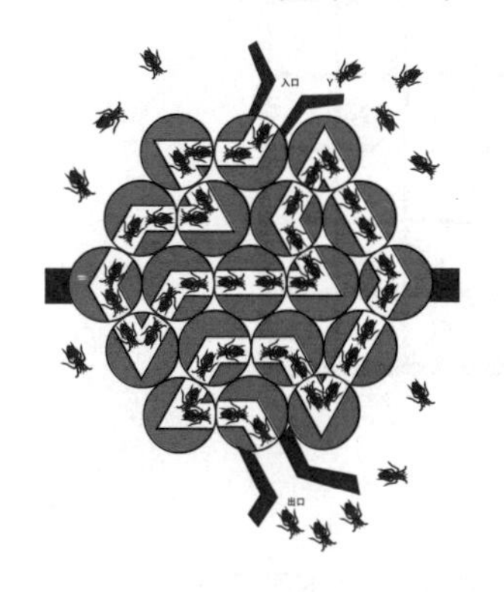

32

在121号楼之前有120座建筑。294号楼后面还有120座楼要继续编号。因此，数字大道上有294+120=414（栋）建筑。

33

这10个同心圆呈现出视觉上的递进关系，其面积差等于中心圆的面积。

红色的中心圆半径为1单位，面积为π平方单位。

从中心圆向外的第二个同心圆的面积是中心圆面积的2倍，构成递增，依此类推。如果中心圆的半径为1单位，则其面积等于π平方单位。剩下的圆的半径也确定了，以保证它们的面积也是π的倍数。例如，第二小的圆的面积为2π平方单位，比它大一些的圆的面积为3π平方单位，依此类推。由于面积以固定速率增长，半径必须是一系列递增的平方根。所有的环的面积相同，等于中心圆的面积。

地球表面看起来很平坦，是因为地球表面的曲率可以忽略不计。圆的曲率下降到极限就成了一条直线。因此，不管你信不信，无限圆就是一条直线。需要考虑的是：如果直线就是无限圆，那么圆心在哪里？

34

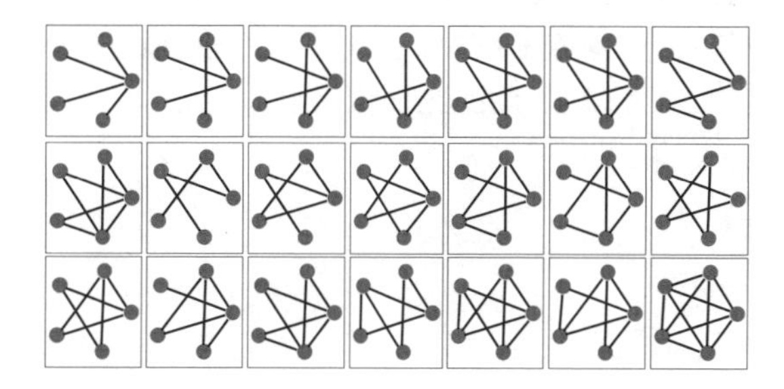

35

谜题1：从9个三角形中移出5个就足以消除所有红色三角形。使红色三角形消失得最快的移除顺序为1、2、3、4、7，如图所示。

→	1	2	3	4	7			
43	29	19	9	1	0			

谜题2：共有120个不同尺寸的三角形：59个尖角朝上，61个尖角朝下。

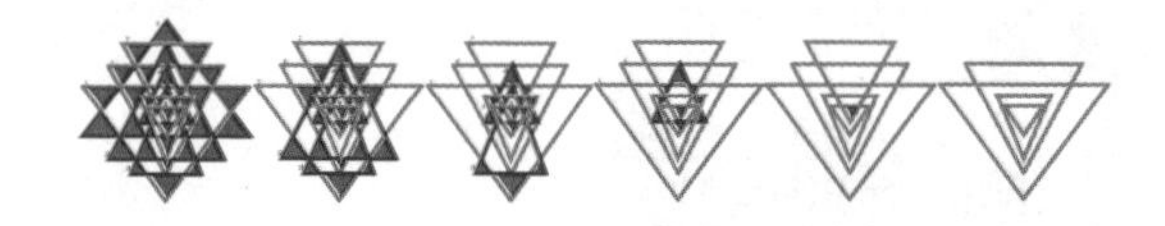

36

解出方程式，可知蜜蜂的数量为72。

$\sqrt{(n/2)}+8n/9+2=n$

这道题源自12世纪印度的数学著作——巴沙瓦的《维加甘尼塔》（*Vija-Gan'ita*），亨利·托马斯·科尔布鲁克（1765—1837）在1817年出版的《代数》（*Algebra*）一书中收录了此题。

37

橙色圆的半径为黄色圆半径的一半，因此（根据圆的面积公式）它的面积为黄色圆的四分之一。

然而，橙色圆共有两个，因此橙色圆总共覆盖了黄色圆一半的面积，包含其中所有彩色圆所占据的部分。以上同样适用于所有其他颜色的圆，所以7个颜色的圆的面积如下所示：

1单位面积

1/2单位面积

1/4单位面积

1/8单位面积

1/16单位面积

1/32单位面积

1/64单位面积

1/128单位面积

38

39

最后，改进过的布局如下图所示，只需要12个电源插座。

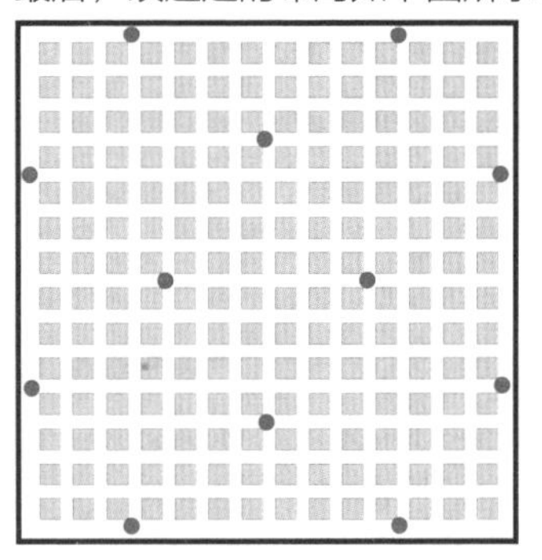

40

1	2	3	4	5
6	7	8	9	10
11	12	13	14	15
16	17	18	19	20
21	22	23	24	25
26	27	28	29	30

1	2	27	9	5
6	24	23	29	10
12	30	13	19	15
16	8	14	3	20
21	22	4	7	25
26	18	17	28	11

41

平台上的重量被放在规则多边形的顶点。如下图所示，从等边三角形到正方形、正六边形和正十边形，共有4个顶点没有放上重量。添上缺失的重量（绿色圆圈）将达到基于中心轴的平衡，因为这些重量是对称分布的。

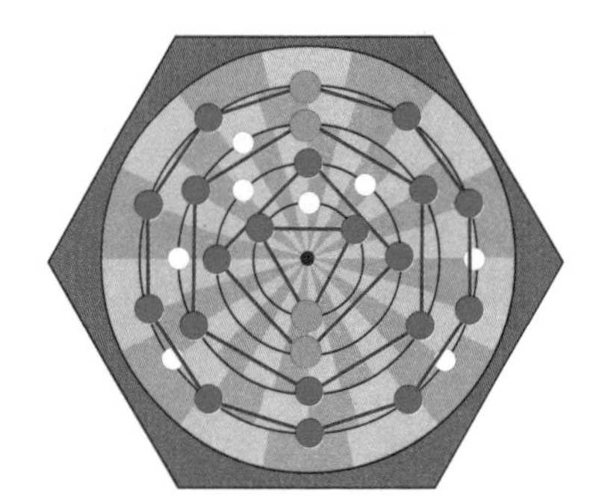

42

黄色区域比蓝色区域大π平方单位。黄色四分之一圆的总面积为4×9π/4=36π/4=9π平方单位。蓝色半圆的总面积为4×4π/2=16π/2=8π平方单位。

红色重叠区域占据了两者同样的面积。

因此黄色区域比蓝色区域大π平方单位。

43

每次投币有两种结果。我们可以算出结果组合有

$2\times2\times2\times2\times2=2^5=32$（种）。

44

不考虑旋转和反射时，下图所示是唯一的解法。

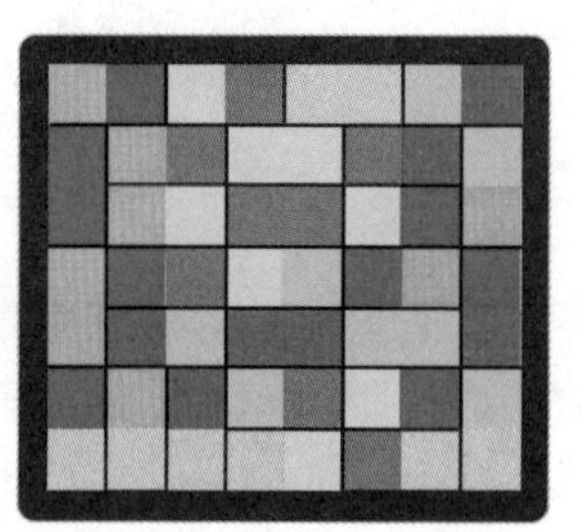

45

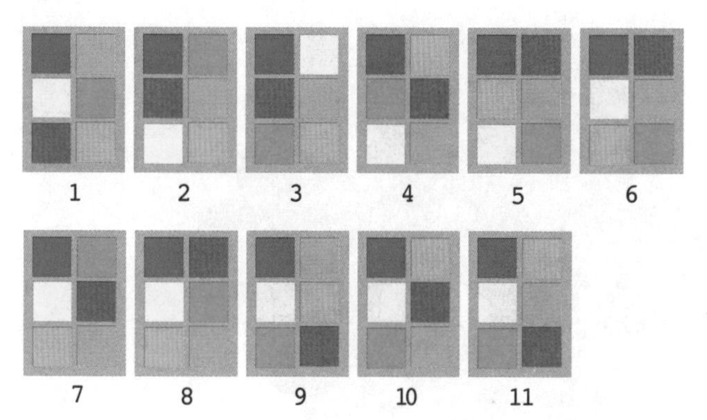

46

如图所示，需要切6刀。

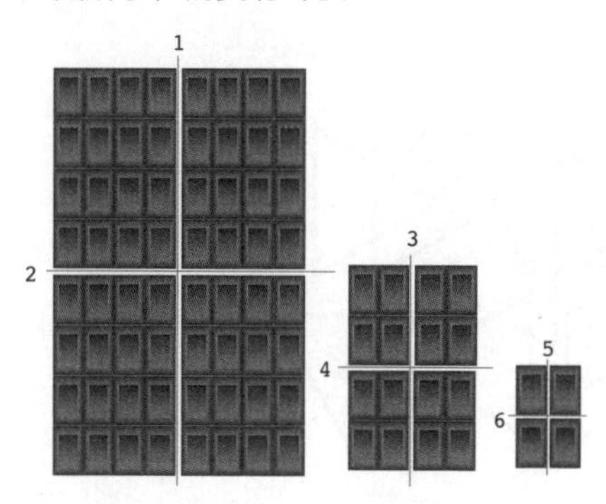

47

伊娃按图中方法分隔了虫子。

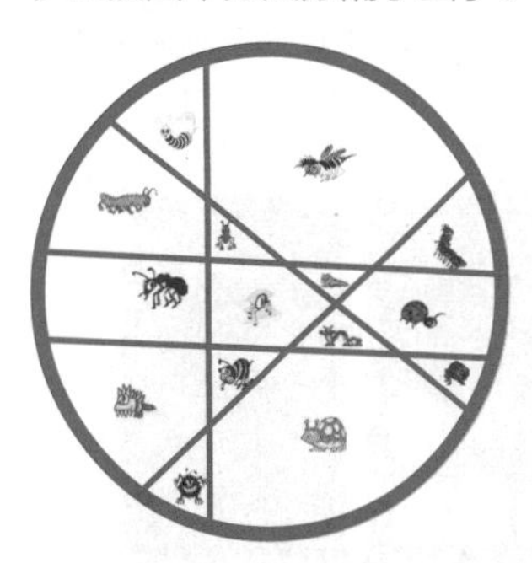

48

如下图所示，共有65种撕法。

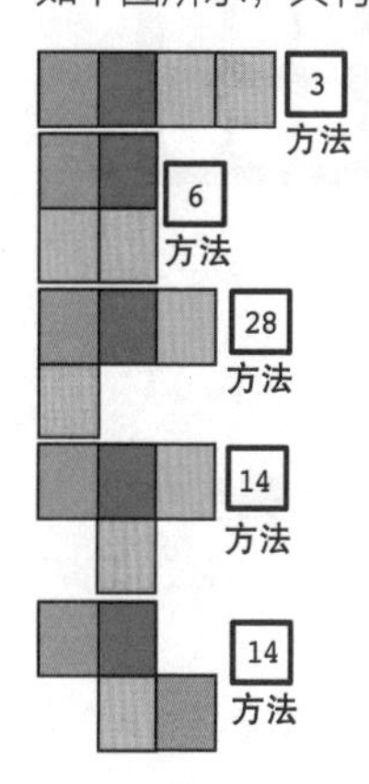

49

有15个一模一样的等边三角形重叠在一起，如果将重叠形成的三角形计算在内，则还会增加13个三角形。

50

在四个盒子里放52个砝码并不像看起来那么难。最佳策略是将序列中的下一个砝码放入砝码最多的盒子中。可能有更好的解法。

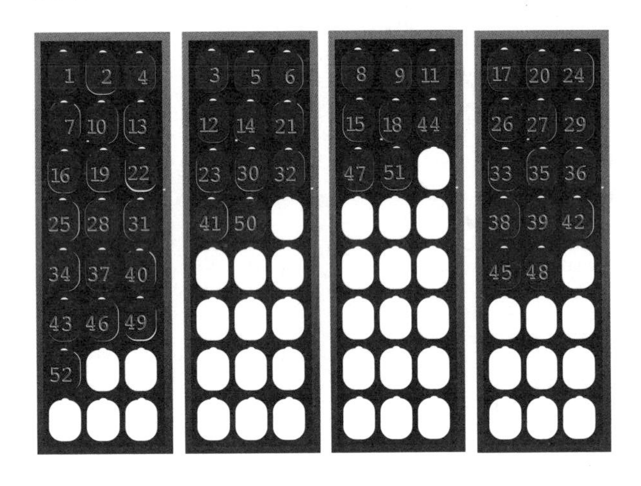

51

虽然米拉和洛特扔出正面的概率相等，但无论比赛持续多久，先扔硬币的人总是占优势。我们用红色代表米拉，用绿色代表洛特，红色将在下列情形中获胜：

第一个玩家获胜的总概率是以下每种情况的概率之和，即$1/2+1/2\times1/2\times1/2+1/2\times1/2\times1/2\times1/2\times1/2+\cdots$，这是一个包含无数项的序列，在这种情况下总和可视为2/3。

最终的赢家不是红色就是绿色，因此另一种颜色的胜率等于$1-2/3=1/3$。

正如我们所见，第一个扔硬币的人的胜率是第二个的两倍，这真是个一个令人吃惊的答案。检验这个答案的最佳方法是，来一场扔硬币游戏吧。

52

诺亚按下图放置尺子。

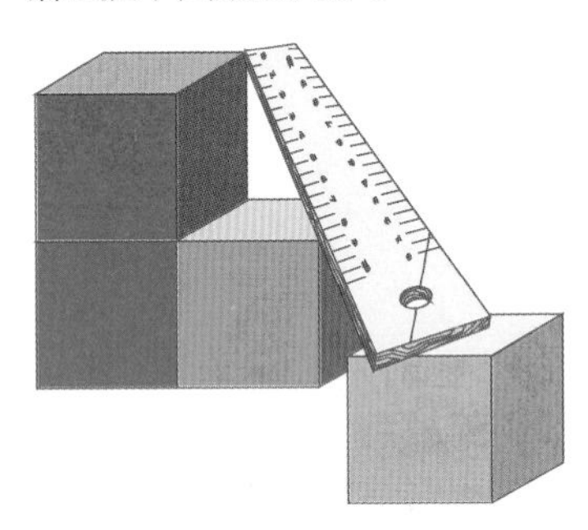

53

奇数乘奇数还是奇数，所以任何奇数的乘方都是奇数。所有画中算式的第一项均为奇数。除了第二幅画，其他的画都是偶数的艺术。

54

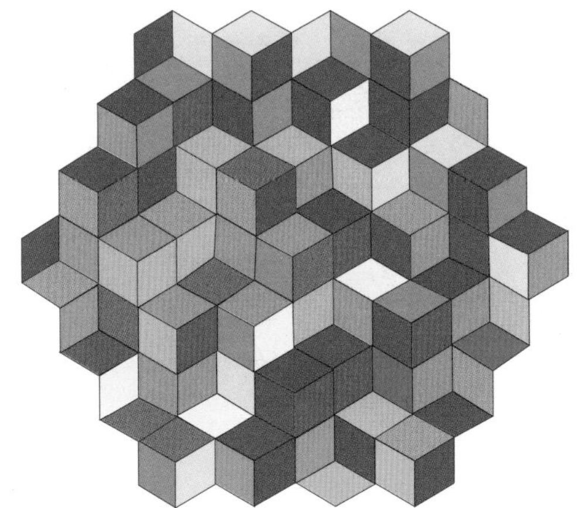

55

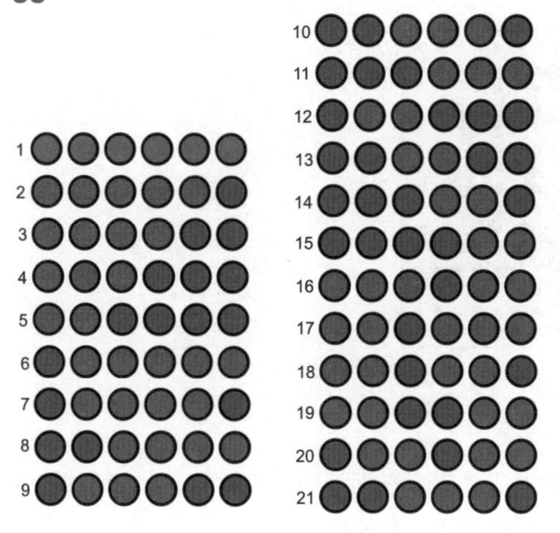

56

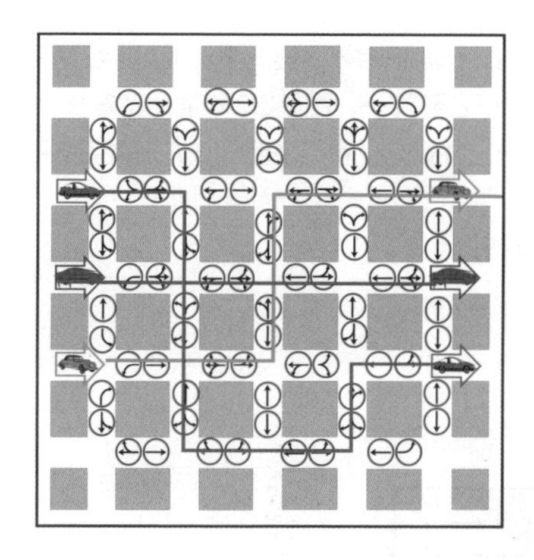

57

有且仅有一种满足条件的树状图，如图所示。

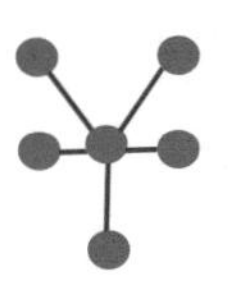

覆盖完成的钉板见下图。

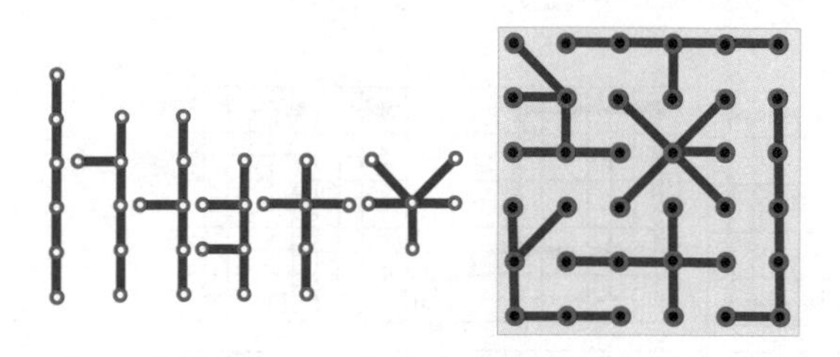

58

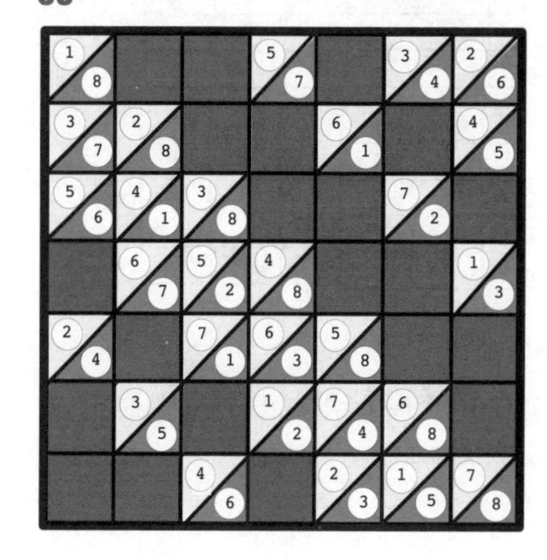

59

谜题1：如图所示，可以形成8种尺寸不同的正方形，有一些正方形的方向不同。

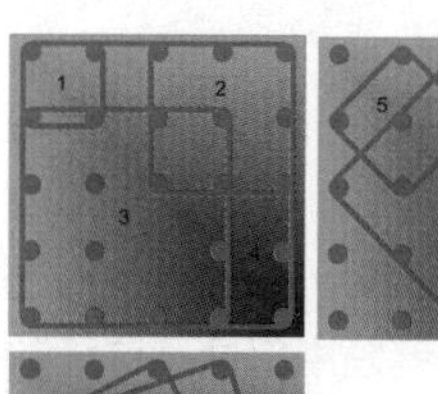

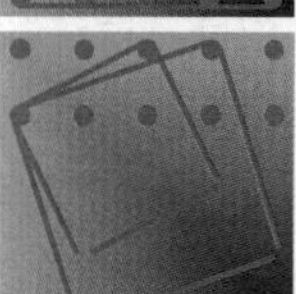

谜题2：一共可以形成51个正方形。

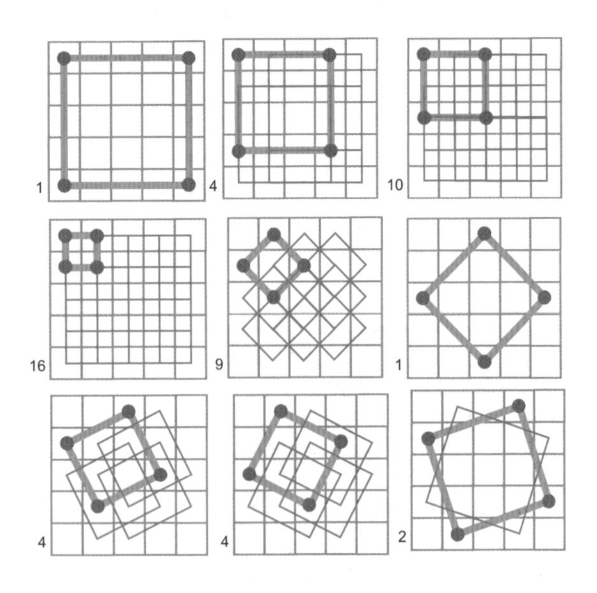

谜题3：在保证没有任何4个孩子会构成正方形的前提下，最多可以让15个孩子站在上面。

60

谜题1：15步

谜题2：24步

在这两道谜题中，光盘下方的数字序列表明了每组颜色的光盘必须连续移动的次数。如果你在每道谜题中都遵循这一数列，你最终会得到最少的移动次数（否则答案可能非常难以捉摸）。例如，在谜题1中，序列从1开始，将一种颜色移动1步到中央空白处。假设我们移动的是红色。接下来蓝色移动2步，然后红色移动3步，蓝色3步，红色3步，蓝色2步，最后红色1步。加起来共有15步。

61

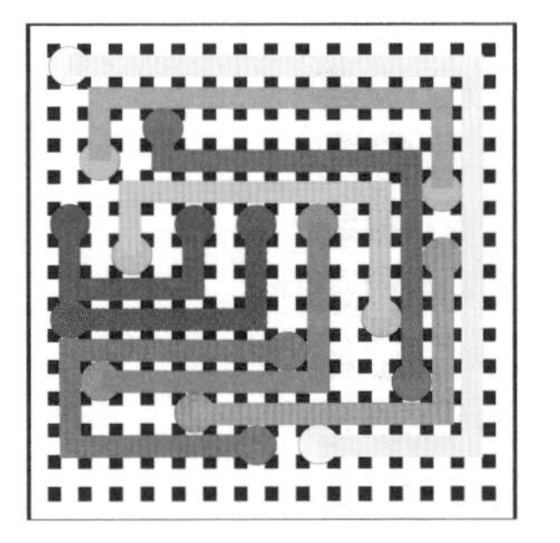

62

最好的矩形围栏是正方形。在面积相等的情况下，它所需的围栏材料比其他任何矩形围栏都要少。

63

大象的双格笼是最好的。在面积相等的情况下，使用围栏材料最少的双格笼不是2个正方形笼子，而是2个长度比宽度长1/3的长方形笼子，这种圈占方式充分利用了两个长方形共用的围栏。

附加题：以正六边形铺开。

64

这是做不到的。最接近的图案如下图所示：

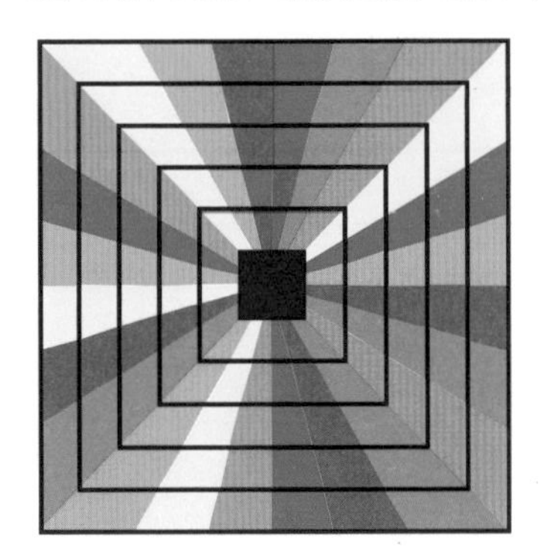

65

沿逆时针：1、7、5、4、3、6、2。

66

最有趣的一些数学问题都是以思维实验的形式呈现的。以下是有3个口袋的转盘的答案。在所有情况下，两个被选择的口袋为底部的两个。在第1种情况和第2种情况（三个杯子的朝向完全相同）中，旋转一次后，铃会响起，游戏结束。

· 如果两个玻璃杯的朝向相同，则将两个玻璃杯（第3种情况和第4种情况）翻转，第二次旋转后，铃声都将响起。

· 如果两个玻璃杯朝向不同（第5种情况和第6种情况），则翻转杯口朝下的玻璃杯。第二次旋转后，第5种情况下，铃响了。

· 如果第二次旋转后铃依旧没响，这意味着你遇到了第6种情况，你必须再次选择2个口袋。

四杯旋转问题的答案：

第一轮，将对角线上的一对杯子翻转朝上。

第二轮，选择两个相邻的杯子。上一轮后，这两个杯子中至少有一个是朝上的。如果另一个杯子是朝下的，那么也将它向上翻转。如果铃声没有响起，那么现在就有三个杯子朝上，一个杯子朝下。

第三轮，选择对角线上的一对杯子。如果其中一个朝下，那么把它朝上翻转，铃声就会响起。如果两个都朝上，那么将其中一个向下翻转。现在有两个杯子朝下，并且这两个杯子必定相邻。

第四轮，选择两个相邻的杯子并将它们翻转。如果这两个杯子朝向一致，则铃声响起。否则，现在有两个杯子朝下且处于对角线上。

第五轮，选择对角线上的一对杯子并将其翻转，铃声响起。

67

解谜的秘诀是把下一枚硬币放在圆上，使它可以移动至上一枚硬币移出时的圆上，并停留在那里。

68

可以用下面这个算法给网状图上的圆涂上颜色：

1. 用颜色1填涂最高级别的圆（与其相交的线最多的）。
2. 再用颜色1填涂没有与最高级别的圆相连的圆。
3. 用颜色2填涂次高级别的圆。
4. 按上述方法继续，直到所有圆都填涂完毕。

如图，根据这个算法，需要用3种颜色填涂。你有更好的方法吗？

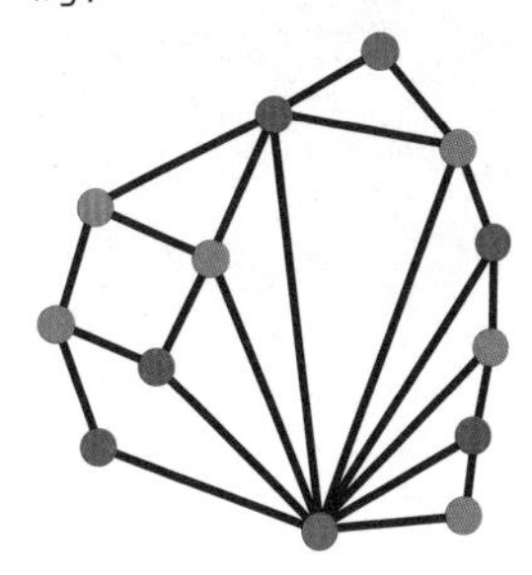

69

这就是折叠的力量。如果你的答案大于10，那就太荒谬了。实际上，无论纸张多大或多薄，没有人能将一页报纸对折超过8次或10次的上限。

因为将某物折叠一次相当于将其厚度乘2，反复折叠会使厚度飙升。折叠9次后，报纸的厚度是开始时的512倍。这样的厚度无法被进一步折叠。

70

令人惊讶的是，艾克的存活概率是怀亚特和多克的两倍！怀亚特和多克显然会选择朝对方开枪，因为他们是彼此最大的威胁。这样艾克的第一枪将瞄准前两人中的生还者，有50%的概率射中（这样艾克就成了最后赢家），有50%的概率射偏（艾克就会被射中）。

下面的部分很有意思：如果艾克第一个开枪，他会故意射偏，因为一旦他射中怀亚特或多克，剩下的那个一定会射中他。

因此，实际上只用考虑两种情况：

1. 多克先开枪，杀了怀亚特
2. 怀亚特先开枪，杀了多克

在每一种情况下，艾克都有50%的概率杀掉上一轮的幸存者，他的赢面为50%。如果多克先开枪，他有1/2的赢面，但如果怀亚特先开枪，他的赢面为0。所以，多克的总赢面只有1/2×1/2=1/4。怀亚特的赢面同样只有1/4。

71

如图所示，当动物的数量为奇数时，一个简单的方法是按逆时针顺序安放动物，这样不管外圈如何旋转，放射线上有且只会有一组动物相同。

72

6个烧瓶总共可容纳98个单位的试剂（比3的倍数多2）。
要保证使用的蓝色试剂是红色试剂的2倍，空烧瓶的容积就必须是3的倍数再加2。唯一能满足这一要求的是可容纳20个单位的试剂的烧瓶。
如图所示，其余五个烧瓶一共可以容纳78单位试剂，其中的三分之一装满26单位红色试剂，剩余的三分之二则装满52单位蓝色试剂。

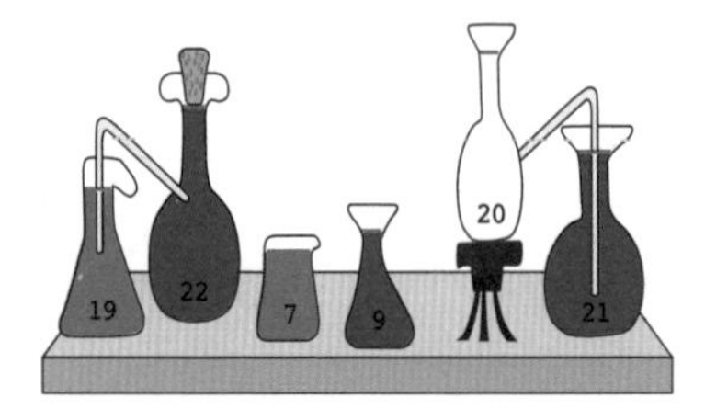

73

74

下图给出了全部可行的方法。

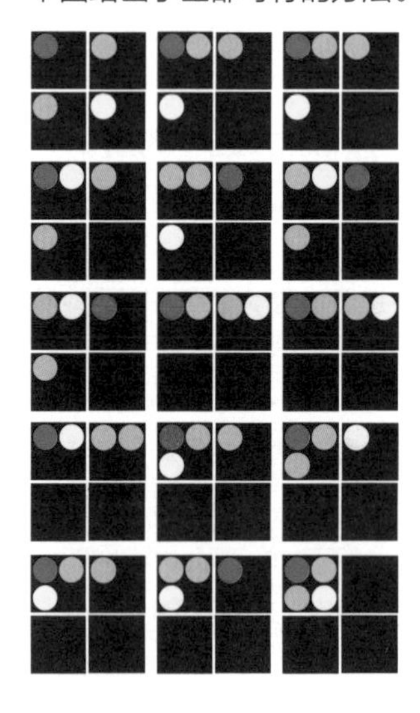

75

只需数出粘合面的数量，然后用16个立方体的总面数，即96面，减去它，所得结果就是架子的表面积。答案是2号架子。

76

如图所示，18条鱼全部能装下。

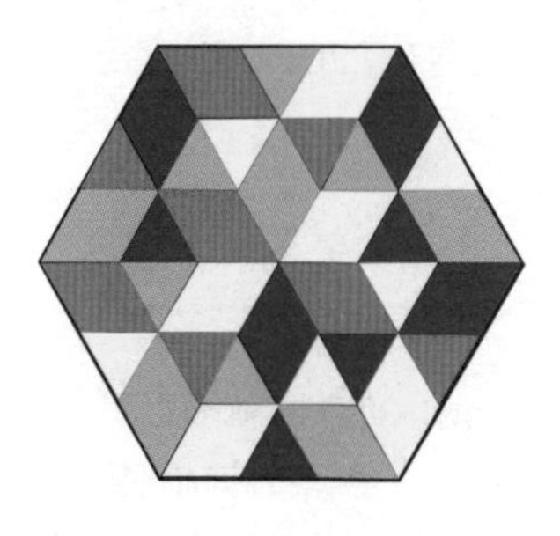

77

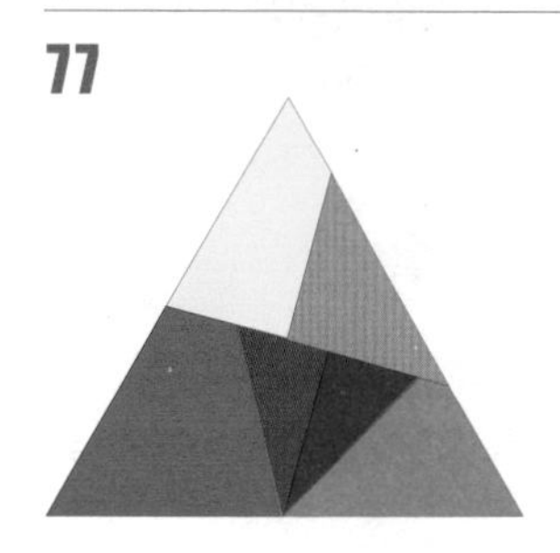

78

首先放入黄色彩带。接下来是橙色、红色、浅绿色、深绿色、浅蓝色、深蓝色和粉色（方向根据题目确定）。

79

能。很吃惊吧，81条小鱼都能被大鱼吞下。中等大小的鱼能吞下9条小鱼，9条中等大小的鱼能填满一条大鱼。

80

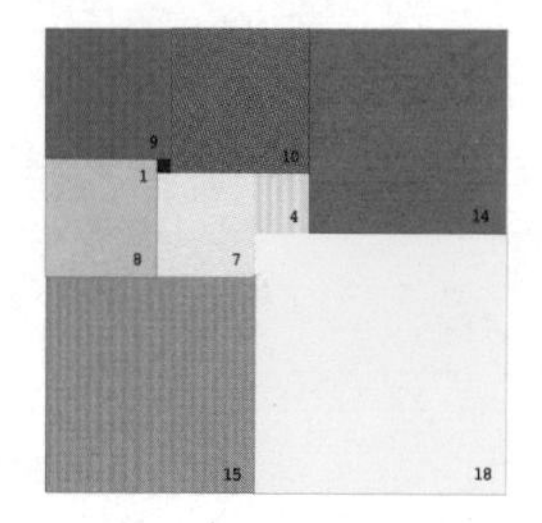

81

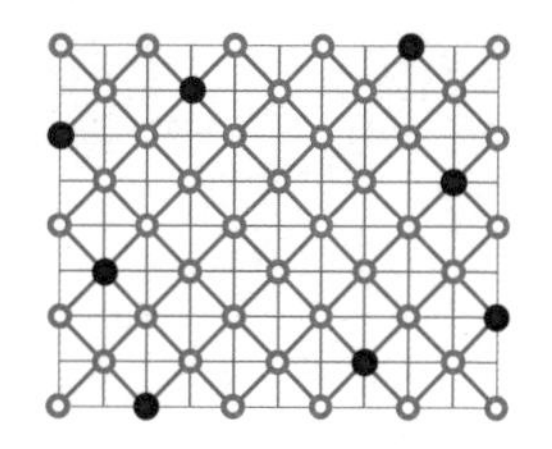

82

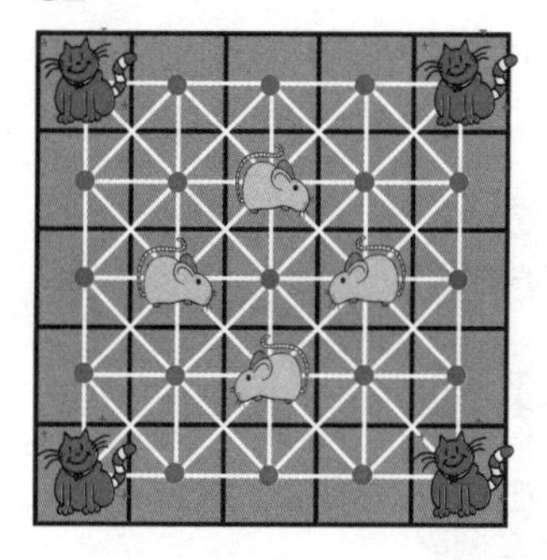

83

如图所示，从左往右，每列缺少的颜色依次是4、1、2、3。

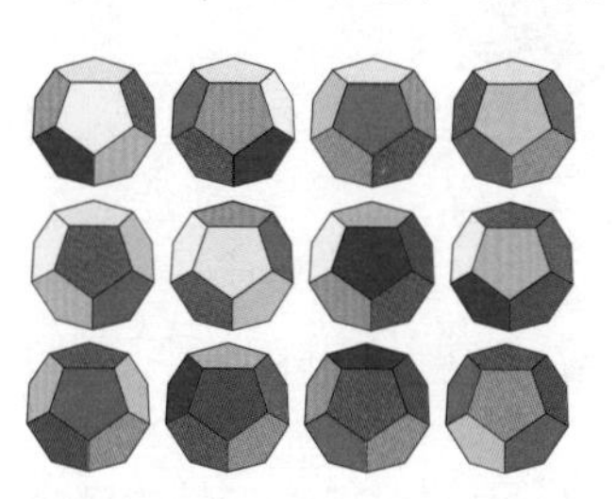

84

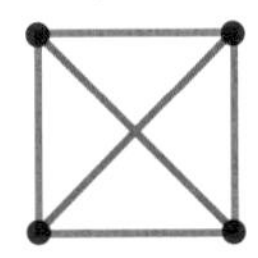

85

86

答案如图所示。n名骑士的排座方式共有 $(n-1)(n-2)/2$种。因此在本题中，共有$(8-1)(8-2)/2=7\times6/2=21$（种）排座方式。

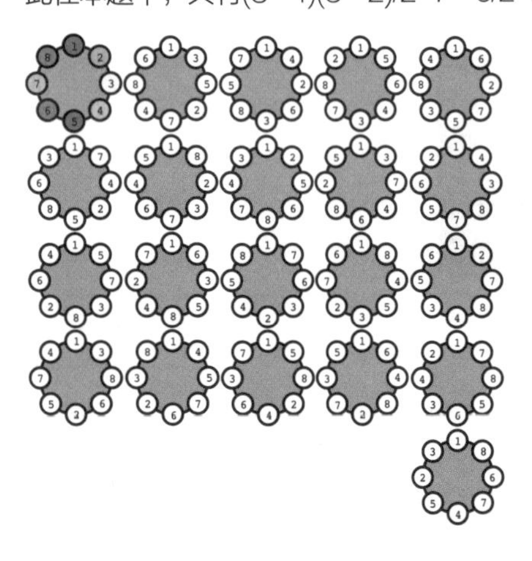

87

若3号跳伞员保持在序列的最中间，跳伞员们共有24种不同的跳伞顺序。

如果没有任何限制条件，他们一共有120种不同的跳伞顺序。

托马斯·汤姆森加入后，6名跳伞员共有720种不同的跳伞顺序。

88

刹车前，你会闭着眼行驶约48英尺，所以你差点就撞上了。1英里等于5280英尺，所以每小时65英里，意味着你1小时可以行驶65×5280英尺。将其除以一小时的秒数（60×60），再除以2（半秒）。结果是47.67英尺，还有足够的空间避免车祸。幸好！

89

如图所示。你只需做5次减法，就能获得下列三位数到七位数的所有唯一数。

123	198
234	198
345	198
456	198
567	198
678	198
789	198

三位数

1234	3087
2345	3087
3456	3087
4567	3087
5678	3087
6789	3087

四位数

12345	41976
23456	41976
34567	41976
45678	41976
56789	41976

五位数

123456	530865
234567	530865
345678	530865
456789	530865

六位数

1234567	6419754
2345678	6419754
3456789	6419754

七位数

90

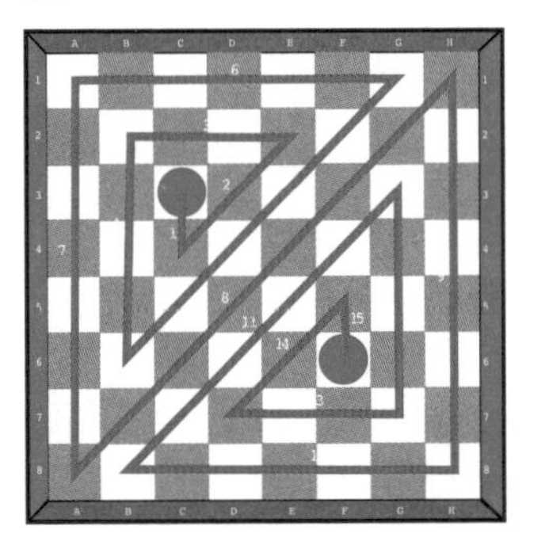

91

你会在测试智商和视觉感知能力的书中，发现许多这个谜题的变体。这道题是一个拓扑学和图论的练习。

从拓扑学上，你可以通过连续改变形状使谜题变形为如右图所示的样子。答案显而易见了吧。

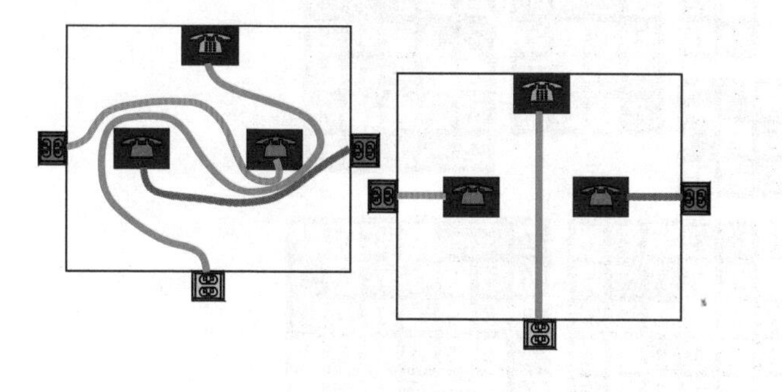

92

如图所示，将网格倾斜45° 能帮你弄清楚问题。现在最上面的一点是“家”。我们首先考虑一下为什么在堵车之城，两点之间可能有不止一条最短路线。让我们来实际计算一下有多少条吧。

停留在家中只有一种做法，所以我们在“家”的位置填上1。到达下一层的每一个点只有一种方法，所以在这些点上也标记为1。现在考虑第三层。前往第三层最左侧的点的唯一方法是经过上一层的底部。但是到达中间的点有两条路线：一种是通过上方从左侧进，另一种是通过上方从右侧进。只有一条最短路径可以到达最右侧的点。所以，把数字1、2、1填入图表相应的位置，然后以此类推。

现在，你应该找出规律了。这个被我们编号的三角形就是著名的帕斯卡三角形。在帕斯卡三角形中，每一个数字是上面两个数字的和。它是二进制分布原理的最简单的表现。区域的两条红色边界为最短路线，长度为20个单位。还有更多最短路线，全都在下图的黄色正方形内。

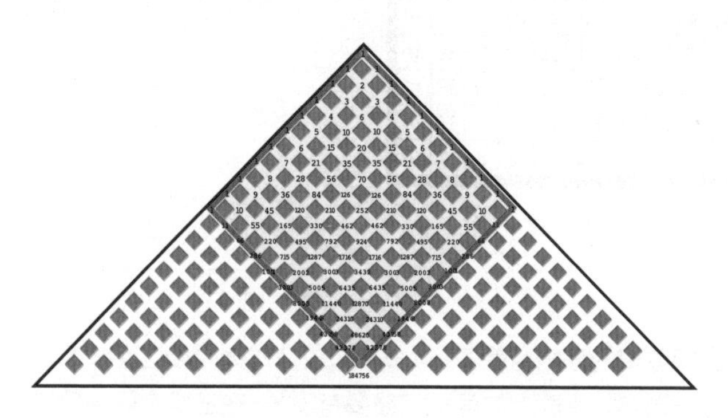

93

1=

2=不可能

3=1+2

4=不可能

5=2+3

6=1+2+3

7=3+4

8=不可能

9=4+5

10=1+2+3+4

11=5+6

12=3+4+5

13=6+7

14=2+3+4+5

15=4+5+6

16=不可能

17=8+9

18=5+6+7

19=9+10

20=2+3+4+5+6

21=1+2+3+4+5+6

22=4+5+6+7

23=11+12

24=7+8+9

25=12+13

26=5+6+7+8

27=8+9+10

28=1+2+3+4+5+6+7

29=14+15

30=4+5+6+7+8

31=15+16

32=不可能

33=10+11+12

34=7+8+9

35=17+18

36=1+2+3+4+5+6+7+8

$37=18+19$

$38=8+9+10+11$

$39=19+20$

$40=6+7+8+9+10$

$41=20+21$

我们知道符合三角形数的是n个自然数（1，2，3，4，5，6，…）的和，那么2的乘方不可能是三角形数。

94

$1=44\div 44$

$2=4\div 4+4\div 4$

$3=(4+4+4)\div 4$

$4=4(4-4)+4$

$5=4\times 4+4\div 4$

$6=4+(4+4)\div 4$

$7=4+4-(4\div 4)$

$8=4+4+4-4$

$9=4+4+4\div 4$

$10=(44-4)\div 4$

$11=44\div(\sqrt{4}+\sqrt{4})$

$12=(44+4)\div 4$

$13=44\div 4+\sqrt{4}$

$14=4+4+4+\sqrt{4}$

$15=44\div 4+4$

$16=4+4+4+4$

$17=4\times 4+4\div 4$

$18=4\times 4+4-\sqrt{4}$

19=没有符合题目要求的等式

$20=4\times 4+\sqrt{4}+\sqrt{4}$

在20以内的整数中，唯一不能按规则表示的数字是19。如果再加上阶乘符号（例如，$4!=1\times 2\times 3\times 4=24$），就可以做到了。$19=4!-4-(4\div 4)$

95

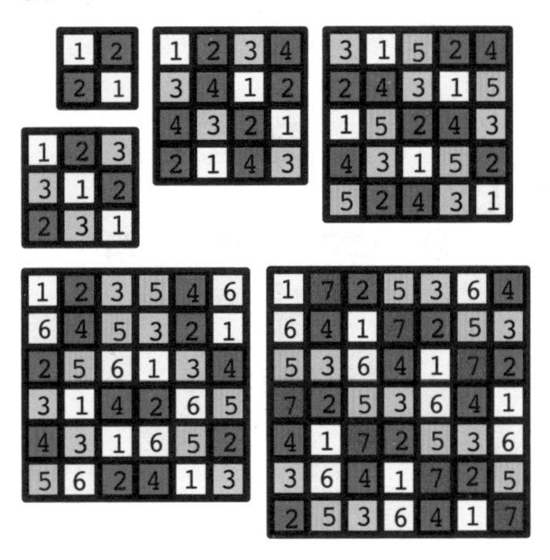

96

如果你按照下述规则填入数字，你就可以避免让11个整数呈递增或递减数列。

每一行最长的递增数列是10个连续整数。递减数列同理，取每一行的任一数字。

美国数学家罗恩·格雷厄姆（1935—）认为，上述问题是拉姆齐法则的一个简单示例（见PART1第50题），可以将其概括为：若要确保出现长度为$n+1$的递增或递减数列，你需要n^2+1个数字；若只有n^2个数字，你就无法做到。

91	92	93	94	95	96	97	98	99	100
81	82	83	84	85	86	87	88	89	90
71	72	73	74	75	76	77	78	79	80
61	62	63	64	65	66	67	68	69	70
51	52	53	54	55	56	57	58	59	60
41	42	43	44	45	46	47	48	49	50
31	32	33	34	35	36	37	38	39	40
21	22	23	24	25	26	27	28	29	30
11	12	13	14	15	16	17	18	19	20
1	2	3	4	5	6	7	8	9	10

97

球上能放置的等距点最多有4个，即放在球体内接四面体的顶点上。通常，平面上的等距点最多有3个。在三维空间中只增加了1个点。

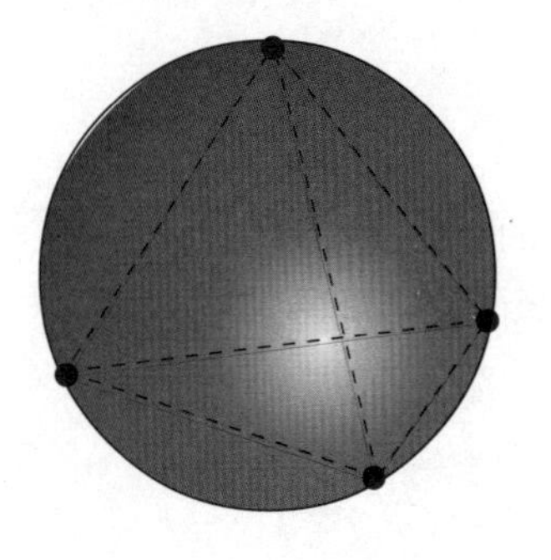

98

佩德罗的积蓄为60美元。

$x/4+x/5+x/6=37x/60=37$，

所以$x=60$

99

如果你猜有7艘，那你就错了。因为在你的船开启旅程之前，就已经有船处于航行中了。从勒阿弗尔启航的船将会遇到15艘船——海上13艘，两个港口各1艘。在每天的中午和半夜相遇。

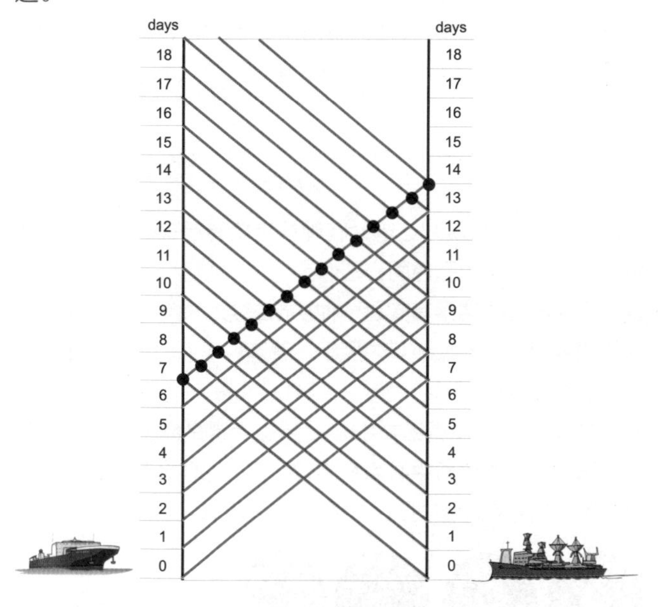

100

以下是一个能够接触22个绿色立方体的方案。如图将5个绿色立方体放置在红色立方体的四个面上。可以再多放两个绿色立方体以填充红色立方体对面的2个空档。完整的放置方法如下图所示。

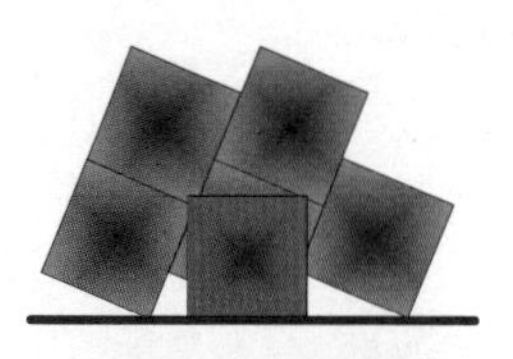

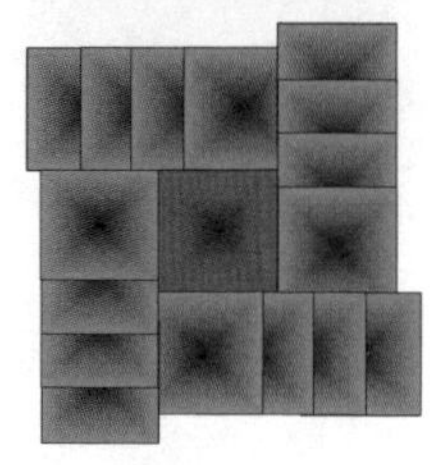

PART2 直觉和洞察力

1

这位聊起她女儿的童年好友就是艾米莉亚。

2

圆圈的颜色是由与它相接的圆的数量决定的。

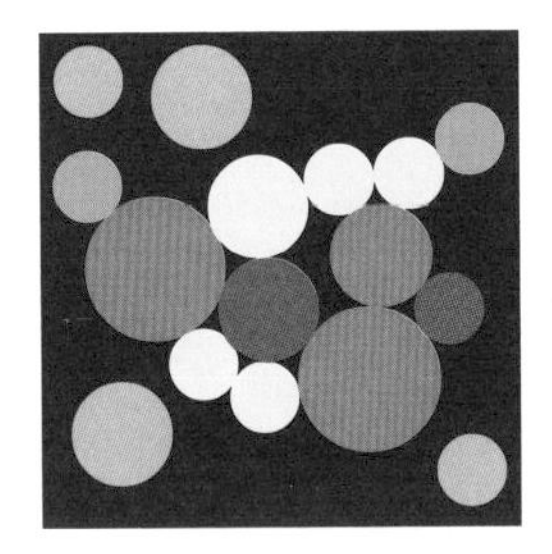

3

4

各个多边形在圆中所占面积的百分比约为：

1. 等边三角形：41%
2. 正方形: 64%
3. 五边形: 76%
4. 六边形: 83%
5. 七边形: 87%
6. 八边形: 90%

你的直觉表现如何?

5

安排7个人座位的方法有7！（7的阶乘）种，即5040种。

有胡子的数学家（用B表示）坐在一起的排法有5种：

BBBXXXX

XBBBXXX

XXBBBXX

XXXBBBX

XXXXBBB

对于上述5种排法中的每一种，有胡子的数学家都有3×2×1=6（种）坐法。同时，没胡子的数学家有4×3×2×1=24（种）坐法。因此，一共有5×6×24=720（种）排法可以让有胡子的数学家坐在彼此身边。因此，发生这种情况的概率为七分之一（720/5040）。

6

答案取决于直街上的房子是偶数栋还是奇数栋。如果有偶数栋房子，那么最中间的两栋房子之间的点到玛德琳所有朋友家的距离之和最小。如果有奇数栋房子，那么她应该选择最中间的房子。

7

如图所示，当神秘DJ让唱片在唱机上旋转起来时，这些线条将变成不同大小的彩色同心圆。

这个令人困惑的结果其实是一种视觉错觉；你知道怎样呈现出这样的效果，但不知道其中原因。就连科学家们也对直线为什么会被看成圆感到困惑。

奇怪的是，这些视觉错觉中最重要的元素是你无法真正看到的。这是线条围绕着中心点在旋转。但是为什么我们看到的是大小不一的彩色圆圈呢?

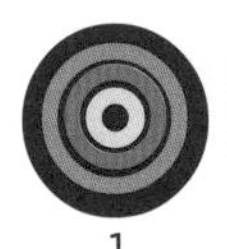
1

2

3

4

8

线索就在图中。每一个色块旁边都有一个颜色相同的圆圈，并绕着它旋转。将每一个色块按顺时针旋转180°，你就会发现拼图中的名字了。如图所示，拼出的是特雷弗全名的首字母缩写（THE）。

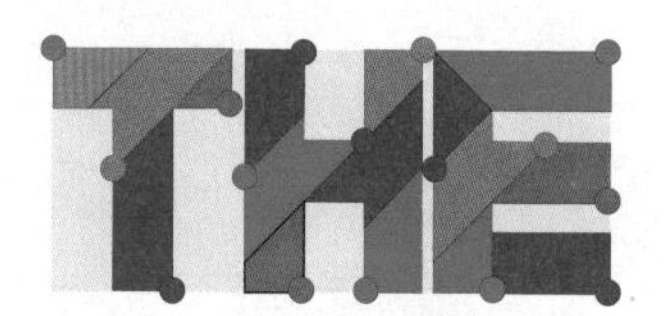

9

如图所示，每一个格子都代表了字母表中的一个字母。而蒂博尔的密码与这简直太搭了，就是CREATIVITY。

10

我们对大名鼎鼎的佐尔拉错觉图稍作加工，在这幅图中，我们变动了从右数的第二条线，造成了视觉补偿，对最后三条平行线的扭曲效果进行了校正。于是，我们“看到”只有右边的三条线是平行的，然而事实上，它们是所有线中唯一不平行的。

11

12点和16点连线题的答案如图所示。

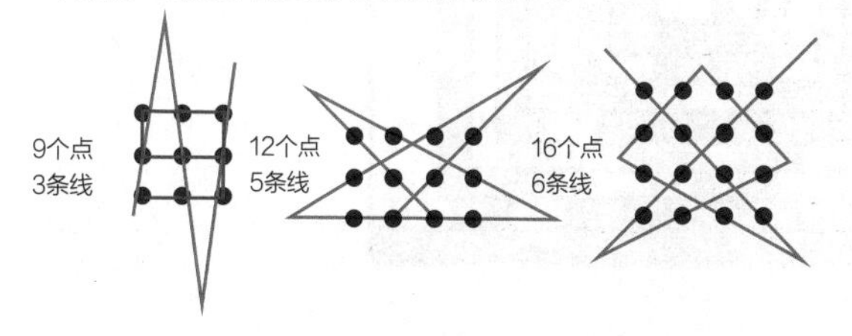

附加题：我以前收到过一些用一条直线解决问题的答案，包括将点剪下来再粘在一条直线上，将纸对折使点全在一条直线上重叠，等等。我没有拒绝这些答案，因为我根本没对题目做出限制。

但这儿有一种更简洁的方法，既不用剪贴，也不用折叠。你这页有连线题的纸在地球表面上，而地球是个球体。画一条直线，使其多次环绕地球，它便能穿过题目中的各个点了。

当你将你的思维从限制中解放出来，当你真正使用你的想象力，充满创造力的解决问题的可能性也会变得无穷无尽。

12

有两种可能的解决方案，如图所示，每一种都需要挥剑9次。你能设计出挥剑次数更少的方案吗？

13

第四个图是两个相连的结，其他图均为单结。

14

无法从线圈中移除这两个绳结，但是它们中的一个可以穿过另一个，且保持原有的缠绕方向。

15

1 信息: 1+2=3，2+3=5，5-2=3

2 回信:

1 + 2=3 ——真

2 + 3=5 ——真

5 - 2=3 ——真

3 + 2=4 ——假

这个回信有力地证明了外星人读懂了信息。

16

如图所示，4种颜色就足够了。

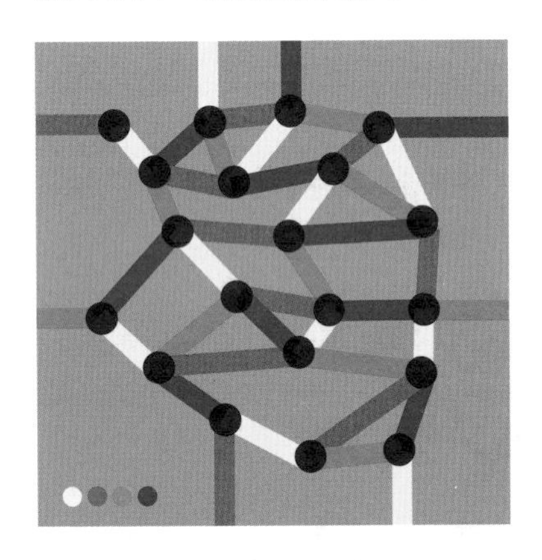

17

答案如图所示。

18

一条仅由16颗珠子组成的项链即可满足要求。通常来说，对n个颜色的任意集合，都存在“2个顺序的普遍循环”，该循环的长度为n^2。这条项链上的16组配对的分布如图所示。

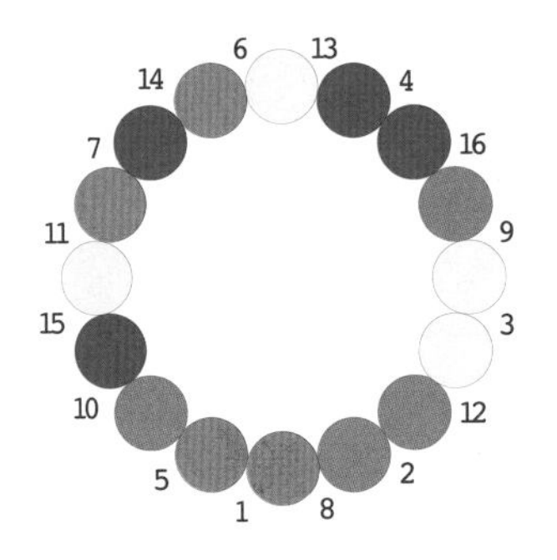

19

椭圆是我们在周围物体上最常见的曲线。马丁可以拿起一杯水并倾斜放置，这样就可以看到水面形成了一个完美的椭圆形。

20

马丁的文章和麦格雷戈的地图是一个愚人节玩笑。四色理论告诉我们，平面上的任何一张地图，都可以用四种颜色完成填充。1976年，美国数学家肯尼斯·阿佩尔（1932—2013）和德国数学家沃尔夫冈·哈肯（1928—）在伊利诺伊大学证明了这个理论。题目发表后，加德纳收到了上百封用四种颜色填充地图的信，其中的一种如下图所示。

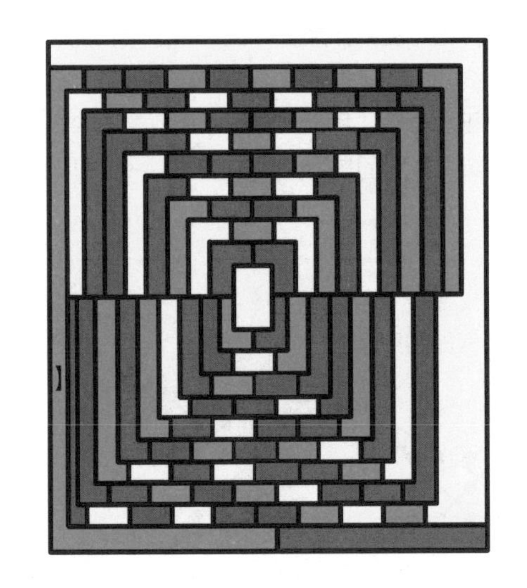

21

阿维41岁，大卫14岁。

还有其他可能，比如阿维96岁，大卫69岁——但我的朋友没这么老！

22

共握手66次。

23

请看下面的示意图。如果C是蓝色，那么B就能知道自己的颜色是红色。但是B不知道自己的颜色，因此C一定是红色。

24

这两个问题都不太明确。如果你通过向下推平台而上升，这是可能的。如果你想靠自身力量把自己拉上去，就不可能完成了。对西奥来说，理论上他有可能把自己拉离地面。他往上的拉力必须等于自身重量与平台重量之和。同样，如果芬娜足够强壮，她也能够把自己升起来。假设她重60磅，秋千重4磅，那么她可以在绳上施加32磅的力把自己升上去。

25

在图中给出的第一个示例中，有了发生数23和数列的最后一个数字115，便足以给出数列中所有数字之和的答案：99。怎么样？用最后一个数字减去第一个数字，然后加上最后一个数中的数字：115－23=92＋7（115各数位的数值和）=99。当然，99是部分数位加法数列中所有数字之和：5＋10＋11＋13＋8＋7＋14＋10＋2＋4＋8＋7=99。

以24为发生数的数列为：24＋6=**30**；30＋3=**33**；33＋6=**39**；39＋12=**51**；51＋6=**57**；57＋12=**69**；69＋15=**84**；84＋12=**96**；96＋15=**111**；111＋3=**114**；114＋6=**120**。

那么，120－24=96＋3（120各数位的数值和）=99。6＋3＋6＋12＋6＋12＋15＋12＋15＋3+ 6＋3（120各数位的数值和）=99。

发现这个数字关系的秘密后，卡普雷卡尔惊呼：“这难道不是个奇妙的发现吗？”

26

1，3，7这一组邮票无法达到的最小邮资为12；1，4，6这一组为15。

27

无人射中靶子的概率为3/5×6/10×7/10=0.252。

因此，所求概率为1－0.252=0.748。

28

棋盘上的最后一个数是一个几何级数的结果。

几何级数是一系列数字，第一项之后的每一项都是前一项乘一个被称为公比的非零数后得到的。几何级数的各项组合起来被称为几何数列。

棋盘上有64个方格，伊本·赫勒敦的问题的答案是$2^{64-1}=2^{63}$=9,223,372,036,854,775,808。

29

下图是许多方案中的一种。

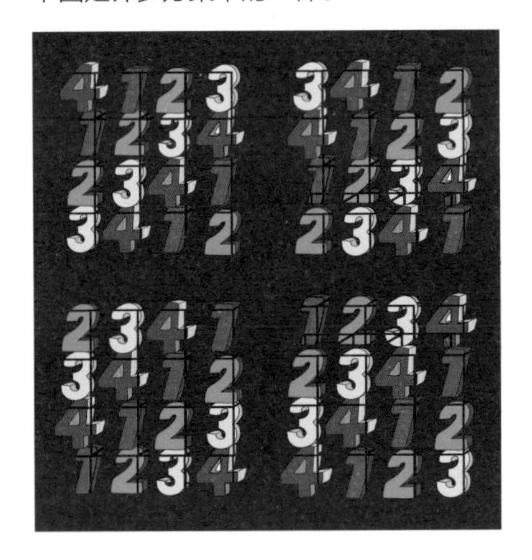

30

把纸片放在硬币上方，以消除纸片的空气阻力。将硬币扔向地面，轻轻旋转使之在下落时保持水平。硬币和纸片会同时落下。1971年，美国人大卫·斯科特（1932—）乘坐“阿波罗15号”登月时做过一个著名的实验——他同时扔下一根羽毛和一把锤子，从而证明了一个简单的事实：无论物体的质量有多大，它们都是以同样的加速度下落——至少在没有空气阻力的情况下是这样的。

意大利物理学家和天文学家伽利略（1564—1642）是第一个挑战“重的物体比轻的物体落得快”这一中世纪科学基石之教条的人，这一教条自希腊哲学家亚里士多德（前384—前322）时代以来就被人深信不疑。

31

共有84种解法。递降序列3－2－1－6－5－4－9－8－7是一种答案，它避免了超过3个数字的递减。

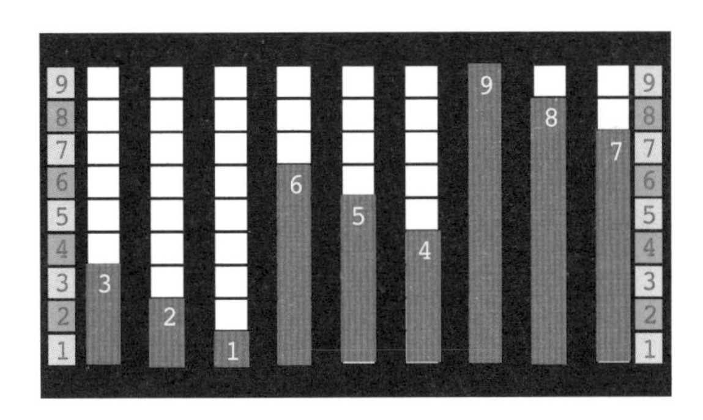

32

一种可能的解法如下图。

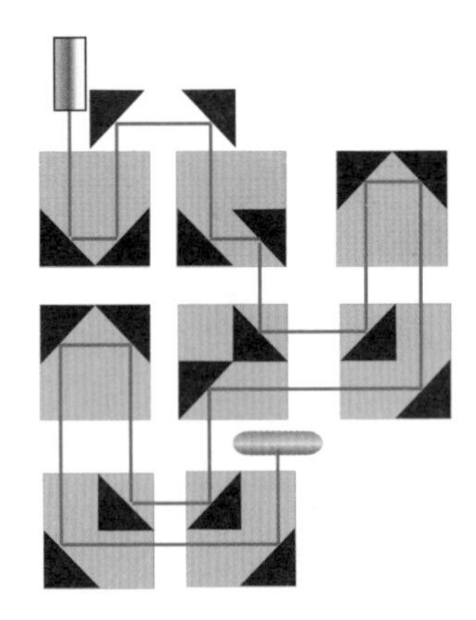

33

三角形，因为在它的重心处，重力和物体将要绕之倾倒的点之间的夹角最大。

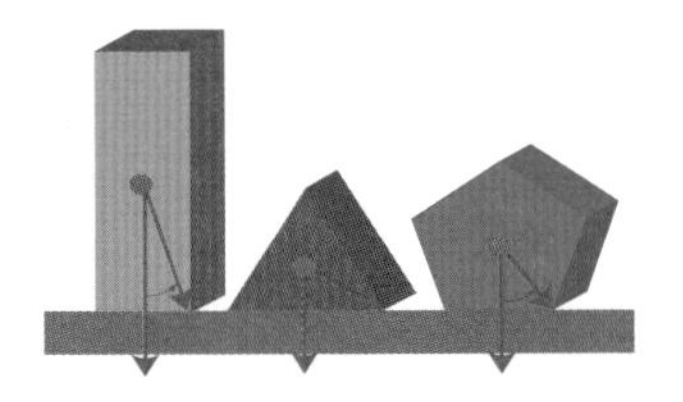

34

1 - 2
3 - 7
4 - 10
5 - 6
8 - 9

35

1 - 9	2 - 17
3 - 14	4 - 15
5 - 21	6 - 8
7 - 11	10 - 20
12 - 19	13 - 16
18 - 23	22 - 24

36

1号桌： 两者面积相同。小三角形的总面积和大三角形的面积相等。因重叠而减去的面积也一样大。

2号桌： 有意思的是，在2号桌问题中，重叠部分与问题的答案无关，因为两组六边形都减去了同样大小的重叠部分的面积。小六边形和大六边形的面积之差就是答案。在这道题目中，结果为0。因此，两部分面积相等。

37

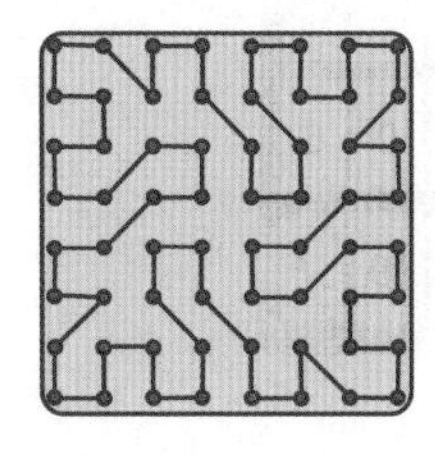

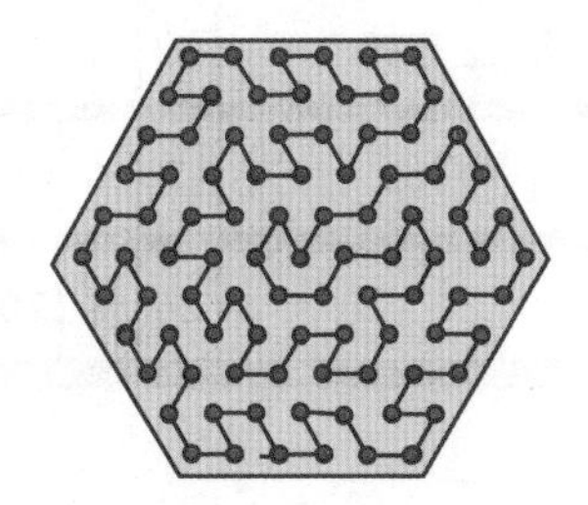

附加题： 在三角形钉板上，最少需要8根钉子；
在正方形钉板上，最少需要6根钉子；
在六边形钉板上，最少需要4根钉子。

38

第16个如图所示。

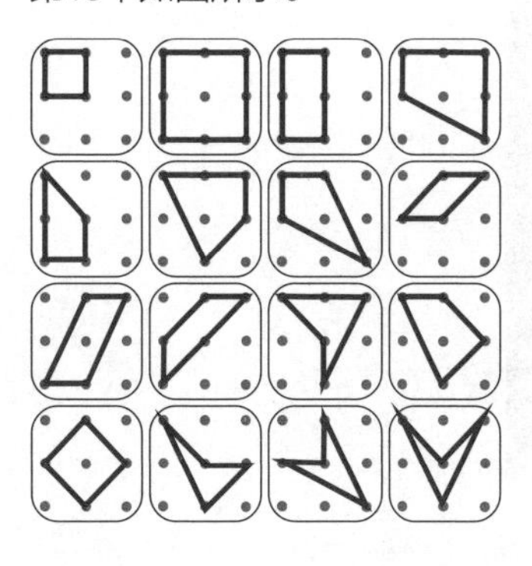

附加题： 如图所示，共有10种。

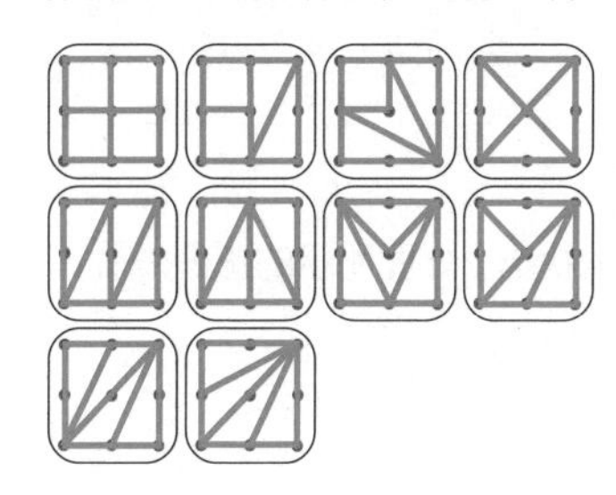

39

欧内斯特·布荷特的18步解法如图所示。
数学家约翰·比斯利已证明布荷特的18步解法是最佳解法。

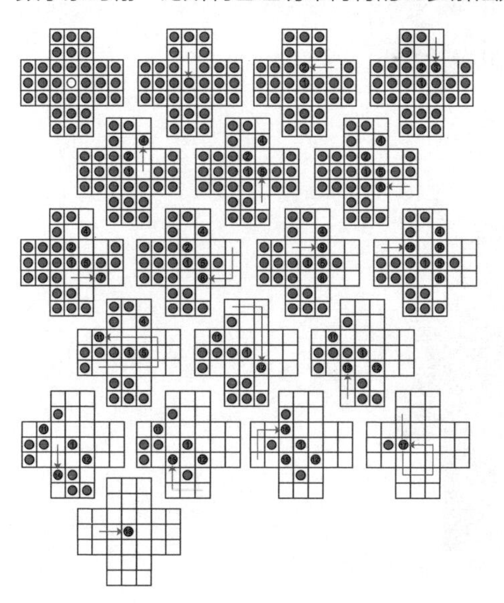

40

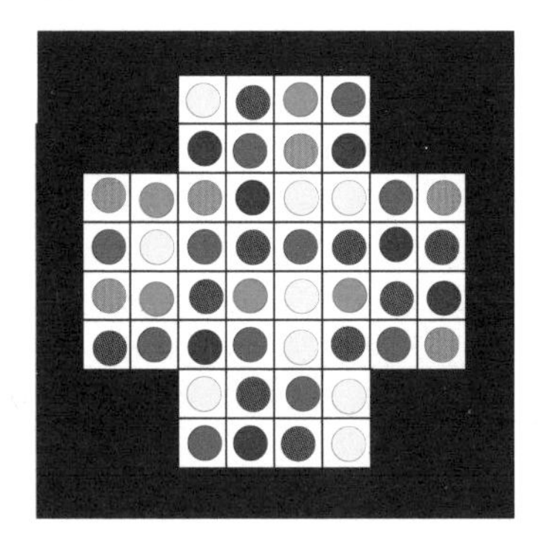

图案左上角的点位于横向数第21格，纵向数第15格。

41

卡特一头雾水，但在5分钟后他就找出了如图所示的正确拼法。

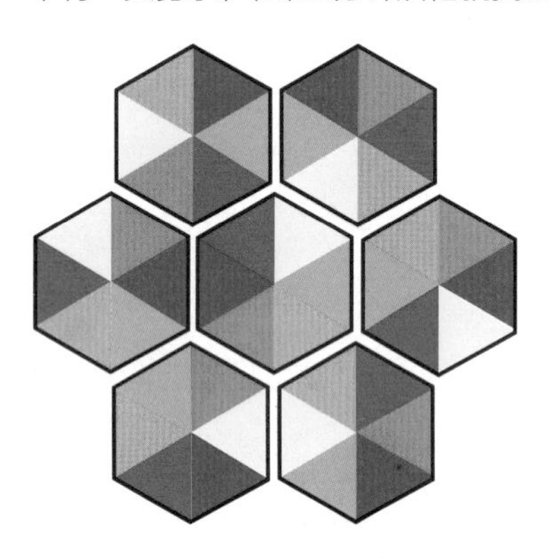

42

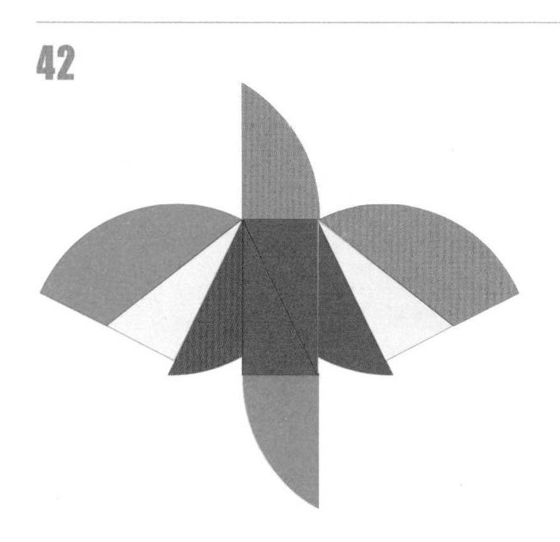

43

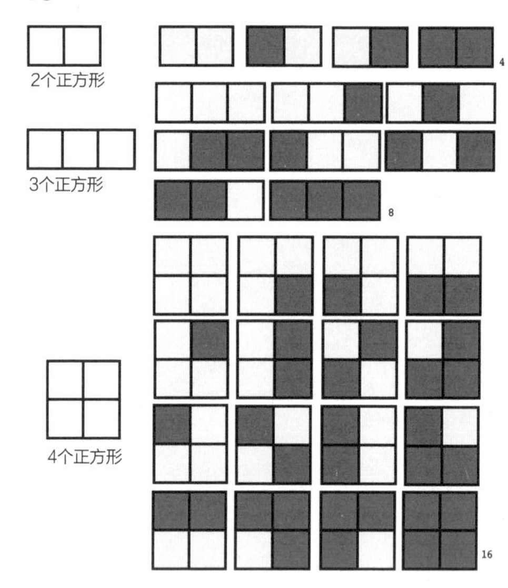

44

你应该列一个如下所示的计数表。诀窍就是把这一页上下颠倒，“失踪”的立方体就变得很明显了。

失踪的立方体	1	2	3	4	5
3面有颜色的立方体	1	1	1	1	1
2面有颜色的立方体	6	3	6	6	10
1面有颜色的立方体	12	3	12	12	19
没有颜色的立方体	7	0	1	0	6
总计	26	7	20	19	36

45

黄色-橙色-红色-粉色-紫色-浅蓝色-深蓝色-森林绿色-深绿色-草绿色

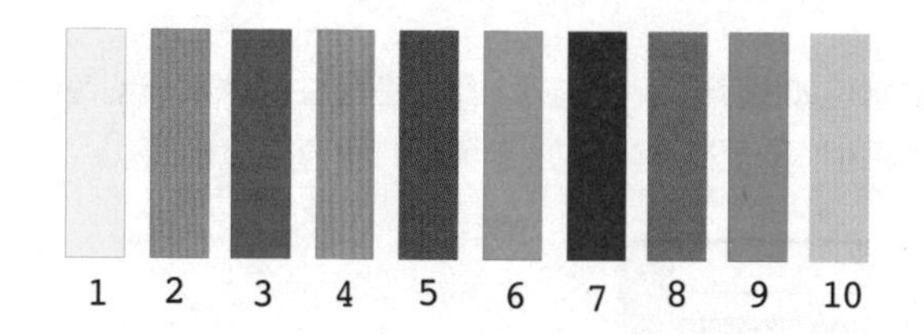

46

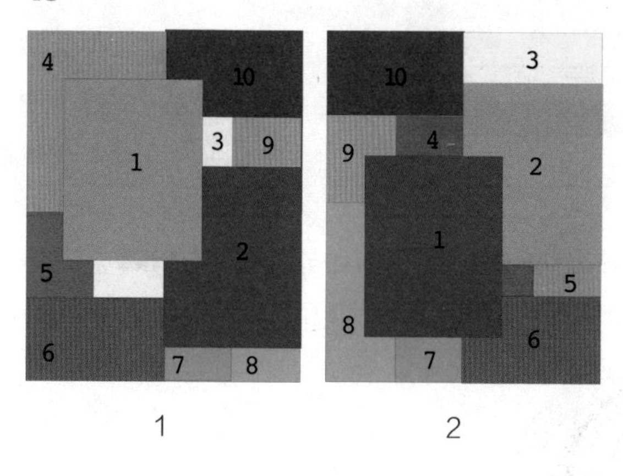

47

如图所示，依次为七边形、八边形和十二边形。

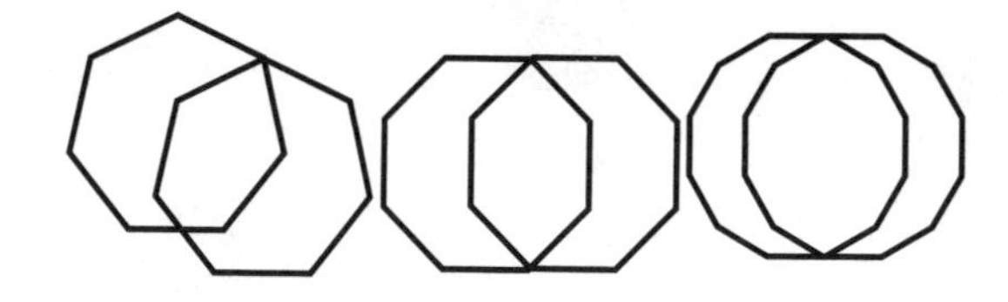

48

4个图形的面积分别为17、9、10、16单位平方。

可以数一下与橡皮筋的每条边穿过的网格的数量，并估计封闭区域的大小。对于周长范围内的每个不完整正方形，该范围外的某处都有一个与之大小完全相同的等价形状。也就是说，某些矩形似乎被图形的边分成了两半，因此该矩形在橡皮筋周长范围内的面积正好是矩形总面积的一半。用这个原理可以解决此类问题。在实际计算中，我们假定橡皮筋只是一条没有厚度的线。这仅能表明该形状内部的大小取决于其外部的大小和形状。

利用这一原理，像这样简单的问题就不难解决了。对于复杂的形状，“皮克定理”使求解变得非常简单：只需计算闭合多边形内的点数（钉子数）（N）和边界线上的点数（B），那么，总面积为：$N+B/2-1$。

你可以用我们的题目检查这个公式的可靠性。

皮克定理以奥地利出生的犹太数学家乔治·亚历山大·匹克（1859—1942）的名字命名。1942年7月，皮克被纳粹遣送至特莱西恩施塔特集中营，两周后在那里去世。

49

如图所示。

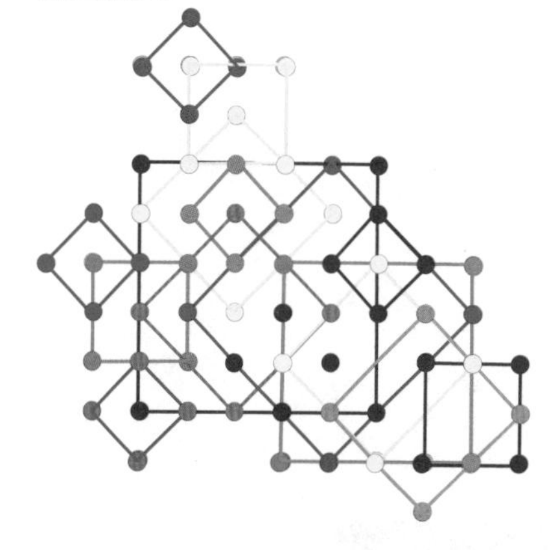

50

与大圆重叠的七个圆的面积等于大圆的面积。因此，红色区域和蓝色区域面积相等。黑色重叠区域从重叠的圆中减去的面积相同。红色+黑色和蓝色+黑色的面积都等于大圆的面积，也就是等于绿色区域的面积，显然，绿色区域的面积是最大的。

51

如图所示，有两种可行的方案。（每种方案中左右对称的情况算一种）

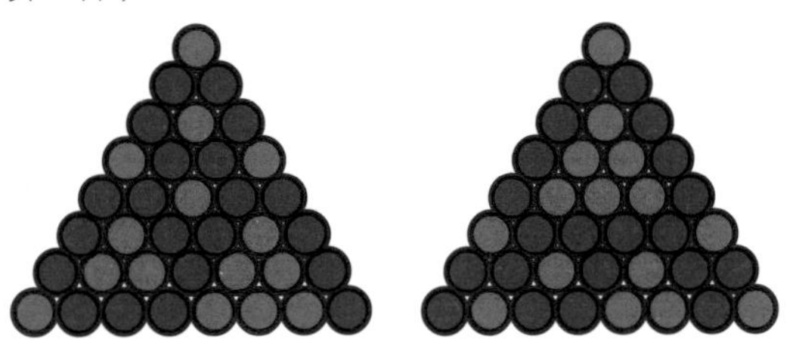

52

下图即为福斯特智能手机游戏的一个答案。

53

需要4种颜色。

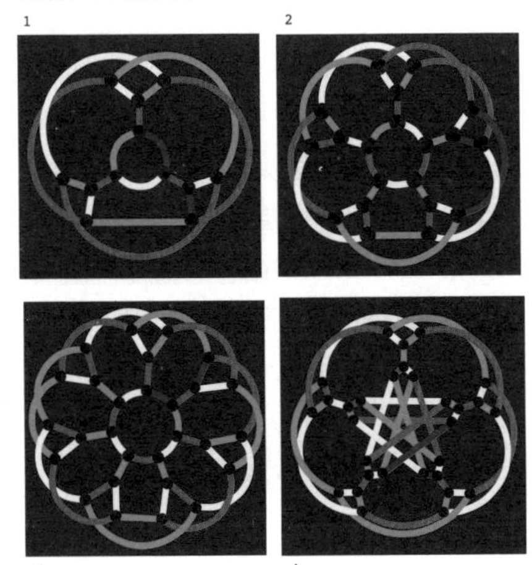

54

四个花瓶的水位如图所示。请注意，绿色三棱柱的体积与紫色三棱柱的体积相同，因为它们的底部大小和垂直高度相同。

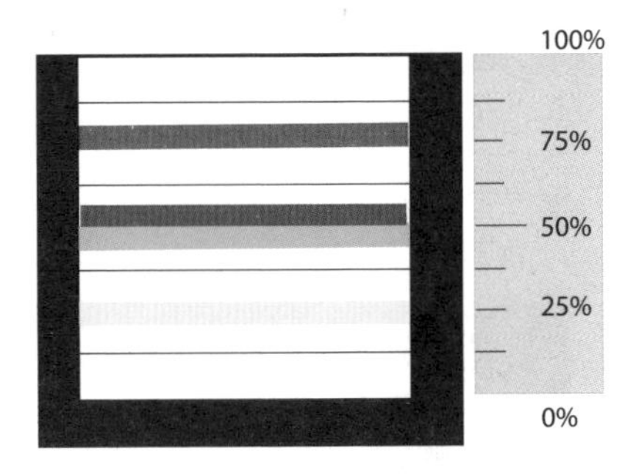

55

回旋镖的红色区域总面积为：$4\times(2r)^2+\pi r^2=16r^2+\pi r^2$

双耳瓶的横截面积等于正方形的面积，为：$A=(2r)^2=4r^2$。

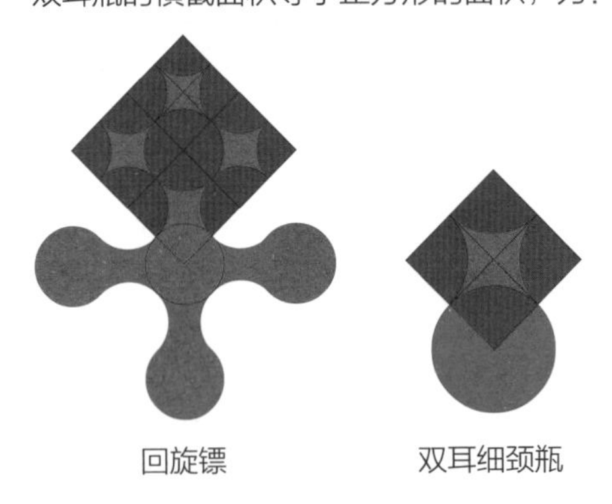

回旋镖　　双耳细颈瓶

56

杯外的瓢虫必须跨越21.1厘米的距离才能与它杯里的朋友会合。根据毕达哥拉斯定理，距离

$=\sqrt{14^2+(10\pi/2)^2}$

$=\sqrt{196+246.74}=21.04$（厘米）

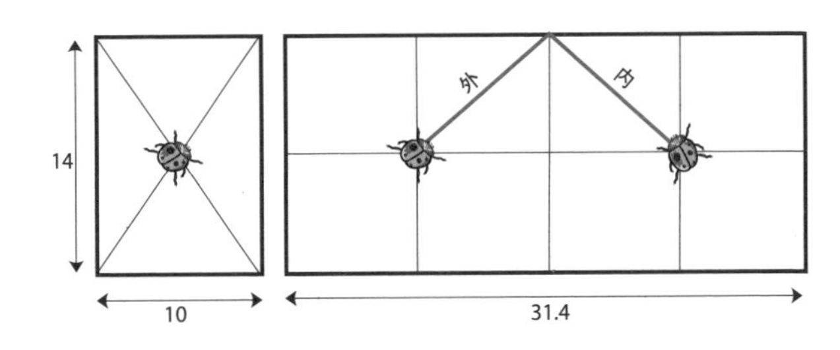

57

第二个完全数是28=1+2+4+7+14。

古希腊人对此研究了许多，但他们无法解决一个问题：存在一个完全数是奇数吗?

毕达哥拉斯学派相信“数字就是一切”。他们崇拜数字，相信完全数具有神奇的特性。完全数也被用在神秘系统中，例如中世纪的喀巴拉。《圣经》注释者探究了宇宙结构与完全数的关系：他们说，上帝在6天内创造了这个世界，月亮每28天绕地球一周。

欧拉还发现了一个找出偶完全数的公式。不存在小于1010的奇完全数。完全数有许多奇异的性质，它们身上仍有许多未解之谜。

所有的完全数都是三角形数。完全数的末位数字则又是一个谜团，因为所有已知的完全数都是偶数，并以6或28结尾。

没有人知道完全数究竟是有限的还是无法穷尽的。

58

4个玩具的摆法的完整表格如下图所示。

1234	1243	1324	1342	1423	1432
2134	2143	2314	2341	2413	2431
3124	3142	3214	3241	3412	3421
4123	4132	4213	4231	4312	4321

附加题：8个玩具的摆法共有1×2×3×4×5×6×7×8=40320（种）。鲁本需要110多年才能尝试完所有摆法。他必须得十分长寿才行!

59

你做不到！经过奇数个交点后，荷马将进入边界内。

若要回到起点，他必须经过偶数个交点。因此，跨越边界的次数不能是11或任何其他奇数。

60

阿曼提出的问题其实是一道经典的益智题。第一个提出所需面额最大的邮票数值最小的解决方案的是约翰·德文森蒂斯。邮票的5种面值应为6、4、9、11、12，这样，用3张邮票就可以支付从1单位到36单位的任一单位邮资了。（其中1、2、3、5、7单位邮资为超额支付。）

61

测试1是伪造的。

1998年，希尔博士在《美国科学家》杂志第7—8月刊中解释了扔硬币实验。有一种绝对会出现的可能性：在一系列的200次投掷中的某一时刻，无论是正面还是反面都会连续出现6次或更多次。大多数伪造者都不知道这一点，所以他们尽可能避免多次出现同样的结果，因为他们错误地认为这是不可能的。希尔博士一眼就能看出一个学生扔200次硬币的结果中是否包含连续6个正面或反面；如果没有，他就知道这个学生造假了。

你听说过本福德定律吗? 这项定律指出，在列表、统计表等等中，数字1出现的概率往往远高于预期的11.1%（即9个数字中的1个数字）。例如，检查对数表时，你会注意到前几页的磨损与脏污要比后几页的多得多，这就是本福德定律的一种体现。大约30%的数字会以1开头，约18%的数字以2开头，而以9开头的数字则下降至4.6%。

这项定律以美国电气工程师、物理学家弗兰克·本福德（1883—1948）的名字命名。1938年，弗兰克·本福德在通用电气工作时发现了这项定律。诸多令人震惊的现象都遵循本福德定律。即便是从报纸上随机抽取的数字也遵循此定律。

这听起来真像是个让人难以置信的悖论。

20世纪90年代，希尔给出了一个令人满意的解释。他认为，虽然有些现象受到单一分布的控制，例如钟形曲线，但更多现象是由各种分布的随机混合决定的。本福德定律的偏差可以很容易地用标准统计测试（数字分析）检测出来，这种偏差如今被用于检测欺诈行为。

众所周知，自然偏好某些数字，想一想黄金比率和斐波那契数列。本福德定律是数学宇宙中又一美丽而基本的特征。而且，这里还有一个很棒的小转折——这三者是彼此关联的。斐波那契数列中连续项的比率趋向于黄金比率，而构成斐波那契数列的所有数字的每一位数趋向于符合本福德定律!

62

只有唯一一种组合，会使得前两位互动者能推理出他们各自的第三只兔子的颜色而第三位互动者推理不出。这个组合已经在题目中的黄色图表里给出了。

因此，奥尔内拉甚至不需要拿出兔子就可以正确地说出她帽子里的和其他人帽子里的兔子的颜色。亚历山德拉帽子上的标签一定是“红红红” 或 “红红白”。

假设亚历山德拉帽子上的标签是“红红红”；然后奥尔内拉可以推测，既然标签是错的，那么第三只兔子应该是白兔。因此，法布里齐奥的帽子里一定有一只红兔和两只白兔，并被贴上了“红红白”的标签（这样他就能推断出第三只兔子的颜色）。

在余下的两个标签中，无论哪一个被贴在第三个帽子上，安东尼奥都能推断出第三只兔子的颜色（如果标签是“白白白”，则为红兔；如果是“红白白”，则为白兔）；但我们被告知他不确定第三只兔子的颜色，因此上述假设是不成立的。

所以第一顶帽子的标签一定是“红红白”，而帽里有3只红兔。这使得“红白白”成为第二顶帽子的唯一可能标签；而帽子中装有两只红兔和一只白兔。如果第三顶帽子的标签是“白白白”，安东尼奥就会知道第三只兔子的颜色，所以他帽子的标签是“红红红”。奥尔内拉的帽子的标签为“白白白”，在剩下的2组兔子（“白白白”和“红白白”）中，正确的一组一定是一只红兔和两只白兔。因此第三顶帽子里有三只白兔。

63

3枚硬币共有8种结果：

正正正 正正反 正反正 正反反 反正正 反正反 反反正 反反反

8种结果中只有2种是所有硬币为同一面的情况，因此概率为2/8=1/4。

64

舞会上共有900只耳环。有18名女士（900人中的2%）戴着1只耳环。余下的50%戴着两只耳环，相当于剩下的全部人都戴着1只耳环，即98%的女士戴着1只耳环。加起来就是所有人都戴着1只耳环，总共900只耳环。

65

要想回答这个问题，我们必须考虑最坏的情况，在这种情况下，朱莉安娜的运气一点也不好，她要把所有左手手套或右手手套都拿出来，共计15只手套。

在这种情况下，只要再加上1只，即第16只手套，就会凑成一对完整的手套，如图所示（右）。

但我们可以做得更好。因为即使处在黑暗中，朱莉安娜仍可以辨认出是左手手套还是右手手套。如图所示，她可以将手套分为两组。现在，她可以选择13只左手手套或右手手套，然后再从相对的手套中选出一只，即第14只手套，这样，她就获得了一对完美的手套。

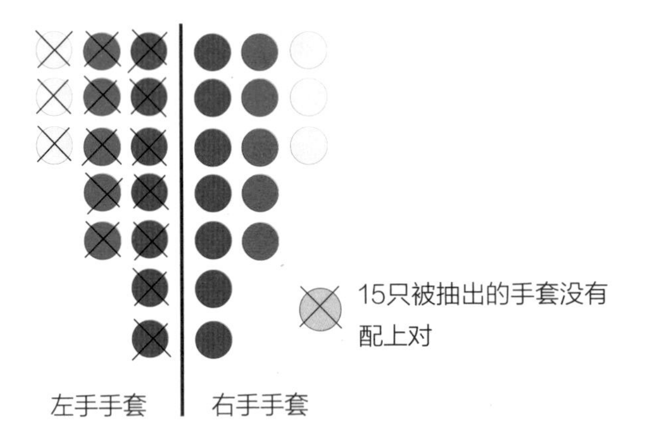

66

米格尔和希梅纳在90种情况下可能中奖，在30种情况下可能不中，因此，他们抽不到汽车的概率为30/120，即1/4（25%）。

67

迈克和汤姆不相上下，迈克和爱丽丝也不相上下。根据直觉，你可能认为汤姆和爱丽丝的胜率也应该是相同的。但事实并非如此，因为正如你在可能的游戏结果列表中看到的那样，爱丽丝战胜了汤姆。因此，从长远看，爱丽丝会比汤姆和迈克赢得更多场比赛。

迈克	汤姆	迈克	爱丽丝	汤姆	爱丽丝
10	6	10	8	6	8
10	2	10	4	6	4
0	6	0	8	2	8
0	2	0	4	2	4

68

如图所示，第三行的一个地方丢失了一个红方块。

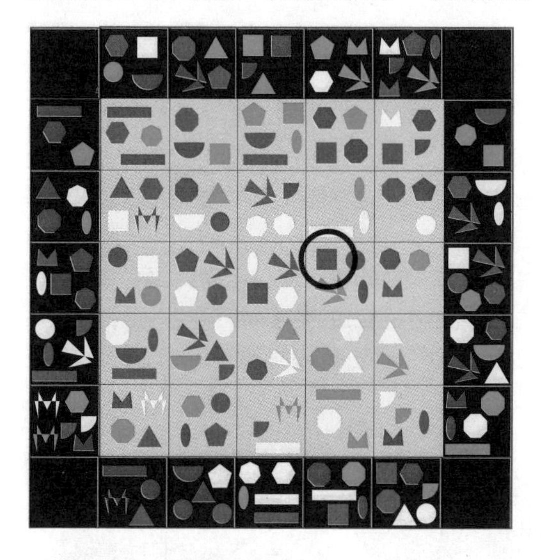

69

1. 对于这个问题，大多数人下意识会猜150人或更多。这个经典问题是一个很好的例子，告诉我们用常识难以判断概率。对于一年中的n天和r人的随机集合，两个人在同一天过生日的概率是1减去每个人的生日都不同的概率：

$P n^{(r)}=1-n/n\times(n-1)/n\times(n-2)/n\times\cdots\times[n-(r-1)]/n=1-n!/[n^r(n-r)!]$

对于一个仅有23人的随机集合，两个人在同一天过生日的概率也超过了50%。这个结果十分惊人，但也可以让你了解到，在概率问题上要更多地依赖数学法则而非直觉。

理由如下：在2人的集合中，两个人生日不同的概率很高，为364/365。有第3个人的时候，概率为363/365。因为一个3人的集合仍包含一个2人的集合，所以分数是相乘的，依此类推。

随着所有人的生日都不同的概率下降，有两个人生日相同的概率上升。当你综合考虑这个问题时，23个人有253种可能的配对，这也更令人相信，即使人数这么少也足以满足条件。$364/365\times363/365\times\cdots\times(365-n+1)/365$，其中$n$是总人数。

n个人共有$n\times(n-1)/2$种配对，等于$1+2+3+\cdots+(n-1)$。

2.答案是253。巧合发生的概率是$1-(364/365)^n$，其中n是除马塞尔之外的人数。

70

每一张图中的楼梯的路径长度都相同，加起来是单位正方形边长的两倍。另一方面，随着阶梯数量的增加，路径长度似乎接近极限，即对角线。对角线的长度遵循毕达哥拉斯定理：$1^2+1^2=\sqrt{2}$。

这样看来，我们刚刚证明了一个矛盾的关系：$2=\sqrt{2}$，情况当然不是这样。不管每级阶梯变得多小，它们的总和总是2。

附加题：在图10中，有2^{10} = 1024级楼梯；在图100中，每级楼梯几乎小得不可见，但它们长度的总和仍然为2。

71

下图为9种可行方案中的一种。

72

3只红鸟（R）和2只蓝鸟（B）。计算过程如下所示：

$R-1=B$

$3(B-1)=R$

因此，$3B-3=B+1$

$2B=4$，$B=2$

$R=2+1=3$

73

3号图是错误的。

74

需要4种颜色。

这4个图案是同一个图案的4种拓扑等价变体，即所谓的佩特森图。这个图案有10个顶点和15条边，常被用作数学图论的示例。它以丹麦数学家朱利叶斯·佩特森（1838—1910）的名字命名——他是图论的先驱和创始人。事实上，这幅图在佩特森之前就已经出现在英国数学家阿尔弗雷德·肯普（1849—1922）的作品中。

75

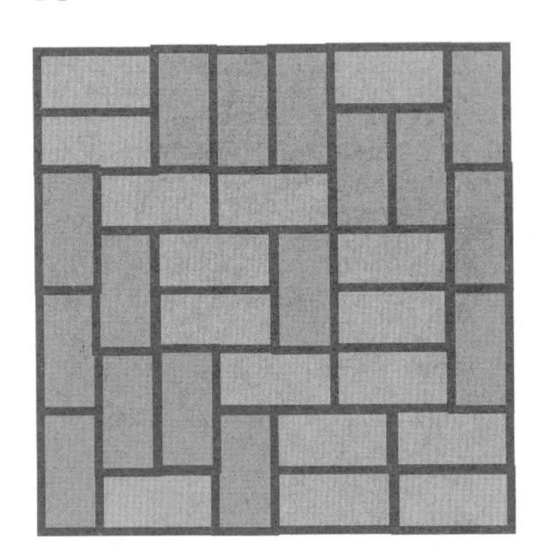

76

如图所示，费利克斯可以吞下全部9只小鸟。

77

答案如图所示。有一个有趣的定理与包装小杏仁饼有关。不管你多么努力地尝试，你都不能往包装示例中的盒子里装下更多的红色小杏仁饼了。

在任何包装中，给定方向的小杏仁饼（用红色、绿色或蓝色表示）的数量是盒子中的小杏仁饼的总数的三分之一。

利用钻石形的小杏仁饼，你可能会注意到这里出现了惊人的三维效果。

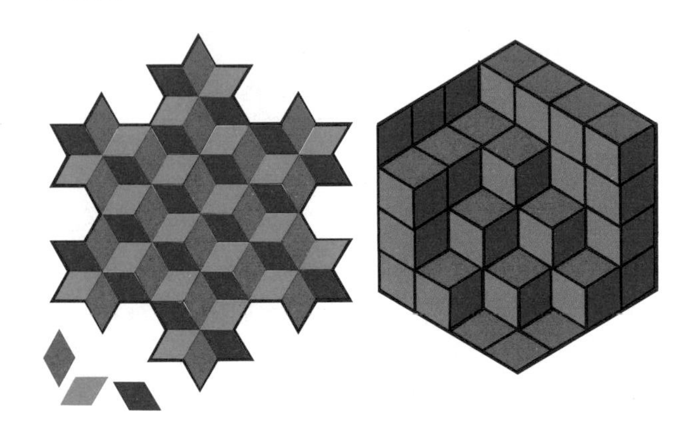

78

79

一种可行方案如图所示。

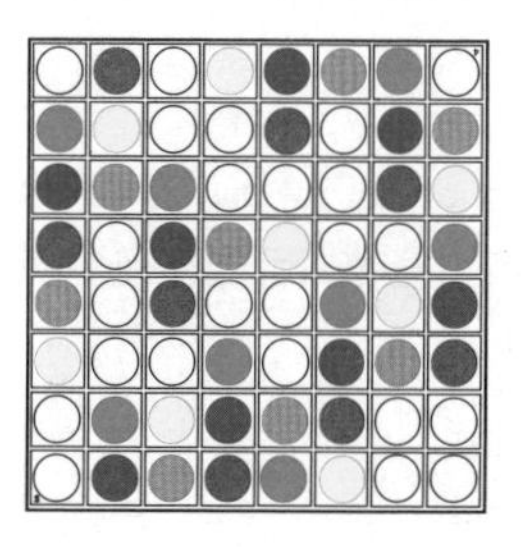

80

15个三角形中有5对大小相同的三角形，但其顶角朝向不同。如果这样可以被视为不同，那么便形成了一个“完美”结构。

81

它们可以造出340个数字。仅用1、2、3和4造出的一位数、两位数、三位数和四位数共有：$4+4^2+4^3+4^4=340$（个）。

用乘方表示大数非常简便。一个数的乘方，简单地说就是用乘方表示它与自身乘许多次后的结果：

$2^{22}=2\times2=4,194,304$

82

恭喜！既然你还能活着回来检查答案，那么你一定是按下图所示的方法剪了8次。

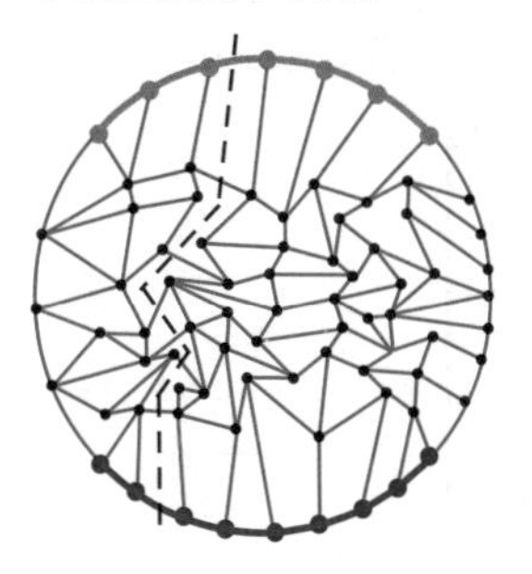

83

如图所示，书虫爬行了25厘米，啃穿了整整4本账册和第一卷的封皮与第六卷的封底。解题的诀窍在于账册的摆放方式——第一卷的第一页紧挨着第二卷的最后一页（如图），第六卷的最后一页紧挨着第五卷的第一页。因此，虫子只啃穿了4本账册和2个外封。

84

答案见下表。n个点的弦数的通用公式为：$n(n-1)/2$。

点　数	1	2	3	4	5	6	7	8	9	10	11	12	13	14	15	16	17	18	19	20
弦　数	0	1	3	6	10	15	21	28	36	45	55	66	78	91	105	120	136	153	171	190

85

必须移除9根火柴棍。

86

问题1

无论1号玩家在哪一列填入5，2号玩家都可以用6赢得比赛。

第一列	第二列
1	3
2	4
5	6

第一列	第二列
1	3
2	4
6	5

问题2

在连续数字的无和游戏中，不可能填入9，或者用数学的语言来说，我们无法将数字1到9分割成两个无和数的集。

第一列	第二列
1	3
2	5
4	6
8	7

87

39。一位数、两位数、三位数共有$3+3^2+3^3=39$（个）。

88

最小数字是16，最大数字是4,194,304。

2的二次方的二次方等于16，是最小数字；

2^{22}=4,194,304是最大数字。

89

摆放方式如图所示。60多年前，匈牙利数学家乔治·波利亚（1887—1985）发现，当n小于10时，不可能做到把n个超级皇后放在一个n阶棋盘上并使之无法互相攻击。10×10棋盘的解决方案是唯一的。

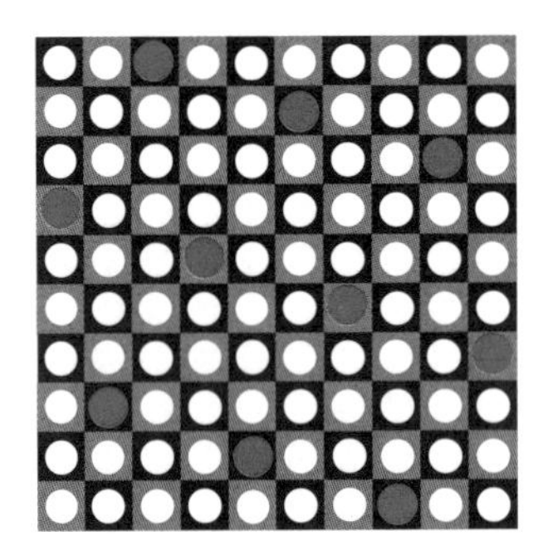

90

下图中显示了一条精准地只通过两个点的直线。可能还有更多这样的直线。

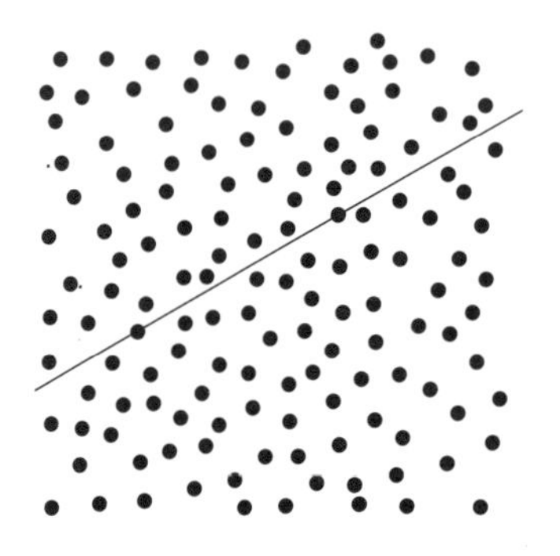

91

如图所示，该图案由25个方向不同的三种形状的连锁闭合环组成。

形状1——9个相同图形

形状2——12个朝向4个方向的相同图形

形状3——4个朝向4个方向的相同图形

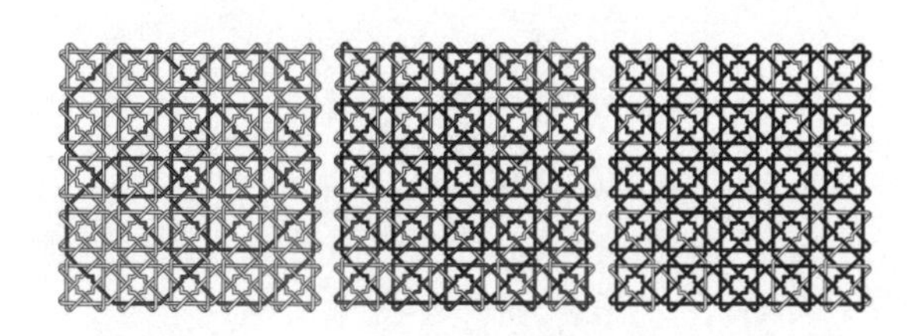

92

失真的壁画：见右图。上下颠倒书页，以十分倾斜的角度纵向地看。

失真的扭曲网格

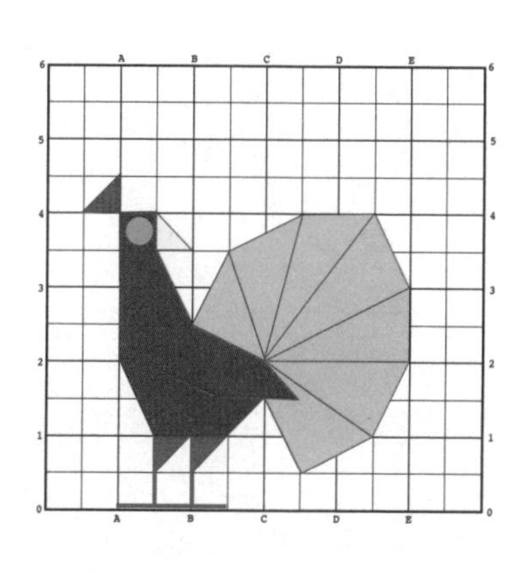

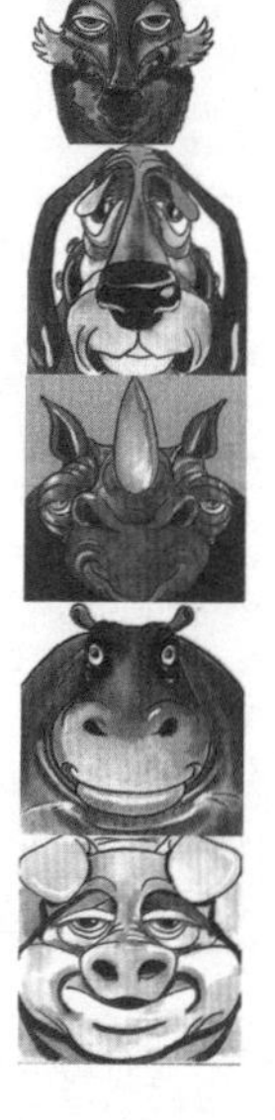

93

俯瞰可见“LOVE（爱）”。

94

根据撞击时的角度，二十面体陨石可能会以三角形、五边形、六边形和十边形的截面与平面国相撞，在穿越至第三维的过程中湮灭平面国的一切。但对平面国的人来说，所有这些转变都将以二维视角呈现，点变成线，然后延长、消失，等等。

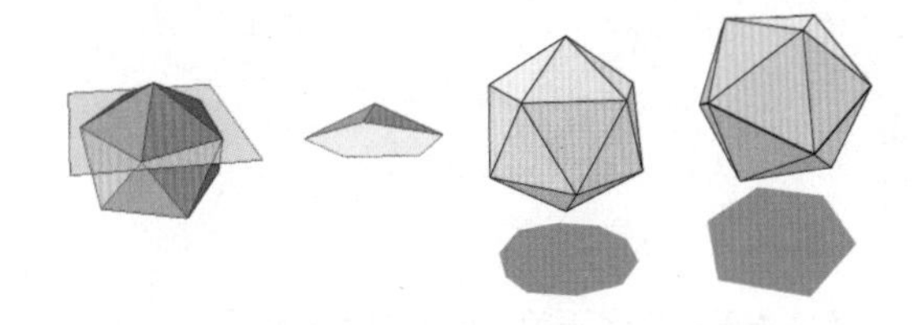

95

平面国跳棋的第二位玩家总是会赢。

在平面国象棋中，第一位玩家能设法获胜。

平面国象棋唯一正确的开局方式是先走骑士。在游戏示例中，黄棋先动。

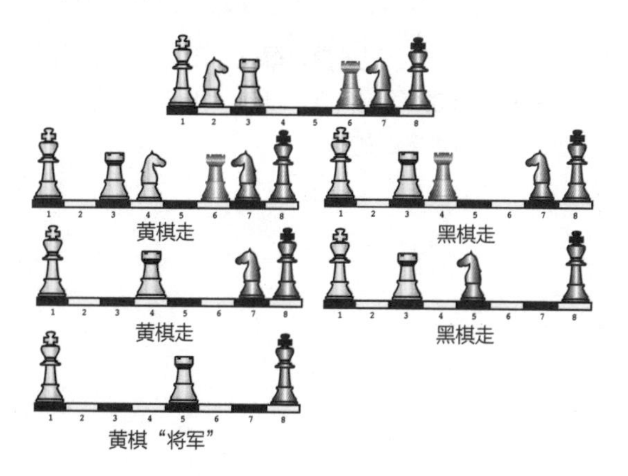

96

最短路径是没有闭合环的树形图，其中相交的线段以120° 的角彼此连接在一起。

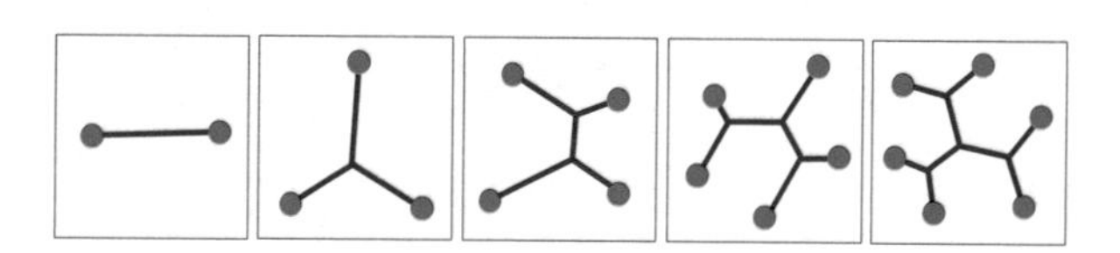

97

点分组：9号

线分组：7号

半圆分组：5号

错觉轮盘的灵感来源于一种最简单、最吸引人的视错觉，即所谓的缪勒-莱尔幻觉及其变体。它会考验你对长度和距离的判断。缪勒-莱尔幻觉由德国社会学家弗朗兹·卡尔·缪勒-莱尔（1857—1916）于1889发明。你可以在网上很容易找到它的相关信息。

98

n=5时没有解。在给定的三个例子中，每一个正方形都可以被进一步划分，使正方形的数量增加3。因此，我们很容易就能获得数量一直到n=20或更多时的解。

99

A-2；B-3；C-2。

100

MASTERMIND

PART3 决策力

1

带我们见你们的首领。

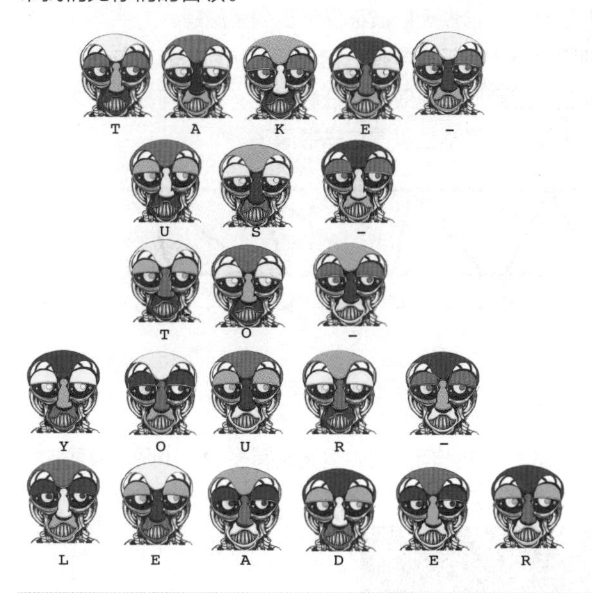

2

1. 不令人吃惊——因为红蛋和蓝蛋之间存在两个D=1的情况。（在这里，D=1的意思是距离为1格）
2. 令人吃惊。
3. 不令人吃惊——因为红蛋和蓝蛋之间存在两个D=2的情况。
4. 不令人吃惊——因为红蛋和黄蛋之间存在两个D=4的情况。
5. 令人吃惊。
6. 不令人吃惊——因为红蛋和蓝蛋之间存在两个D=1的情况。

3

16,807单位的面粉：$7\times7\times7\times7\times7=16,807$

答案就是等比数列的第五项。第一项为7，公比也为7。因此，房子：7；猫：49；老鼠：343；麦穗：2401；面粉的单位数量：16,807。阿默斯之谜激发了许多变体。

意大利数学家、比萨的列奥纳多（又名斐波那契）在《计算之书》（*Liber Abaci*）中发表了一道该题的变体版。也正是这本书将阿拉伯数字引入了欧洲。他的版本增加了一个7的乘方：杀鼠猫一题是7的5次方（$7\times7\times7\times7\times7$），而他的版本是7的6次方（$7\times7\times7\times7\times7\times7$）。

有7名老妇人前往罗马旅行。每位老妇人有7头驴，每头驴背着7个袋子，每个袋子里装着7条面包，每条面包对应7把小刀，每把小刀都有7个刀鞘。老妇人、驴、袋子、面包、小刀和刀鞘，一共有多少？答案是$7^6+\cdots+7=137,256$。

另一个版本是18世纪的英国歌谣，唱的是一段在康沃尔郡的旅途：

在前往圣艾夫斯的路上，我遇见了一个男人和他的7位太太。每位太太都有7个袋子，每个袋子里都有7只猫，每只猫生了7只小猫。小猫、猫、袋子和妻子。请问有多少人和物将前往圣艾夫斯？

圣艾夫斯版本的题目中有一个小的脑筋急转弯，真是个漂亮的转折。如果提问的旅者正前往圣艾夫斯，而男人和他的太太们与他方向相反，正在远离圣艾夫斯。那么，“有多少人和物将前往圣艾夫斯”这个问题的答案是1。

4

士兵加上将军的总人数必须是平方数。每组需要有9名士兵，才能构成第一个满足条件的平方数，排出10×10的方阵。

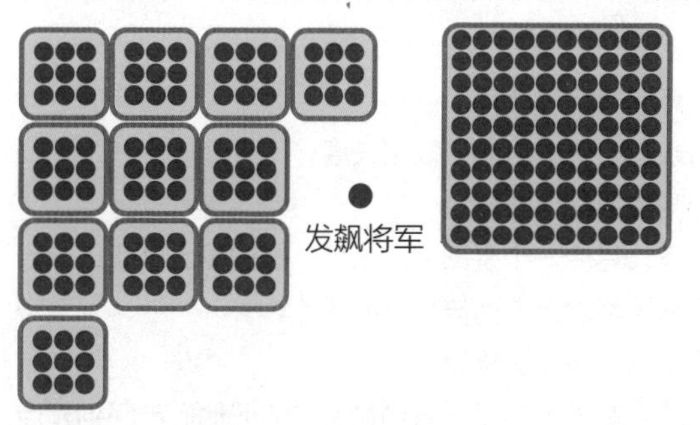

附加题：如图所示。将军动用了56名士兵排成了如图所示的队列。

5

如图所示。吱吱吱。

6

图4和图5不可追踪。解答是否可以追踪这一类谜题的秘诀是，检查每个交叉点有多少条线进出。如果有2个以上的交叉点辐射出奇数条线段，那么按题中给出的规则，此图案不可追踪。如果有2个有奇数条线段的交叉点，则这个图案可视为一个边界：这两个点必须是起点和终点。例如，要用一条不间断的线绘制信封形状的图7，你必须从左下角或右下角开始，然后分别在右下角和左下角结束。

7

沿中心线剪开的莫比乌斯环

一个环，两条边，两次扭曲，双倍长度。

靠近边缘切割的莫比乌斯环

两个相连的环，其中一个是跟之前长度一样的莫比乌斯环，另一个是完全扭转两次且有两倍长度的环。

旅行者在莫比乌斯环上的旅途

旅行者和他的手表走上的是一条镜像反转的把他们带回到起点的路。由此可知，莫比乌斯环是一个不可定向的表面。不可定向性是莫比乌斯环的一个独特性质。

8

在如图所示，底边分别占据17格与19格的关系中，绿色三角形的总面积比红色三角形的大。这个谜题基于卡瓦列里原理：两个或多个具有相同底边且等高的三角形面积相等。博洛尼亚大学的意大利数学家博纳文图拉·卡瓦列里（1598—1647）证明了三角形的这一原理：两个或多个具有相同底边且等高的三角形面积相等。这一原理对平行四边形也成立。卡瓦列里证明了该原理在二维中的有效性。这个原理的三维版本后来也被其他人证明，但它今天仍被称为卡瓦列里原理。

卡瓦列里是意大利天文学家、物理学家伽利略的笔友，伽利略推荐卡瓦列里到博洛尼亚大学任教时说：“自阿基米德之后，很少有人能将几何学钻研得这样精深了。”

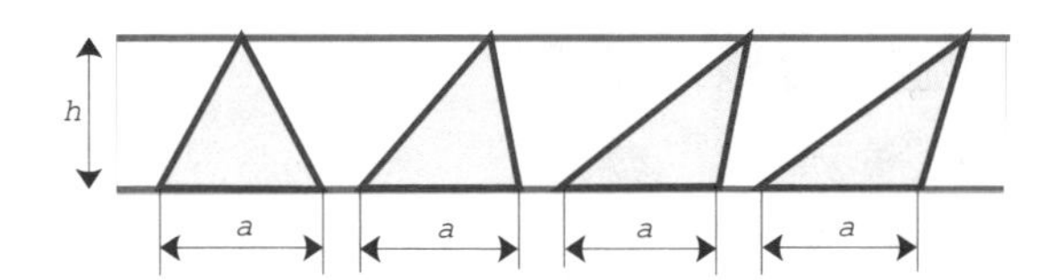

9

无论小圆在大圆内如何排列，也无论有多少个小圆，只要它们穿过圆心，玫瑰花环的周长就与大圆的周长完全相等。

10

真令人吃惊，这些表述都是真的——并且都基于可靠的科学原理。

1. 暴风雨发生在气压低的地区。当作用于你身体上的气压降低时，关节里的气体就会膨胀并引起疼痛。
2. 暴风雨前空气常常十分潮湿。青蛙必须保持皮肤湿润才会感到舒服，潮湿的空气可以使它们离开水，发出更长久的叫声。
3. 雨前的高空卷云中有冰晶形成。这些晶体折射月光，并在月亮周围形成一个环。
4. 鸟类和蝙蝠的耳朵对气压的改变非常敏感，如果它们飞到气压更低的更高处，暴风雨锋面的低气压会使它们感到疼痛。
5. 天气越热，冷血蟋蟀的叫声越大。数一数蟋蟀在15秒内发出的叫声，再加上37，你就能得到此时的华氏温度。

6. 湿度增大会使绳索从空气中吸收更多的水分，因此绳结会收紧/收缩。
7. 鱼浮上来捕食昆虫，因为大气压力降低，昆虫在暴风雨前飞得离水面更近。
8. 上升气流吹过电话线时会使之发出很大的嗡鸣声。

11

1号图。

12

17克、18克和19克。

附加题：21克、22克、23克和24克。

13

这些雕塑基于著名的“超级卡片”折叠，如图所示，在一张纸上剪3个切口便可以轻松地制作完成。将黄色部分沿折线向上折90度，然后沿橙色那一侧虚线折线的一半将橙色部分向后折180度，将它完全翻转。自马丁·加德纳揭示了超级卡片折叠，人们设计了无数种变体。美国折纸大师、魔术师罗伯特·E. 尼尔等人发明了许多基于超级卡片的伟大魔术。

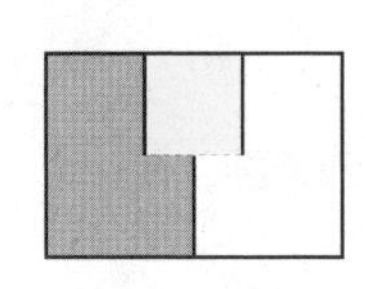

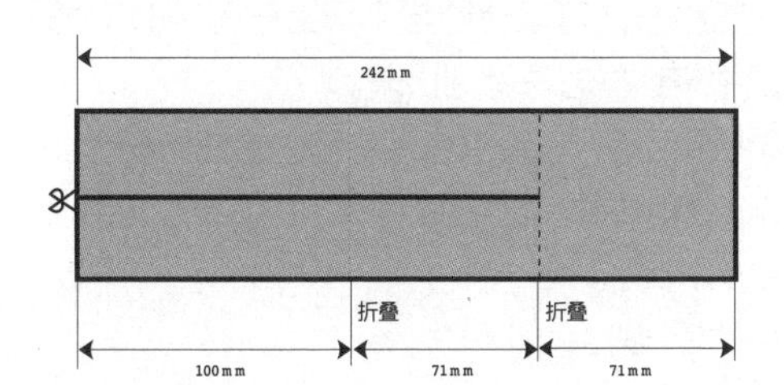

14

在下面的游戏示例中，蓝色玩家填充出了黑线框中的正方形，成为胜者。

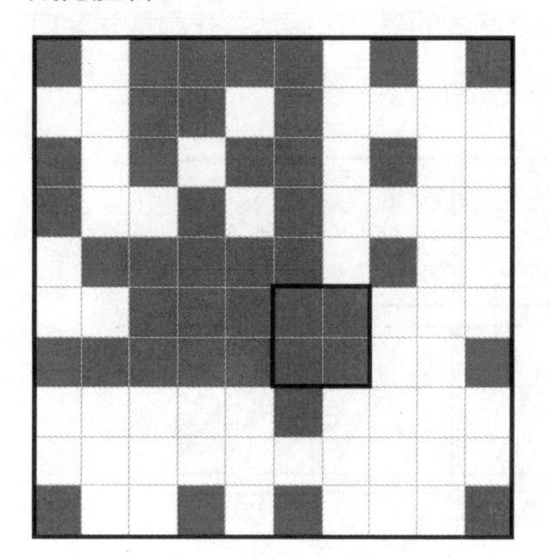

15

单人游戏的一种解如图所示。

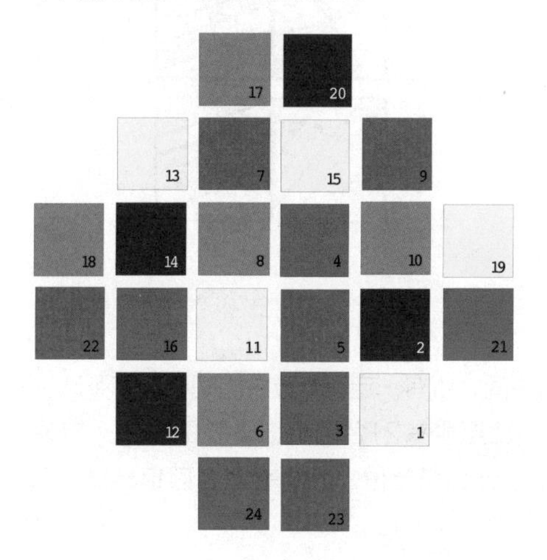

16

获得最大闭合区域数的一般规则是，让每一条新切割线都与所有已有的线相交。这样，第n次切割就会产生n个新区域。

例如，如果2次切割会产生4个区域，那么第3次切割穿过已有的2条直线，就会产生3个新区域，依此类推。这个规则在第一排最大区域数的示例中已经得到体现。

求最小闭合区域数的方法很简单：如最后一个例子所示，只需使所有切割线平行即可。最小区域数总是$n+1$，其中n是线条数。我们总是可以在最小区域数和最大区域数之间获取任意数量的区域。用1、2……条直线切割平面产生的最大区域数的数列为：2，4，7，11，16，22，29，37，…。用给定的线条数划分正方形，并算出由此产生的最大区域数，正是数学家口中的圆形切割或薄饼切割问题的一个示例。

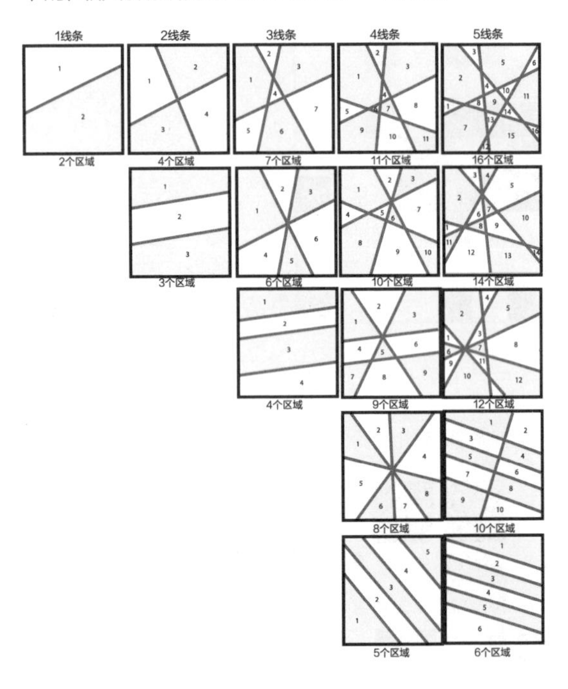

17

因为麦克在队伍的中间，所有一定有奇数名囚犯参加了列队。杰克是第20位，因此至少有21名囚犯。麦克的位置一定是小于13的奇数，所以他是第11位。一共有21名囚犯参加了列队。

18

当阿奇到达终点线时，布鲁斯在90码处：相同的时间内，他只完成了阿奇所完成距离的90%。同样，卡梅伦的速度是布鲁斯的90%，所以当布鲁斯在90码时，他在81码处。因此，阿奇以19码的优势击败了卡梅伦。

19

20

根据规则，空间站有许多种可能的穿越方法，下图是其中的一种。但在任何一种情况下，旅途都必须从1号通道开始，在45号通道结束（或者反过来）。

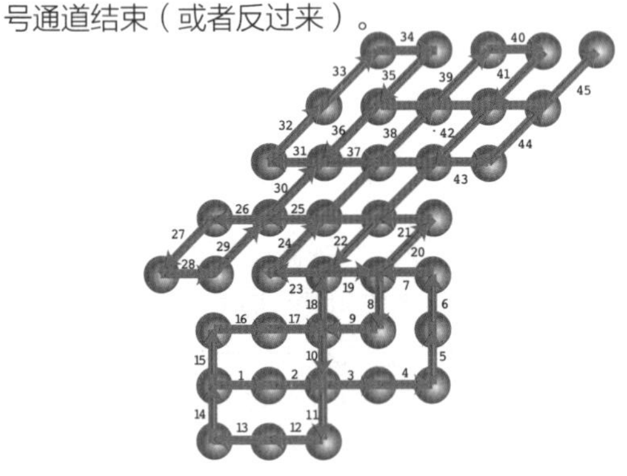

21

经过系统的逻辑分析，你可以如图所示画出第四个圆。在一个平面上可以相切的圆的最大数量是4。

法国数学家弗朗索瓦·韦达（1540—1603）于1600年解决了这道问题。一共有8种方法可以让圆与平面上已固定的3个圆相切。我们已在图中将这些方法罗列出来。

第四个圆与所有3个圆相切，且没有包围它们中的任何一个。

第四个圆与所有3个圆相切并包围它们。

第四个圆包围其中的1个圆。

第四个圆包围其中的2个圆。

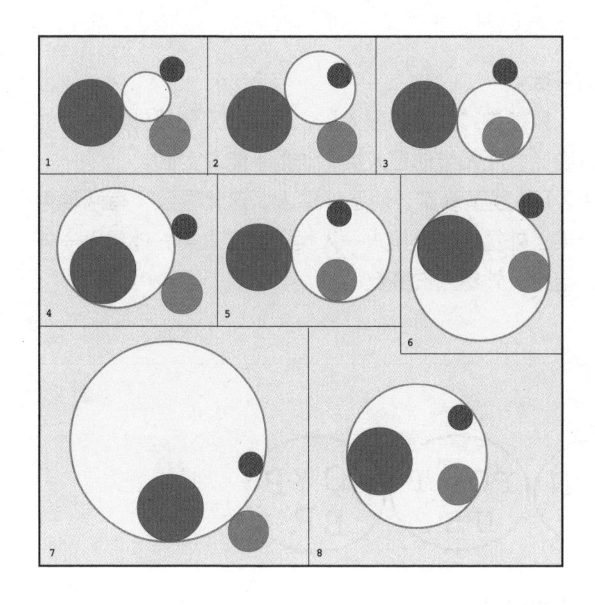

22

图中的13个等边三角形是该问题的最小解。

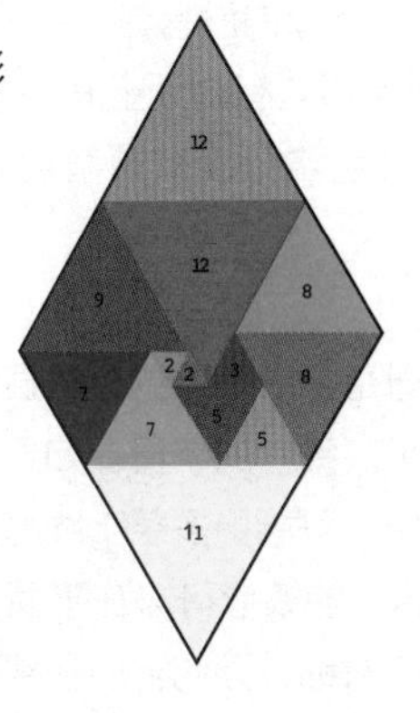

23

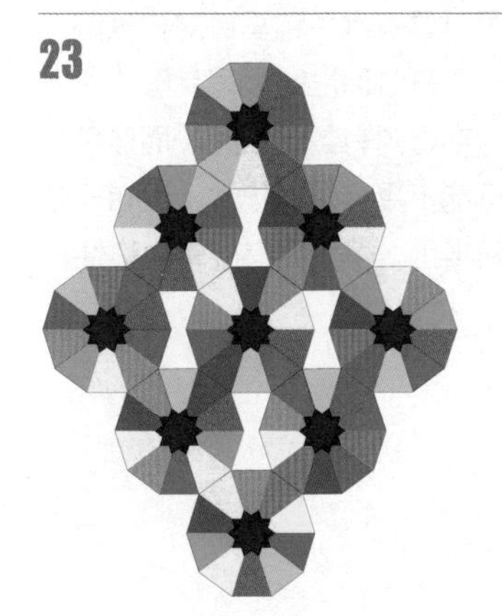

24

附加题：2、7、13、14、16、18、21、22、30、33和35。

25

这个著名的视错觉证明了一个事实：你可以在头脑中改变物体的方向，在这个数立方体的例子中，也就是改变立方体的数量。如图所示，只需翻转图像，你就可以看到7个完整的立方体。

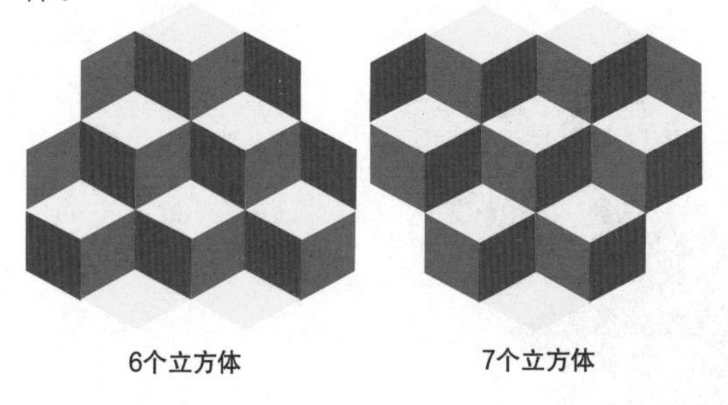

26

仅需3种颜色。杰登证明了用二维“施莱格尔投影图”就能轻松地给8个立方体上色，如图所示，该图在拓扑上等价于三维立方体，如图所示，使用了3种不同的颜色。1886年，德国数学家维克托·施莱格尔（1843—1905）设计了这一投影图，此图也以他的名字命名。

27

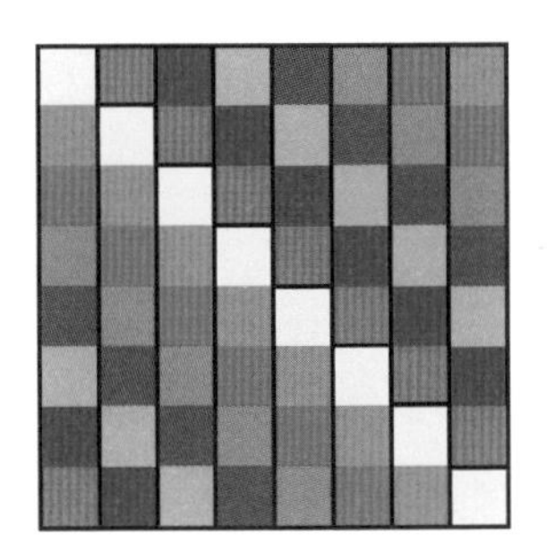

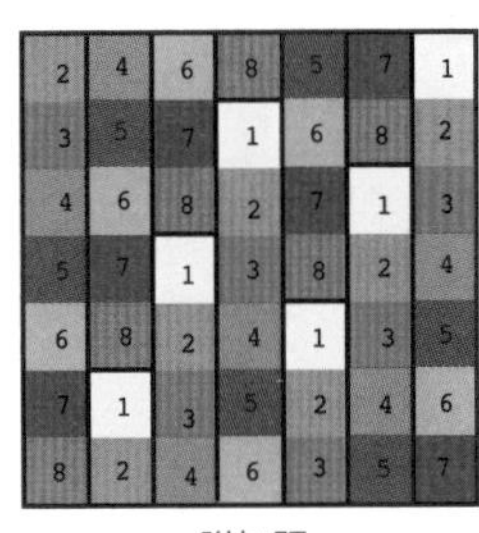

附加题

28

所有黑色区域面积均相等。我们很容易发现，有三个图案是一样的，只是重新排列了一下。左下角的第三张图里有1/4个大圆，而该大圆的半径是初始圆的两倍，故黑色区域面积与其他三个相等。

29

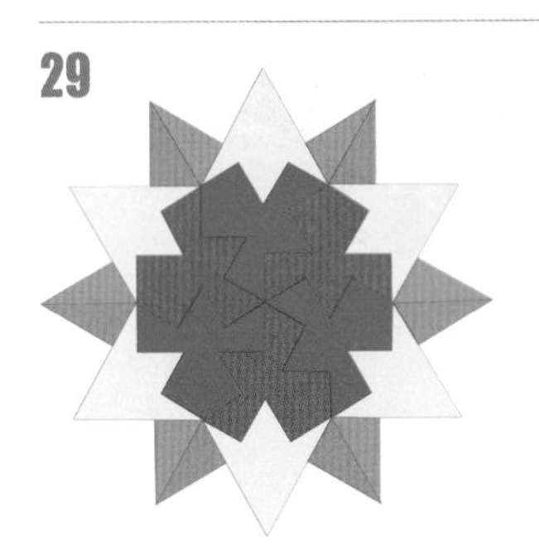

30

31

外星人占多数。

1 第一个人只能说“我是外星人”，因为如果他是外星人，他不可以说谎，而如果他是人类，他则不能说实话。

2 因此（2）陈述了事实，他是外星人。这就导致了有两种可能的结果：外星人—外星人—人类，或者人类—外星人—外星人。结论：外星人占多数。

32

字母如上图所示放置。

MVCNLW组——每个字母都没有曲线，只有一条折线

FOGTUSJ 组——字母内没有封闭空间

DQYPBR组——字母内有封闭空间

（在每一组中，红色字母没有遵循规律，是不属于该组的字母）

附加题：

第一组：红色字母是字母表中具有垂直对称性的大写字母。蓝色字母是具有水平对称性的字母。如果一个字母呈轴对称，你可以找到至少一条（可能更多条）线将其平分为互为镜像的两半。大写字母“A”的镜像可以在平面上完全覆盖原字母。然而，有些字母并不对称，因此它们在平面上不能被镜像覆盖。

第二组：蓝色字母是字母表中同时具有水平和垂直对称轴的大写字母。红色字母是字母表中不具有对称性的大写字母。

第三组：红色字母是不对称的且字母内有封闭空间，而蓝色字母具有旋转对称性。有些字母可能不具有轴对称性（没有一条线能将它们分割成互为镜像的两半），但仍具有旋转对称性。

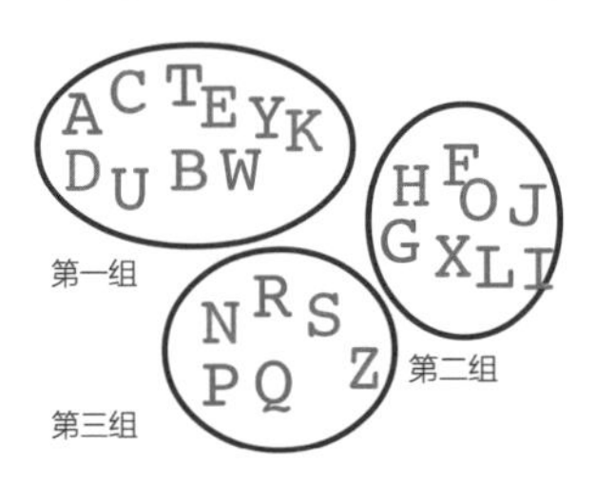

33

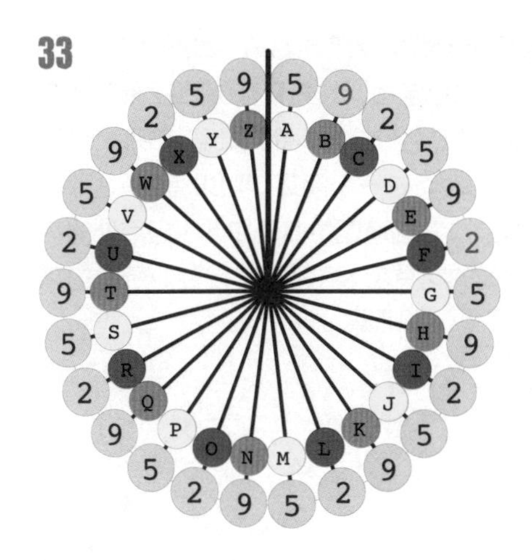

34

黑色区域占整个多边形的比例分别为1/3，1/4，1/5和1/6。

35

费加罗留胡子。题目中说得很清楚，所有不留胡子的人中的每一个人，要么自己刮胡子，要么由费加罗刮胡子。而且，没有人既自己刮，又由费加罗刮胡子。但对费加罗来说，这意味着他从来没有给自己刮过胡子。如果他这样做了，那么就相当于他既会自己刮胡子，也会由费加罗刮胡子。没有人那么做。因此，费加罗留胡子。

36

小丑B。

如果小丑A能看见两顶红色帽子或两顶绿色帽子，他就会知道帽子的颜色（并推断出没人能看见的小丑D的隐藏帽子的颜色）。

但他看到的只是一红一绿两顶帽子，不能给他任何线索。因此，小丑B应该知道，他帽子的颜色必定与他面前的帽子的颜色相反。

37

40颗弹珠。

38

由下面的图表可知，这样的男孩可能多达10名，也可能只有1名。因此至少有一名男孩必定拥有这四种特征：他必定是一个蓝眼睛、黑头发、超重且个子高的男孩。通常来说，最小值为具有每种个体特征的孩子的数量之和减去班级人数的3倍。如果结果为负，则最小值为零。

1	2	3	4	5	6	7	8	9	10	11	12	13	14	15	16	17	18	19	20
					蓝	眼	睛												
					黑	头	发												
					超	重													
					个	子	高												

1	2	3	4	5	6	7	8	9	10	11	12	13	14	15	16	17	18	19	20
								蓝	眼	睛									
								黑	头	发									
									超	重									
										个	子	高							

39

有一种可能是：威利斯的孩子们的年龄分别为1，1，3和13，因为1×1×3×13=39。在这种情况下，他一定有一对双胞胎。

40

1 活了100万小时的人有114岁。

2 活了100万分钟的人大约两岁。

3 活了100万秒的人是一位才11天半的婴儿。

那位女士出现在图中很奇怪，因为她显然不属于上述人士。

41

以下是4 × 6矩形的诸多解法之一。因为旋转图案被视为相同的图案，所以只有6种基本的不同的正方形（见左列）。

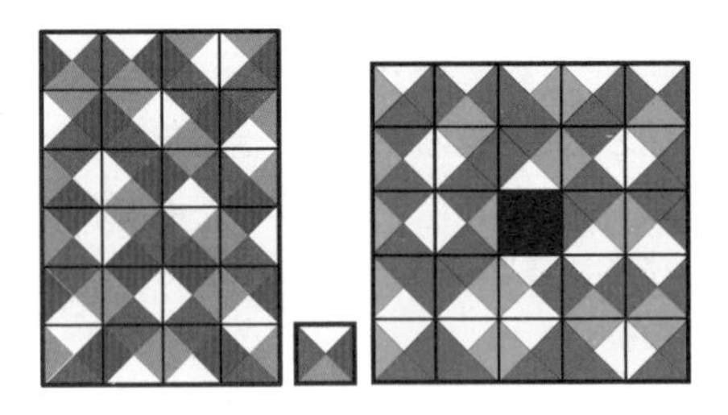

42

共有10条路线。

43

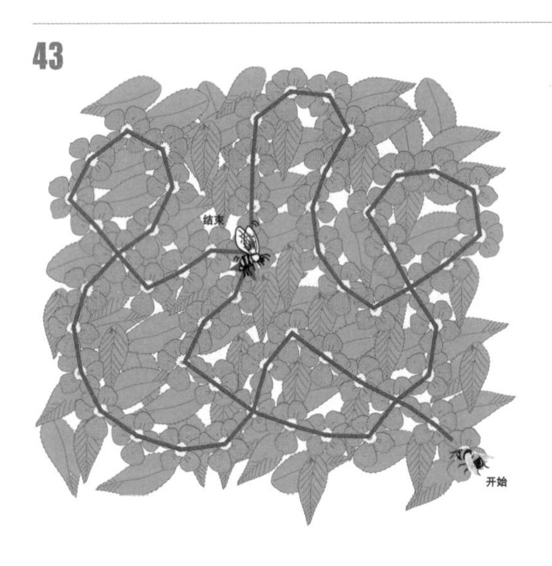

花朵可以视为图中的节点（点）。如果一朵花有偶数个边界交叉点（与其他花重叠处），蜜蜂先生可以飞进飞出，而如果一朵花有奇数个边界交叉点，蜜蜂先生可以飞进飞出，但当他最后一次进入时，便不能再离开。观察这些花朵，唯一一朵有奇数个交叉点的花就是蜜蜂夫人将停留等候的花。

在只有两个交叉点的所有花上画一条线，并标记那些被多次穿越的花，你可以轻松地在所有花上画出一条连续的没有折返的线。通常来说，根据瑞士数学家莱昂哈德·欧拉（1707—1783）在1763年所写的欧拉定理，如果只有0朵或2朵花有奇数朵相邻的花，我们就可以贯穿这样的图。如果有0朵，你可以从任何地方开始，因为线路是一个闭环。如果有2朵，那么这两朵花就是起点和终点。在这道题中便是如此：起点处的花有1朵相邻的花，终点处的花有3朵相邻的花。其他所有的花都有偶数朵相邻的花。

44

罗密欧——20次跳跃

戈兰——8次跳跃

巴斯特——4次跳跃

用指南针和尺子能很快做出这道题。

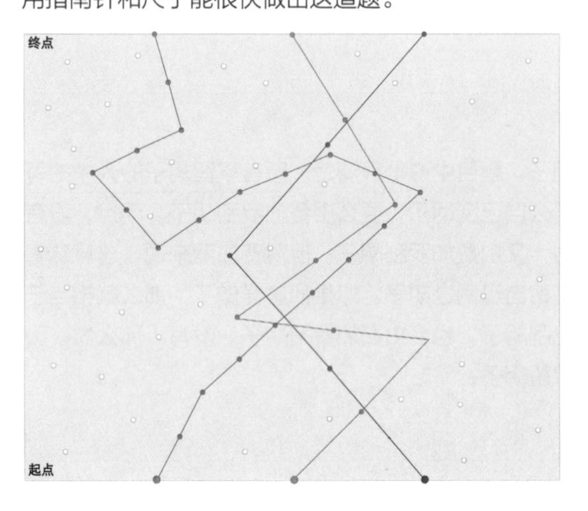

45

如图所示，至少需要16步。

第1步: 3—4；第2步: 4—9；第3步: 11—4；第4步: 4—3；

第5步: 1—6；第6步: 6—11；

第7步: 12—7；第8步: 7—6；第9步: 6—1；

第10步: 2—7；第11步: 7—12；第12步: 9—4；

第13步: 10—9；第14步: 9—2；

第15步: 4—9；第16步: 9—10。

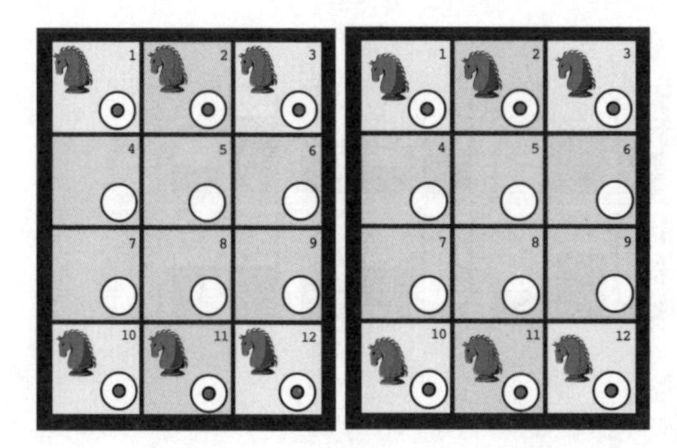

46

问题1： n=4，有2种解法

问题2： n=5，有10种解法

问题3： n=6，有4种解法

问题4： n=7，有16种解法

以下均为问题的一种解法。

问题1

问题2

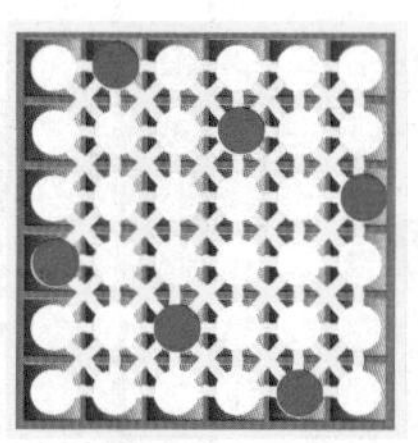

问题3

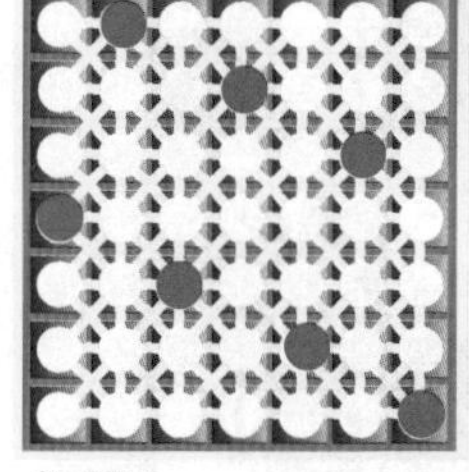

问题4

47

如图所示，有13种不同的路线。

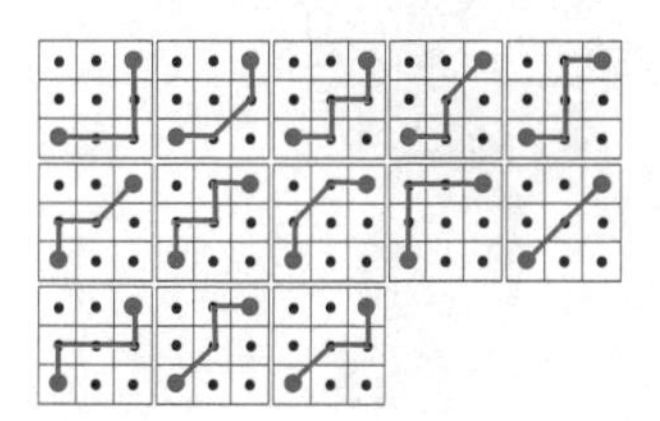

附加题： 如图所示，有9种不同的路线。

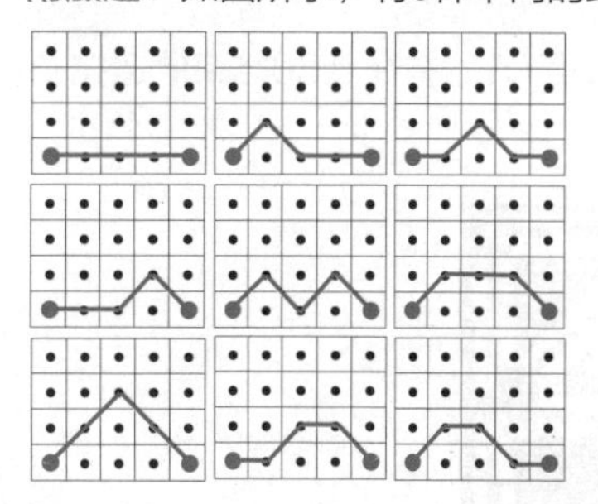

48

所有题目都需要的两条连接线是编号10和编号13的线。

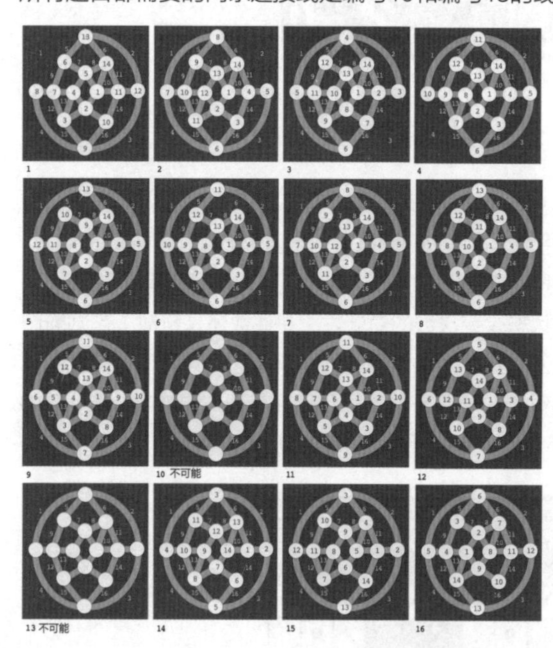

49

一种方案如图所示。

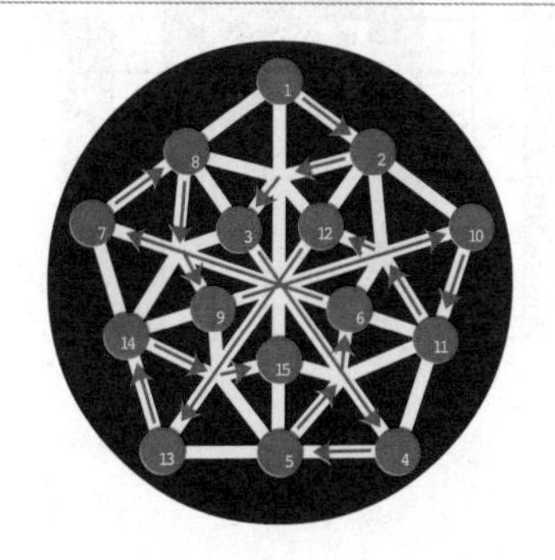

50

如图所示，可以创造一条从点1开始并在点30结束的欧拉路径，这不是唯一一条。

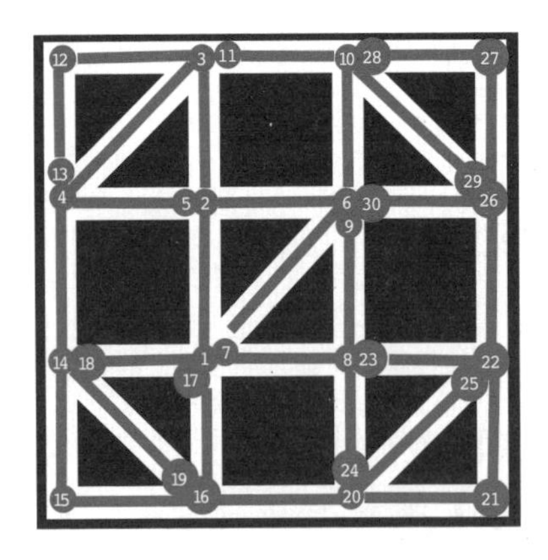

51

最后，1、4、9号门是开着的。在下面的网格图中，步骤记为K，门号记为N。我们的计算是，当且仅当N可以被K整除时，每一步（K1、K2等）会改变每个门（N1、N2等）的状态。根据门的状态改变次数的奇偶性（是偶数还是奇数）来判断门是关着的还是开着的。你可能已经解决这个问题了，或者说你的猜测是对的。最后开着的门正是完美正方形数字：1，4，9，16，25，36，49，64，81和100。

步骤（K）	门号（N）									
	1	2	3	4	5	6	7	8	9	10
1										
2		●		●		●		●		●
3			●			●			●	
4				●				●		
5					●					●
6						●				
7							●			
8								●		
9									●	
10										●

52

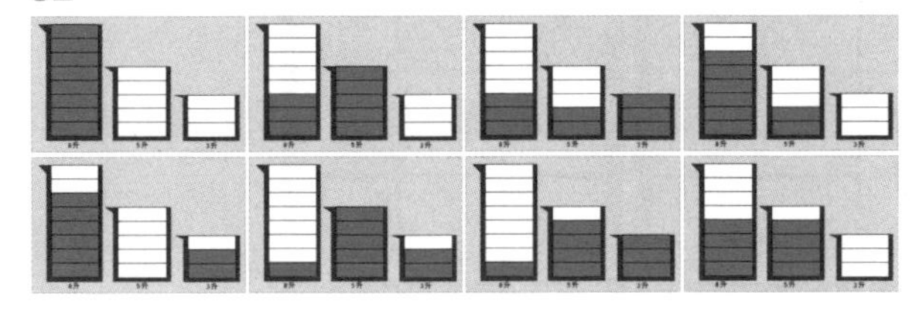

53

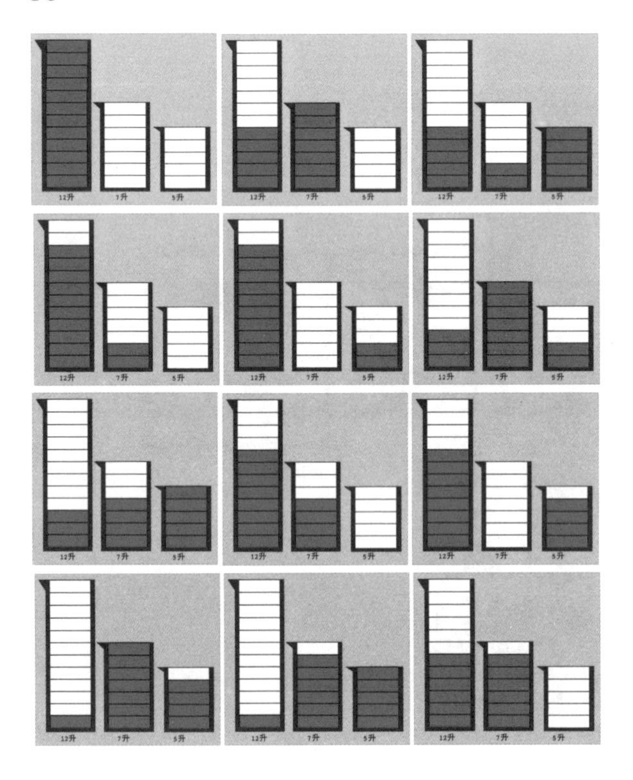

54

两枚小的金头像的面积之和等于一枚大的金头像的面积，因此都可以。

55

球体体积=$4\pi r^3/3$ =

=$4\pi(D/2)^3/3$（其中D=球体直径）

=$\pi D^3/6$

$\pi/6 \approx 3.14/6 \approx 0.52$。

因此，如图所示，有52%的立方体被水充满。

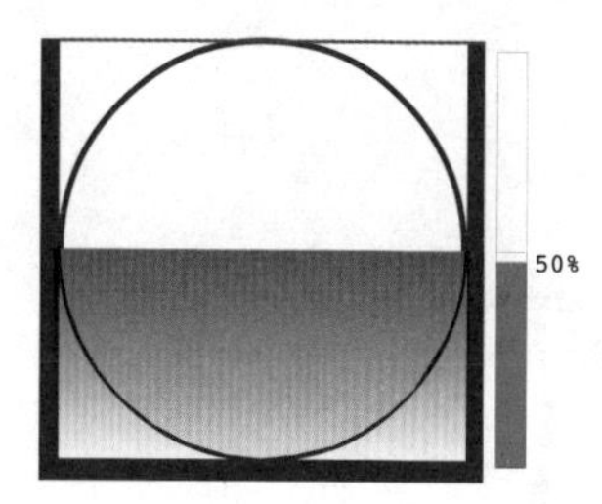

56

A-1 B-2 C-5 D-3 E-6 F-3 G-4 H-7

57

A-1 B-2 C-3 D-3 E-5 F-5 G-4 H-4 I-2 J-1

58

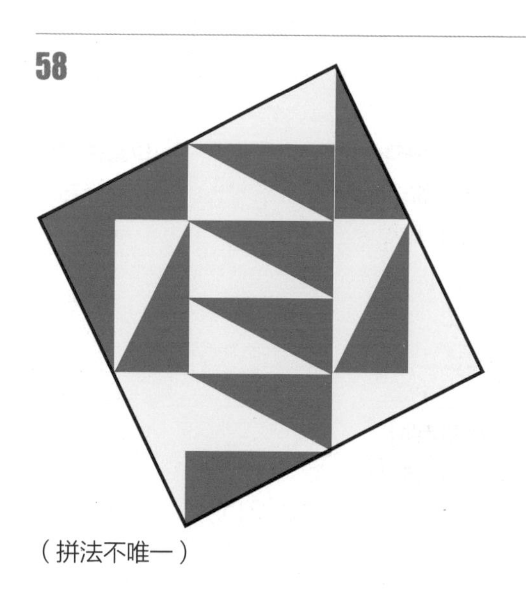

（拼法不唯一）

59

1中有1个三角形

2中有5个三角形

3中有13个三角形

4中有27个三角形

5中有48个三角形

6中有78个三角形

60

大写字母E在拓扑学上等价于字母F、G、J、T、Y。

61

“平均”并不是对湖水深度的完整描述。我们还必须了解一些关于深度变化的知识。虽然湖水平均有2英尺深，但也可能存在比如6英尺深的地方——可怜的奥斯卡也许就是误入了此处。平均数是衡量集中趋势的指标，它通过定位数据集的中间区域来描述一组数据。

衡量集中趋势的通用指标：

· 算术平均数或平均数是所有数值相加除以数值个数而获得的平均值

· 中位数是列表中的中间值

· 众数是最常出现的值

每一种指标之间都很不一样，但都被称为平均指标。

例如，五名孩子的身高分别为1.63米、1.63米、1.52米、1.46米和1.38米。总身高为7.62米。总身高除以5得到1.52米，这是一个虚构的数字，是这个群体的平均数。

如果其中一个孩子特别高或特别矮，平均数就不能很准确地反映出典型的平均结果。

假设我们把孩子们按身高从高到低排列。中间的那个男孩处于一个中间值，是中位数。
通常来说，如果一组数字的平均数和中位数接近，最好用平均数作为平均指标。然而，如果它们差别比较大，那么最好采用中位数。
众数只是数据中出现频率最高的值。如果两名孩子的身高相同，那么他们的身高是群体的衡量指标。在测量值大部分相同或非常接近的组中，可以将众数用作平均指标。

62

画家把最上面的星星画得离新月太近了；在那个位置，它会处于整个月亮后面，无法被看见。

63

索菲亚比她的孩子大21岁：$S=C+21$。
再过6年，索菲亚的年龄将是她孩子的5倍：
$S+6=(C+6)\times 5$
$C+27=5C+30$
$-3=4C$
$C=-3/4$
孩子的年龄是-3/4岁——他/她将在9个月后出生。

64

第九代：31131211131221
数列中的每个数字都是对前一代数列中数字的描述。第一代是1，第二代将其描述为“1个1”，即11。第三代将第二代描述为“2个1”，即21。因此，第九代是31131211131221。
伊凡没有给出第十代，但它将是1个3，2个1，1个3，1个1，1个2，3个1，1个3，1个1，2个2，1个1，即13211311123113112211。

65

许多人会认为答案为3（将树种在等边三角形的角上），然而托比爵士可以在位于等边三角形中心的上方或下方的山丘或洼地上种第四棵树，形成一个三维的四面体。

66

总共有14个正方形，一面有6个，另一面有8个。

67

真令人吃惊，这两个和是一样的：1,083,676,269.

68

问题出在他们要将剑从剑鞘中拔出来。一般的剑可以直接拔出或放入剑鞘,然而，螺旋形的剑必须得“拧出来”，这让它的主人贝德维尔爵士处于下风。

69

三处错误分别为：
1 单词“three”拼写错误。
2 单词“mistake”应为复数。
3 这个句子只有两处错误，这就是第三处错误。

70

这个问题可不容易对付。每个数字代表了原问题中每个英文单词的字母数。所以下一个数字是8。

71

黄色实心三角形即为漏掉的三角形

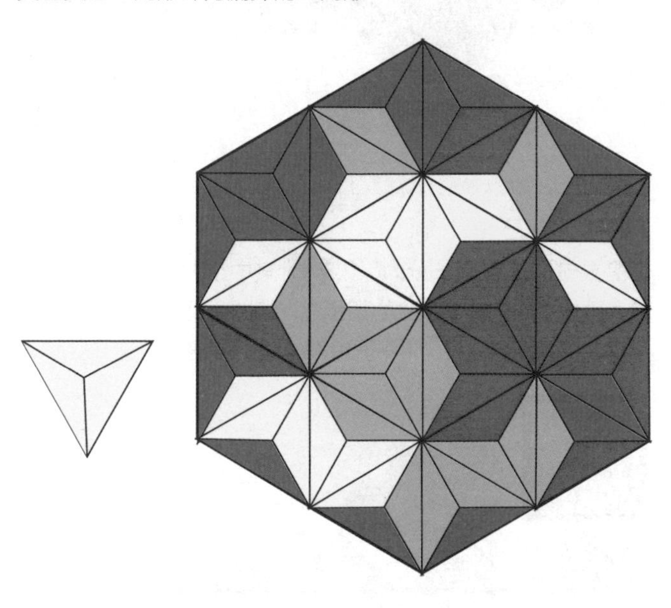

72

对于每个网格交叉点，我们可以轻松地确定其“前一步”，即国王可以直接移至此处的那些交叉点。如上表所示，可移至某一交叉点的不同路线的数量是可移至每个“前一步”交叉点的不同路线的数量之和。

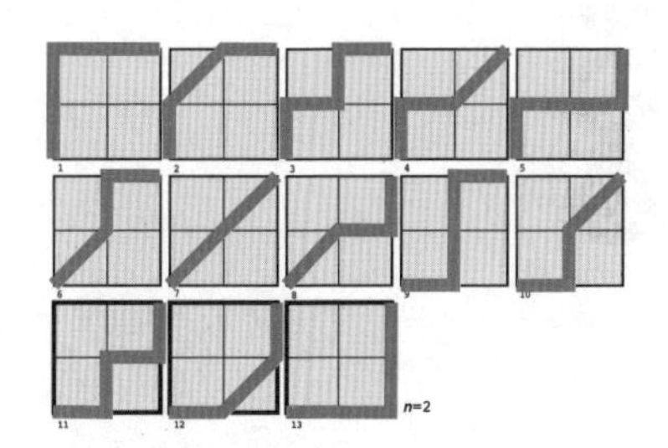

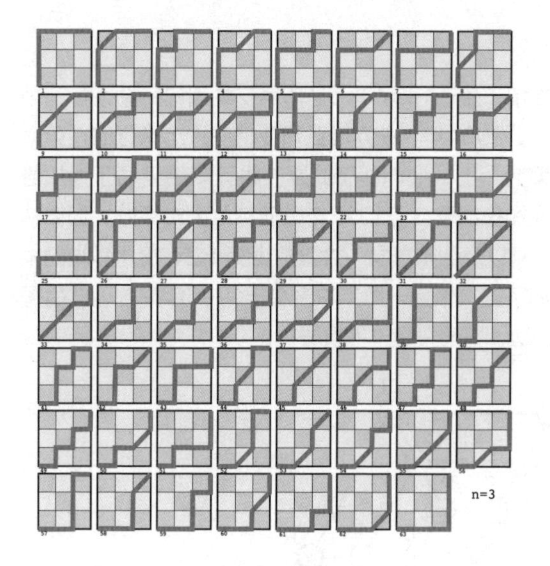

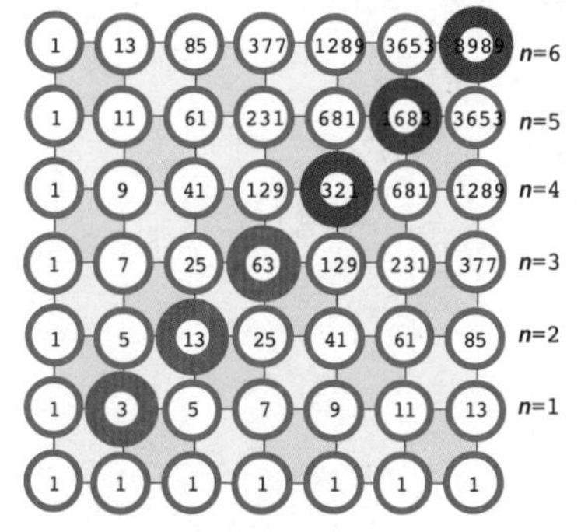

73

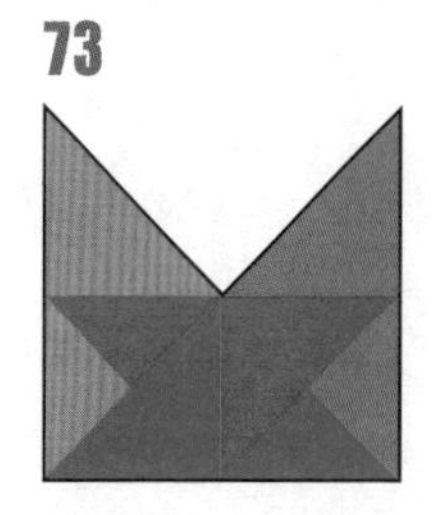

74

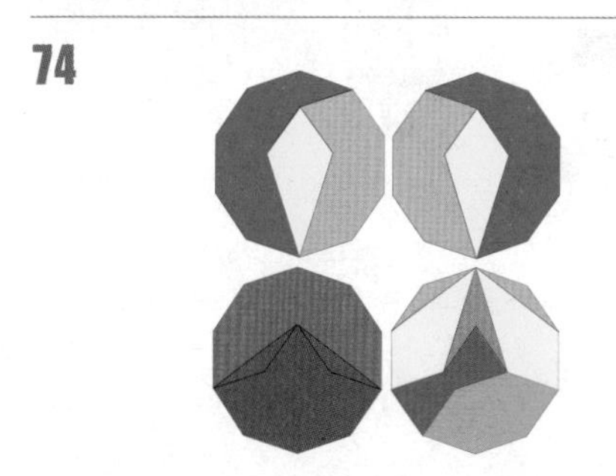

75

杰里·法雷尔（生于1937年）是印第安纳州巴特勒大学的荣誉数学教授。2004年，在乔治亚州亚特兰大市举行的“第六次加德纳聚会”上，他创作了此题并将其献给了马丁·加德纳。第一次加德纳聚会于1993年在亚特兰大市举办，加德纳的朋友、同事以及休闲数学、益智游戏设计者和魔术领域的领军人物参加了这次聚会。第二次聚会于1996年举办，此后每两年举办一次。下面只是一种填法。

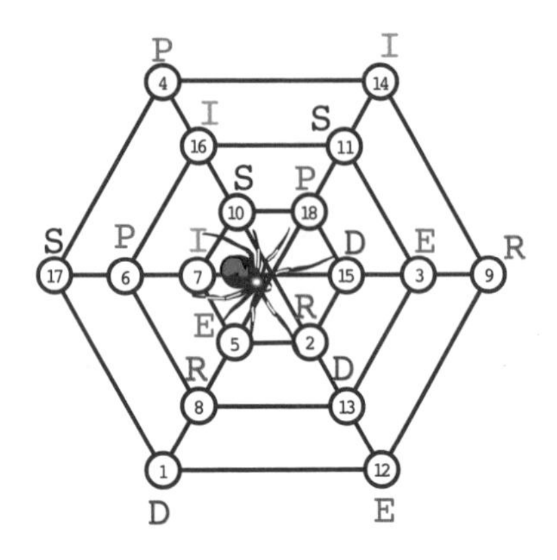

76

组合出的17个对称图形如图所示。

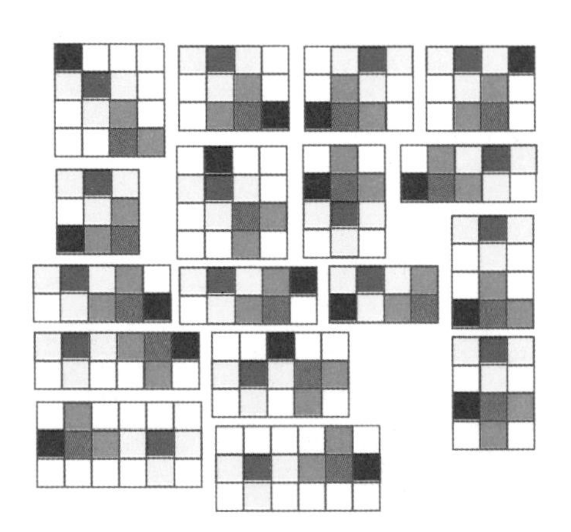

77

其中1种排座方案如图所示。对于3、4、5对夫妇，排座方案依次有12、96、3120种。

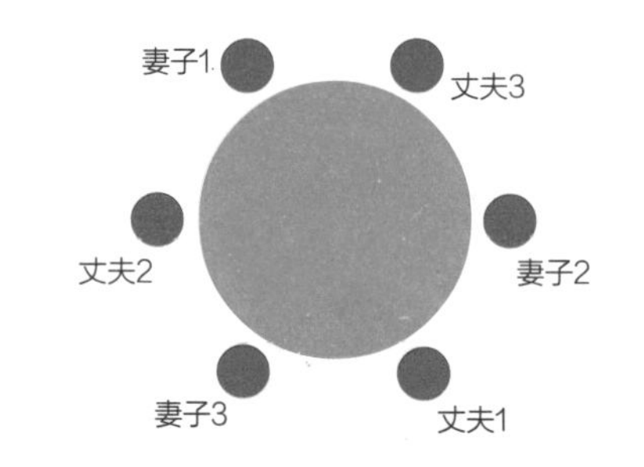

78

你需要做的是将周长分为5（或n，其中n是所需的切片数）份，再按平时的方式从中心切蛋糕。如图所示，诺曼·N. 尼尔森和福雷斯特·N. 菲什于1973年证明了这个方法。

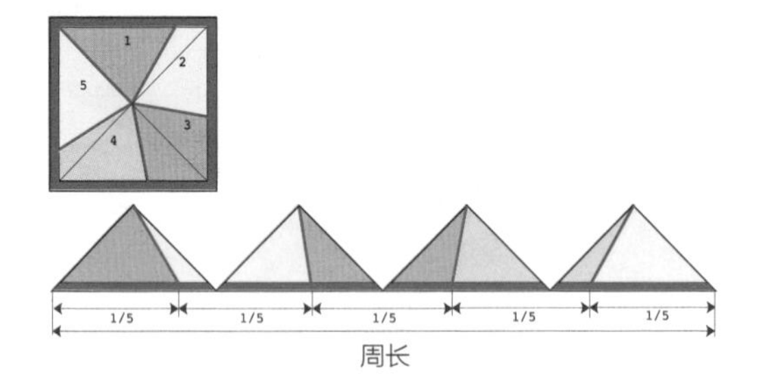

79

80

通过正确地重建和上色图案，练习对称和镶嵌。

81

在这道题中，酒店经理需要将每位客人安排到房号是其原本房号2倍的新房间内。

由此可以腾出无限量的房间来安排无限多的新客人。

82

如图所示，将6座岛屿连接起来共有13种不同的方案。

83

山姆若想确定位置，只需要用2种不同的钥匙标签贴在顶部：7把钥匙用1种标签，另3把钥匙用另一种标签。山姆需要这么安排这3把钥匙：使其中2把与第3把被一个初始形状的钥匙隔开，这样他就可以识别起点（1个不同的钥匙顶部）和方向（2个相连的不同的钥匙顶部）来推断记忆中的钥匙顺序。请参考下图。

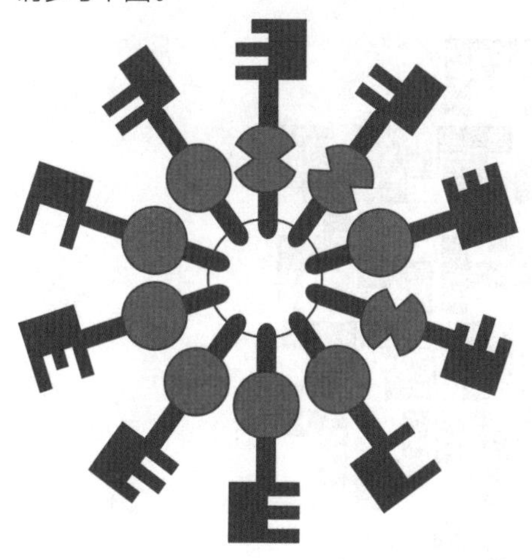

84

格林警官只有改变游戏的对等性才能抓到小偷并赢得比赛，她可以绕着三角形街区转一圈来做到这一点。

85

旗子的面积为324单位格。红色区域可以很容易地变换成相连接的T形，从而轻松推断出它的面积：144单位格。因此，红色区域的占比约为44%。

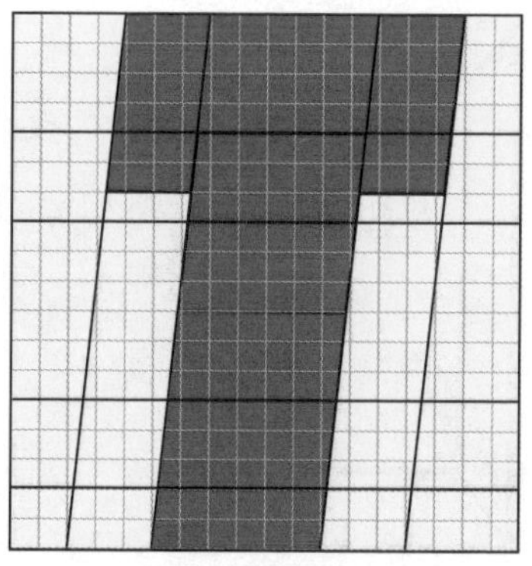

86

2号蜗牛首先越过终点线。3号蜗牛第二个到达终点。

附加题：第二场赛跑的结果和第一场的一样。

87

有32种不同的图形。

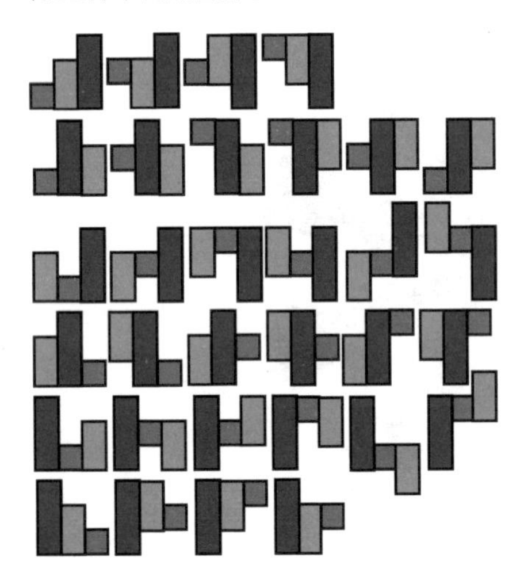

88

这样的三维问题很难解决，因为有些边和角是隐藏起来的。二维图在拓扑上等同于三维实体，它有助于解决问题，使每个边和角都变得可见。我们对这个问题的解法可以用这样一张图表示。

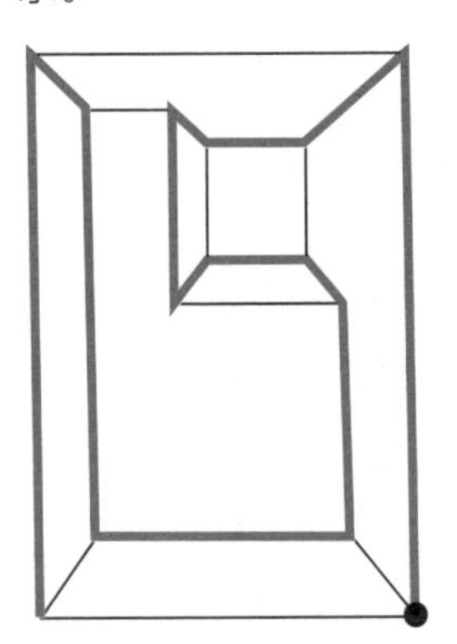

89

90

“Merry Christmas”

91

“想象力比知识更重要。”（Imagination is more important than knowledge.）

这句话出自阿尔伯特·爱因斯坦（1879—1955）。咖啡馆老板尤瑟夫出的这几个游戏和谜题将20世纪最伟大的头脑之一提出的关于创造力的见解融入其中。

92

区域1：3平方单位

区域2：1.5平方单位

区域3：3平方单位

区域4：15.5平方单位

区域5：2.5平方单位

区域6：2.5平方单位

区域7：2平方单位

区域8：5平方单位

一共35平方单位。

棒极了！

93

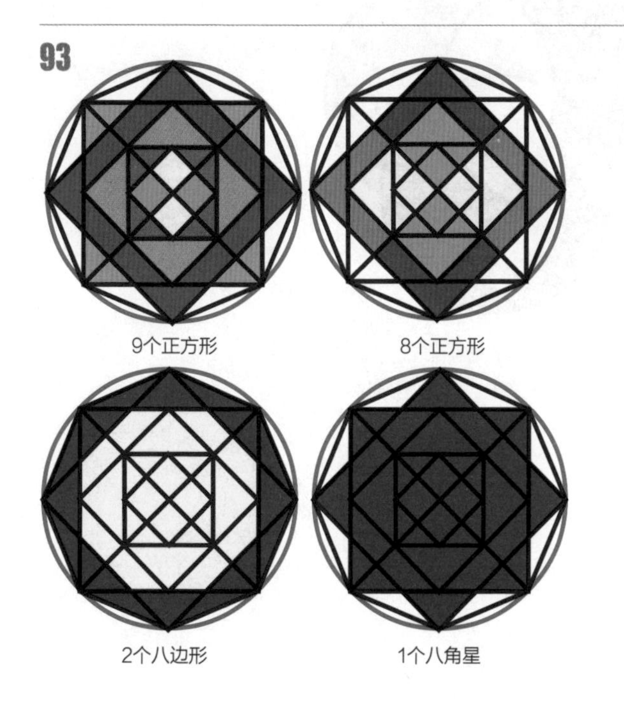

9个正方形　8个正方形

2个八边形　1个八角星

94

将3个物体放置在3个无标签的盘子上有5种方法。

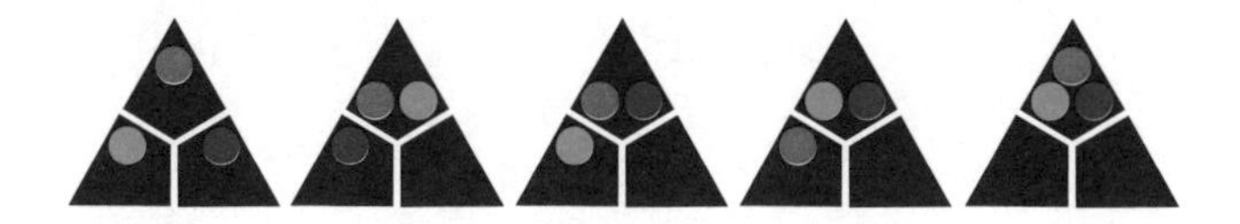

95

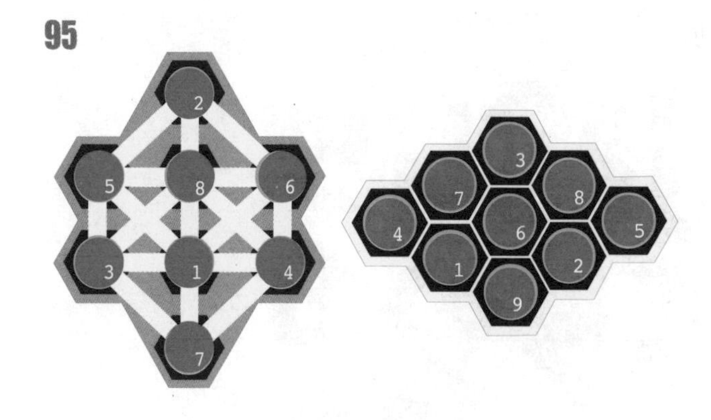

96

（答案不唯一）

97

98

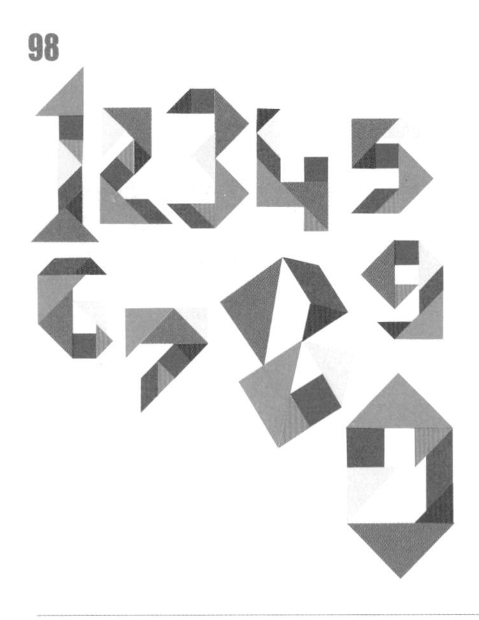

99

如图所示，三种颜色就够了。

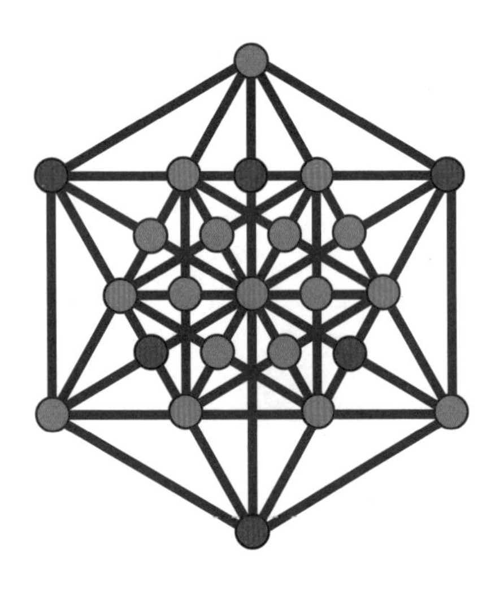

100

如图所示，参加这些活动的学生共有77人。解决问题的诀窍是先确定三项都参加的学生人数。这样就可以轻松确定其他组中的学生人数。

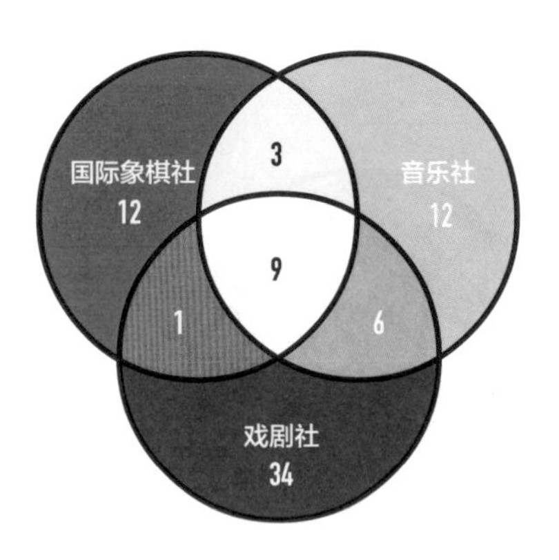

创意资源

参考书目

- Ariely, Dan. *The Honest Truth about Dishonesty: How We Lie to Everyone–Especially Ourselves*. Harper, 2013.
- Bambach, Laura Jordan, Mark Earls, Daniele Fiandaca, Scott Morrison. *Creative Superpowers: Equip Yourself for the Age of Creativity*. Unbound, 2018.
- Burkus, David. *The Myths of Creativity: The Truth About How Innovative Companies and People Generate Great Ideas*. Jossey-Bass, 2013.
- Christensen, Clayton, Hal Gregersen, en Jeff Dyer. *The Innovator's DNA: Mastering the 5 Skills of Disruptive Innovators*. Harvard Business Review Press, 2011.
- de Bono, Edward. *Lateral Thinking: A Textbook of Creativity*. Penguin Life, 2016.
- Gladwell, Malcolm. *Outliers: The Story of Success*. Allen Lane, 2008.
- Goldsmith, Marshall. *What Got You Here Won't Get You There: How Successful People Become Even More Successful*. Profile Books, 2008.
- Grant, Adam, en Sheryl Sandberg. *Originals: How Non-Conformists Move the World*. Penguin Books, 2017.
- Isaacson, Walter. *Steve Jobs*. Abacus, 2015.
- Johnson, Steven. *Where Good Ideas Come From: The Seven Patterns of Innovation*. Penguin Books, 2011.
- Kahneman, Daniel. *Thinking, Fast and Slow*. Penguin Books 2011.
- Kaufman, James C., en Robert J. Sternberg, ed. *The Cambridge Handbook of Creativity*. Cambridge University Press, 2010.
- Koestler, Arthur. *The Act of Creation*. Last Century Media, 2014.
- Phillips, Charles. *How to Think: Lateral Thinking*. Connections Book Publishing, 2011.
- Phillips, Charles. *How to Think: Visual Thinking*. Connections Book Publishing, 2011.
- Piirto, Jane. *Understanding Creativity*. Great Potential Press, 2004.
- Pinker, Daniel. *A Whole New Mind: Why Right-Brainers Will Rule the Future*. Marshall Cavendish, 2008.
- Puett, Michael, en Christine Gross-Loh. *The Path: A New Way to Think About Everything*. Penguin Books, 2016.
- Runco, Mark A., en Steven R. Pritzker, ed. *Encyclopedia of Creativity*. Academic Press, 2011.
- Suzuki, Shunryū. *Zen Mind, Beginner's Mind*. Shambhala Publications, 2011.

杂志和报纸

- Scientific American Mind. *The Mad Science of Creativity*. Vol. 26, No. 1, Spring 2017.
- 'The Dark Side of Creativity: Original Thinkers Can Be More Dishonest'. Dan Ariely en Francesca Gino. *Journal of Personality and Social Psychology* Vol. 102, No. 3, 445-459, 2012. www.apa.org/pubs/journals/releases/psp-102-3-445.pdf
- 'Don't be afraid to make mistakes': 11 ways to be more creative. *Guardian newspaper,* 25 August 2018. www.theguardian.com/lifeandstyle/2018/aug/25/11-ways-to-be-more-creative

网络来源

- A Complete Disorientation of the Senses: William Burroughs' and Antony Balch's 'Cut-Ups', Dangerous Minds.net. dangerousminds.net/comments/ william_burroughs_antony_balch_cut_ups
- Mark Rober TEDx Talk. 'The Super Mario Effect – Tricking You Brain into Learning More.' May 31, 2018. www.youtube.com/watch?v=9vJRopau0g0
- Mark Rober TEDx Talk. 'How to Come Up With Good Ideas.' July 2, 2015. www.youtube.com/watch?v= L1kbrlZRDvU
- Susan Greenfield TEDx Talk. 'Technology and the Human Mind.' July 3, 2014. www.youtube.com/watch?v=oc7ZYj4CCdM
- 'Why Creativity Is Now More Important Than Intelligence.' Blog post Dr. Michael Bloomfield. thriveglobal.com/stories/why-creativity-is-now-more-important-than-intelligence

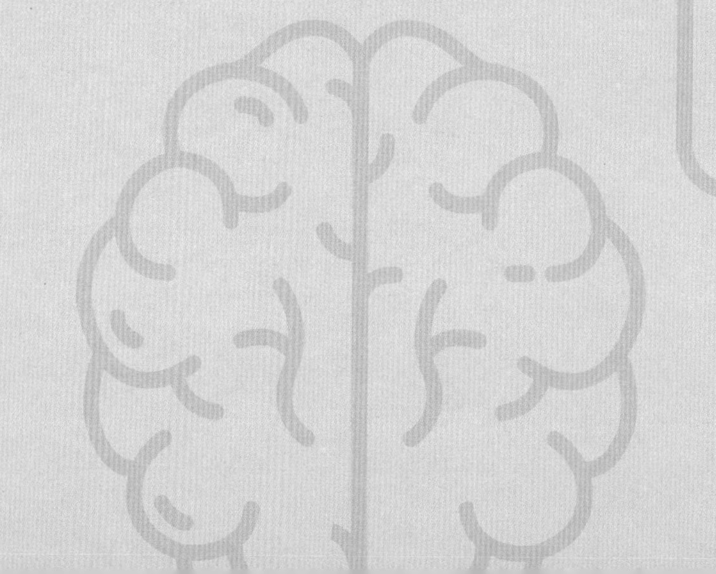

著作权合同登记号：图字18-2019-313

图书在版编目（CIP）数据

迷人的数学. 2，激发你的创意大脑 /（英）伊凡·莫斯科维奇著；聂涵今，梁桂霞译. -- 长沙：湖南科学技术出版社，2021.5
ISBN 978-7-5710-0913-7

Ⅰ. ①迷… Ⅱ. ①伊… ②聂… ③梁… Ⅲ. ①数学－普及读物 Ⅳ. ①O1-49

中国版本图书馆CIP数据核字（2021）第048127号

上架建议：数学·益智

MIREN DE SHUXUE 2. JIFA NI DE CHUANGYI DANAO
迷人的数学2. 激发你的创意大脑

作　　者：［英］伊凡·莫斯科维奇（Ivan Moscovich）
译　　者：聂涵今　梁桂霞
出 版 人：张旭东
责任编辑：刘　竞
监　　制：吴文娟
策划编辑：董　卉
特约编辑：包　玥
版权支持：姚珊珊
营销编辑：闵　婕
封面设计：利　锐
内文排版：李　洁
出　　版：湖南科学技术出版社
（湖南省长沙市湘雅路276号 邮编：410008）
网　　址：www.hnwy.net
印　　刷：河北鹏润印刷有限公司
经　　销：新华书店
开　　本：700mm × 995mm　1/12
字　　数：510千字
印　　张：31
版　　次：2021年5月第1版
印　　次：2021年5月第1次印刷
书　　号：ISBN 978-7-5710-0913-7
定　　价：108.00元

若有质量问题，请致电质量监督电话：010-59096394
团购电话：010-59320018

The Book of

Creative

Brain Games